电机与变压器

主　编　王常平
副主编　王　炜　程　永
参　编　袁贺年　陈思颖　何良策

北京理工大学出版社
BEIJING INSTITUTE OF TECHNOLOGY PRESS

内容简介

本书以变压器、电机项目为例，集"教、学、做"于一体，着眼于岗位实际应用，包括变压器基础知识、变压器绝缘材料、变压器的加工设备、变压器的加工、变压器试验、变压器的运维、电机基础知识共 7 个模块，由浅入深、循序渐进地展开介绍。为了提高实践教学效果，每个模块都配有习题和视频。

本书可以作为高职高专电力系统自动化技术和电气自动化技术专业的教材，也可以作为其他专业的教材参考用书。本书还可作为电气工程师、机械工程师以及从事电机和变压器设计、安装运维的电气工程技术人员的参考书。

版权专有　侵权必究

图书在版编目（CIP）数据

电机与变压器 / 王常平主编. -- 北京：

北京理工大学出版社，2025.1.

ISBN 978-7-5763-4764-7

Ⅰ．TM

中国国家版本馆 CIP 数据核字第 2025AN5028 号

责任编辑：陈莉华	文案编辑：陈莉华
责任校对：周瑞红	责任印制：施胜娟

出版发行 / 北京理工大学出版社有限责任公司

社　　址 / 北京市丰台区四合庄路 6 号

邮　　编 / 100070

电　　话 / （010）68914026（教材售后服务热线）
　　　　　　（010）63726648（课件资源服务热线）

网　　址 / http：//www.bitpress.com.cn

版 印 次 / 2025 年 1 月第 1 版第 1 次印刷

印　　刷 / 涿州市新华印刷有限公司

开　　本 / 787 mm×1092 mm　1/16

印　　张 / 15.75

字　　数 / 370 千字

定　　价 / 75.00 元

图书出现印装质量问题，请拨打售后服务热线，负责调换

前言

为了贯彻落实党的二十大精神，深入实施科教兴国战略和创新驱动发展战略，培养具有德、智、体、美、劳全面发展的高素质复合型技术技能人才。本书以立德树人为根本任务，引导学生树立正确的世界观、人生观、价值观，弘扬劳动光荣、技能宝贵、创造伟大的时代精神，培养学生的创新意识，激发学生的爱国热情和使命感。

本书依据国家最新公布的专业教学标准，结合"岗课赛证"，参考"变配电运行值班员"职业技能等级证书标准以及"新型电力系统技术与应用"等全国职业院校技能大赛的赛项要求编写而成。

全书以变压器、电机项目为例，集"教、学、做"于一体，着眼于岗位实际应用，包括变压器基础知识、变压器绝缘材料、变压器的加工设备、变压器的加工、变压器试验、变压器的运维、电机基础知识共7个模块，由浅入深、循序渐进地展开介绍。为了提高实践教学效果，每个模块都配有习题和视频。本书可以作为高职高专电力系统自动化技术和电气自动化技术专业的教材，也可以作为其他专业的教材参考用书。本书在内容选取和安排上具有以下特点。

（1）校企合作开发教材，实现校企协同"双元"育人。由一线教师和企业一线专家联合编写，内容对接职业标准和岗位需求，及时将产业发展的新技术、新工艺、新规范纳入教材内容。以企业真实项目为素材进行模块设计与实施，将教学内容与企业真实项目相融合，实现校企协同"双元"育人。

（2）新形态一体化教材，实现教材资源共享。发挥"互联网+"信息技术优势，本书配备二维码学习资源，实现了"纸质教材+数字资源"的完美结合，体现"互联网+"新形态一体化教材理念。学生通过扫描书中的二维码即可观看相应资源，随扫随学，便于学生即时学习和个性化学习。

（3）"变配电运行值班员"职业技能等级证书配套教材。本书内容对接"变配电运行值班员"职业技能等级证书标准，将教学内容与职业技能等级认证相融合，参考"新型电力系统技术与应用"等全国职业院校技能大赛赛项竞赛要点，实现书证融通、课证融通。

本书由新疆生产建设兵团兴新职业技术学院王常平担任主编，负责编写学习情景6~20；特变电工新疆变压器厂王炜担任副主编，负责编写学习情景23~27；新疆生产建设兵团兴新职业技术学院程永担任副主编，负责编写学习情景21~22、37~42；新疆生产建设兵团兴新职业技术学院陈思颖负责编写学习情景 1~5；新疆生产建设兵团兴新职业技术学院袁贺年负责编写学习情景 34~36；新疆生产建设兵团兴新职业技术学院何良策负责编写学习情景 28~33。全书由王常平统稿。

在本书编写过程中，编者参考了许多图书、手册、标准图集等，在此向所有作者表示诚挚的谢意！

由于编者水平有限，书中如有疏漏之处，恳请读者批评指正。

编　者

目 录

模块 1　变压器基础知识 ·· 1
　学习情景 1　变压器的用途 ·· 1
　学习情景 2　变压器的结构 ·· 5
　学习情景 3　变压器的分类 ··· 10
　学习情景 4　变压器的原理 ··· 12
　学习情景 5　特殊变压器 ··· 16
　学习情景 6　变压器铭牌的技术参数 ······································· 27
模块 2　变压器绝缘材料 ··· 36
　学习情景 7　变压器绝缘的分类 ··· 36
　学习情景 8　绝缘材料 ··· 38
　学习情景 9　干式变压器绝缘材料 ··· 47
　学习情景 10　常用绕组绝缘材料及性能 ···································· 48
　学习情景 11　变压器常用绝缘胶 ·· 50
模块 3　变压器的加工设备 ··· 54
　学习情景 12　变压器的加工设备 ·· 54
模块 4　变压器的加工 ··· 66
　学习情景 13　常用绝缘件的作用及工作原理 ································ 66
　学习情景 14　变压器绝缘件加工 ·· 70
　学习情景 15　变压器铁芯加工 ·· 71
　学习情景 16　变压器的线圈结构 ·· 79
　学习情景 17　变压器的线圈绕制 ·· 84
　学习情景 18　变压器器身绝缘与装配 ····································· 105
　学习情景 19　变压器的引线结构 ··· 111
　学习情景 20　变压器的引线装配 ··· 114

学习情景21　变压器的外部结构 …………………………………… 118
学习情景22　变压器油箱的结构 …………………………………… 120
学习情景23　变压器总装配 ………………………………………… 122

模块5　变压器试验 ……………………………………………………… 134
学习情景24　变压器试验基础知识 ………………………………… 134
学习情景25　变压器的电压比、极性和组别试验 ………………… 144
学习情景26　电力变压器的直流电阻试验 ………………………… 146
学习情景27　电力变压器的短路和空载试验 ……………………… 150
学习情景28　变压器变比测试 ……………………………………… 153
学习情景29　变压器直流电阻测试 ………………………………… 159
学习情景30　变压器绕组变形测试 ………………………………… 164
学习情景31　变压器吸收比、极化指数试验 ……………………… 170
学习情景32　变压器绝缘油介质损耗试验 ………………………… 173
学习情景33　变压器微量水分测试 ………………………………… 179
学习情景34　变压器的耐压试验 …………………………………… 185

模块6　变压器的运维 …………………………………………………… 191
学习情景35　变压器投入运行须知 ………………………………… 191
学习情景36　变压器的检修 ………………………………………… 193
学习情景37　变压器的故障原因及预防 …………………………… 195

模块7　电机基础知识 …………………………………………………… 210
学习情景38　三相异步电动机 ……………………………………… 210
学习情景39　单相异步电动机 ……………………………………… 225
学习情景40　直流电机 ……………………………………………… 232
学习情景41　同步电机的认识 ……………………………………… 237
学习情景42　特种电机 ……………………………………………… 243

参考文献 ……………………………………………………………………… 246

模块 1

变压器基础知识

学习目标

知识目标

熟练掌握变压器的工作原理；熟悉变压器的结构；熟练掌握变压器各组成部分的名称及作用；熟练掌握变压器的技术参数。

能力目标

能正确理解变压器的原理；能正确识别变压器的各主要部件及其作用；能正确识别变压器的技术参数；能正确使用变压器。

素质目标

启发学生对传统文化的认同和尊重，提高学生的文学、历史、地理、艺术等方面的综合素养，培养学生的审美能力和文化素养；提高学生对科学知识的掌握和应用，培养学生的科学探究能力、试验操作能力、科学思维和创新意识。

总任务

能够正确理解变压器的工作原理、识别变压器的各主要部分及技术参数。

学习情景 1　变压器的用途

学习任务

> 正确认识变压器的功能及应用场合。
> 了解高压输电的意义。

1884 年 9 月，匈牙利的干茨工厂制造出第一台容量为 1 400 kV·A 的单相变压器。

1886 年，美国人威斯汀豪斯设计的第一台真正用于交流照明系统的变压器投入使用并获得成功。

1890 年，世界上第一台三相变压器由 AEG（原德国通用电气公司）工厂的多里弗·多布罗夫斯基发明。

目前，变压器的最高电压为 1 000 kV，最大容量为 3×1 000 MV·A，安装在日本的变电站。

变压器是一种静止装置，可将一种电压和电流转换为相同频率的另一种电压和电流的交流电。

变压器的总容量大约是发电机总容量的 9 倍以上。其功能是将电力系统中的电能电压升高或降低，以利于电能的合理输送、分配和使用。输电线路的电压越高，线路中的电流和电阻损耗就越小。需要升压变压器把交流发电机发出的电压升高到输电电压，然后通过高压输电线将电能的输电电压经济地输送到用电地区，再用降压变压器将电能逐步从输电电压下降到配电电压，供用户安全、方便地使用电能。在电力系统中，输送同样功率的电能，电压越高，电流就越小，输电线路上的功率损耗也就越小；输电线的截面积也可以减小，这样就可以减少导线的金属用量。图 1-1 所示为变压器在电力系统中的用途，图 1-2 所示为发电站用变压器。

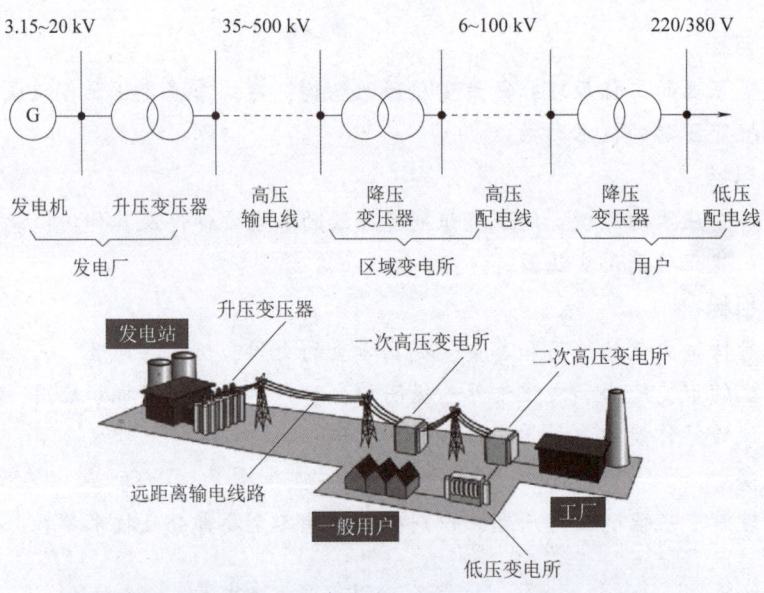

图 1-1　变压器在电力系统中的用途

图 1-2　发电站用变压器

由于制造上的难度，发电机电压不可能很高（目前在 20 kV 及以下），所以在发电厂要用升压变压器将发电机电压升到很高，如 35 kV、66 kV、110 kV、220 kV、330 kV、500 kV 等，才能将大量的电能送往远处的用电地区。而在用电负荷处，再用降压变压器将电压降低到适当的数值供用户电气设备使用。图 1-3 所示为配电站用变压器。

图 1-3 配电站用变压器

电力变压器在传输电能时其本身也有一些有功损耗，但数量不大，因而传输效率很高。中、小型变压器的效率不低于 95%，大型变压器效率可达到 98% 以上。

课后习题

1. 变压器是利用_____原理制成的。它能将某一电压等级的交流电变换成同_____的另一电压等级的交流电，以满足各种用途的需要。

2. 在电力系统中，输送同样功率的电能，电压越_____，电流就越_____，输电线路上的功率损耗也越_____；输电线的截面积也可以减小。

3. 中小型变压器的效率不低于_____，大型变压器效率可达到_____以上。

4. 变压器的功能是将电力系统中的电压_____或_____，以利于电能的合理输送、分配和使用。

5. 变压器的主要作用是（　　）。
   A. 变换交流电的电压和电流　　　　B. 变换直流电的电压和电流
   C. 改变交流电的频率　　　　　　　D. 提供电能存储

6. 在电力系统中，为什么要使用变压器进行高压输电？（　　）
   A. 提高输电效率　　　　　　　　　B. 降低输电成本
   C. 减小输电电流，降低线路损耗　　D. 增加电能产量

7. 变压器的基本结构包括（　　）。

A. 铁芯、绕组、油箱

B. 线圈、电容器、电阻

C. 发电机、电动机、变压器油

D. 绝缘套管、断路器、变压器油

8. 变压器铁芯采用相互绝缘的薄硅钢片的目的是（　　）。

A. 减小涡流损耗　　　　　　　　B. 减小磁滞损耗

C. 增大磁通　　　　　　　　　　D. 减小铜耗

9. 变压器的额定电流是指变压器在额定状况下运行时（　　）。

A. 原、副边的线电流　　　　　　B. 原、副边的相电流

C. 原边的相电流　　　　　　　　D. 副边的线电流

10. 三相变压器的变比是指（　　）。

A. 原边绕组匝数与副边绕组匝数之比

B. 原边线电动势与副边线电动势之比

C. 原边相电流与副边相电流之比

D. 原边线电压与副边相电压之比

11. 油浸式变压器中的油主要起（　　）作用。

A. 冷却和增加绝缘性能　　　　　B. 绝缘

C. 冷却　　　　　　　　　　　　D. 润滑

12. 如果将额定电压为 220/110 V 的变压器接入 220 V 的直流电源，会发生（　　）现象。

A. 没有电压输出，原绕组过热而烧毁

B. 输出 110 V 的交流电压，原绕组过热

C. 输出电压低于 110 V

D. 输出 110 V 的直流电压

13. 变压器在运行中，其总损耗是如何变化的？（　　）

A. 铁耗随负载增加而增加，铜耗不变

B. 铁耗不变，铜耗随负载增加而增加

C. 铁耗和铜耗都随负载增加而增加

D. 铁耗和铜耗都不随负载变化

14. 变压器铭牌上的主要额定数据包括（　　）。（多选）

A. 额定容量　　　B. 额定电压　　　C. 额定电流　　　D. 频率

E. 效率

15. 简述电力变压器在电力系统中的用途。

学习情景 2　变压器的结构

📋 学习任务

> 正确识别变压器的各主要部件及其功能。

变压器的器身由铁芯和绕组组成，器身一般装在油箱或外壳中，再配置调压、冷却、保护、测温和出线等装置，就形成变压器的结构整体。图 1-4 和图 1-5 是中小型油浸式电力变压器的典型结构。

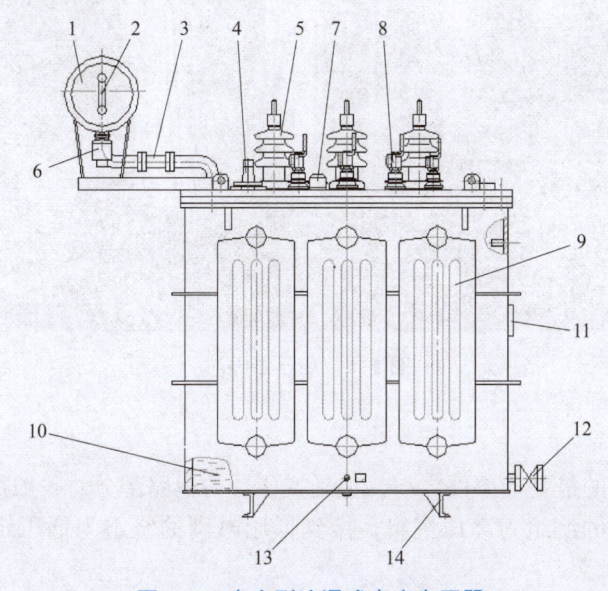

图 1-4　中小型油浸式电力变压器

1—储油柜；2—油位计；3—气体继电器；4—压力释放阀；5—高压套管；6—吸湿器；7—分接开关；
8—低压套管；9—散热器；10—变压器油；11—铭牌；12—活门；13—接地螺栓；14—底座

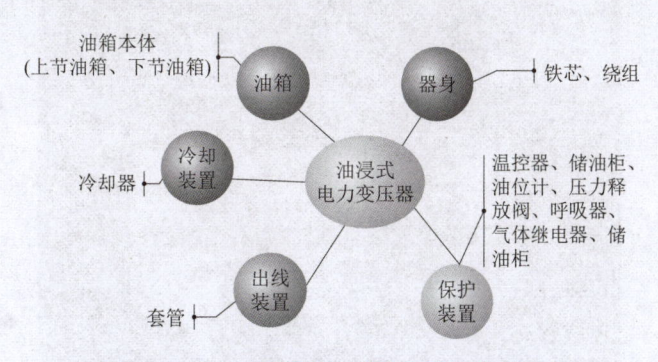

图 1-5　中小型油浸式电力变压器的典型结构

1. 铁芯

铁芯是变压器最基本的组成部件之一，是变压器的磁路部分，变压器的一、二次绕组都在铁芯上，为提高磁路磁导率和降低铁芯内涡流损耗，铁芯通常用厚度为 0.35 mm、表面涂有绝缘漆的硅钢片制成。铁芯分为铁芯柱和铁轭两部分，铁芯柱上套绕组，铁轭将铁芯连接起来，使之形成闭合磁路。为防止运行中变压器铁芯、夹件、压圈等金属部件感应悬浮电位过高而造成放电，这些部件均需单点接地。为了方便试验和故障查找，大型变压器一般将铁芯和夹件分别通过两个套管引出接地。变压器铁芯如图 1-6 所示。

图 1-6 变压器铁芯

2. 绕组

绕组也是变压器的最基本部件之一，它是变压器的电路部分，一般用绝缘纸包裹的铜线绕成。接到高压电网的绕组为高压绕组，接到低压电网的绕组为低压绕组。变压器绕组如图 1-7 所示。

图 1-7 变压器绕组

大型电力变压器采用同心式绕组。它是将高、低压绕组同心地套在铁芯柱上。通常低压绕组靠近铁芯，高压绕组在外侧。这主要是从容易满足绝缘要求和便于引出高压分接开关方面考虑。变压器高压绕组常采用连续式结构，绕组的盘（饼）和盘（饼）之间有横向油道，起绝缘、冷却、散热作用。

3. 油箱

油箱是油浸式变压器的外壳，由钢板焊成。变压器的铁芯和绕组置于油箱内。箱内注满变压器油，变压器油的作用是绝缘和散热。为了加强冷却，一般在油箱四周装有散热器，以扩大变压器的散热面积。

常见油箱有以下两种类型：

（1）箱式油箱，一般用于中小型变压器。

（2）钟罩式油箱，用于大型变压器。

4. 出线装置

为了将绕组的引出线从油箱内引出到油箱外，使带电的引出线穿过油箱时与接地的油箱之间保持一定的绝缘，常采用绝缘套管作为固定引线与外电路连接的主要部件。

5. 变压器主要附件

1）套管

变压器套管根据变压器所连接的输变电线路、电压等级选取，它不但作为引线对地绝缘，而且担负着固定引线的作用，同时套管又是载流组件之一，用它将变压器内的绕组引出线与电力系统或用电设备进行电气连接。

2）分接开关

变压器调压一般是通过分接开关完成的。通过调节分接开关挡位，可以改变高压绕组匝数，进而调整电压，以保证电网电压在合理范围内变动。分接开关一般从高压绕组中抽头，因为高压侧电流小，引线截面积及分接开关的接触面可以减小，减少了分接开关的体积。分接开关的调压方式分为无励磁调压和有载调压两种。

（1）无励磁调压。

无励磁调压是在停电情况下，变换高压侧分接头来改变其绕组匝数而进行调压。6～10 kV双绕组电力变压器多采用中性点调压方式。无载分接开关又称为无励磁分接开关，一般设有3个分接位置。操作部分装于变压器顶部，经操作杆与分接开关转轴连接。当一次侧电压偏高时，可将分接开关切换到+5%的分接头（Ⅰ）挡；当一次侧电压偏低时，可将分接开关切换到-5%的分接头（Ⅲ）挡；当一次侧电压接近额定电压值时，可将分接开关切换到额定挡位（Ⅱ）挡。二次侧均可获得额定电压值。

切换无载分接开关的操作步骤如下：

①切换前应将变压器停电，做好安全措施。

②三相必须同时切换，且处于同一挡位置。

③切换时应来回多操作几次，最后切换到所需挡位，防止由于氧化膜原因而影响接触效果。

④切换后须测量三相直流电阻。

（2）有载调压。

有载调压是利用有载分接开关，在保证不切断负载电流的情况下，变换高压绕组分接头，来改变其匝数而进行的调压。

有载分接开关由选择开关、切换开关及操作机构等部分组成，供变压器在带负荷情况下调整电压。有载调压分接开关上部是切换开关，下部是选择开关。变换分接头时，选择开关的触头是在没有电流通过的情况下动作；切换开关的触头是在通过电流情况下动作，经过一个过渡电阻，从一个挡位转换至另一个挡位。切换开关和过渡电阻器安装在绝缘筒内。

3）储油柜

储油柜装在油箱的顶端，和油箱之间用管子连通。储油柜容积为油箱容积的 8%～10%。储油柜大小按变压器总油量的 5% 选取。

储油柜的作用如下：

（1）减少油和空气的接触，以减少变压器油受潮和氧化的机会。

（2）变压器油的体积随温度变化而膨胀或缩小时，储油柜起着储油和补油的作用，使油面的升降在油枕内。

（3）储油柜装有呼吸器，可使储油柜的上部空间和大气相通。储油柜的侧面装有玻璃油面计，玻璃油面计一侧有温度油标，一般有 -30 ℃、20 ℃、40 ℃ 这 3 条线，是变压器未投入运行前不同油温时的 3 个油面标志。通过玻璃油面计可以判别油位和油色是否正常。

储油柜可分为普通式储油柜和密封式储油柜，密封式储油柜又可分为隔膜式储油柜和胶囊式储油柜。密封式储油柜中的隔膜或胶囊保证了油不与空气接触，起到了防止油老化的作用。

4）吸湿器

吸湿器安装在储油柜上，由油封、容器、干燥剂组成。吸湿器的作用是使大气与储油柜内部相通，并排除进入储油柜内部空气中的水分及杂质。当储油柜内的空气随着变压器油体积膨胀或缩小时，排出或吸入的空气都经过吸湿器，吸湿器内的干燥剂吸收空气中的水分，对空气起过滤作用，从而保障了储油柜内的空气干燥和清洁。吸湿器内的硅胶吸潮后颜色若由蓝色变为淡红色，表示硅胶已失去吸潮能力，变色后的硅胶在 140 ℃ 高温下烘焙 8 h，使水分蒸发，硅胶又会还原成蓝色，可重新使用。

5）净油器

净油器安装在油箱上，内部装有吸附剂，用于改善运行中变压器油的性能，防止油的迅速老化。净油器内装满吸附剂（硅胶），运行中的变压器油由于油箱上、下有温差，可使变压器油从上向下经过装在变压器油箱一侧的净油器后形成对流，油流过硅胶后，其中的水分、杂质、酸和氧化物就会被硅胶吸收，使油得以净化，从而延长变压器油的运行周期。

6）冷却装置

冷却装置是将变压器在运行中由损耗所产生的热量散发出去，以保证变压器安全运行。冷却装置一般是手拆卸的，不强油循环的称为散热器，强油循环的称为冷却器。具体分为以下几种：自然冷却装置，称为散热器；吹风冷却装置，称为风冷散热器；强油风冷冷却装置，称为冷却器；强油水冷冷却装置，称为水冷却器。

7）压力释放阀

压力释放阀是一种安全保护阀门。压力释放阀位于变压器的顶部，安装在变压器箱盖或侧壁上，变压器油量增加会使压力释放阀开大或数量增加。变压器一旦出现故障，油箱内压力增加到一定数值时，压力释放阀动作，释放油箱内压力，从而保护了油箱。在压力释放过程中，微动开关动作，发出报警信号，也可使其接通跳闸回路，断开变压器电源开关。此时，压力释放阀动作，标志杆升起，并突出护盖，表明压力释放阀已经动作。当排除故障后，投入运行前，应手动将标志杆和微动开关复归。

8）气体继电器

气体继电器也称为瓦斯继电器，它是变压器的主要保护装置，安装在变压器油箱与储油柜的连接管上。有1°~1.5°的倾斜角度，以使气体能流到瓦斯继电器内，当变压器内部故障时，由于油分解而产生的油气流冲击继电器下挡板，使接点闭合，跳开变压器各侧断路器。若空气进入变压器或内部有轻微故障时，可使继电器上接点动作，发出预报信号，通知相关人员处理。瓦斯继电器上部装有试验及恢复按钮和放气阀门，且有引出线，分别接入跳闸保护及信号。瓦斯继电器应有防雨罩，以防止进水。通过收集分析瓦斯继电器的气体，可以判断变压器内部故障情况。瓦斯继电器应定期进行动作和绝缘校验。

9）温度计

目前在变压器中应用的温度计有4种，即水银温度计、信号温度计、绕组温度计和电阻温度计。现有油浸式变压器大多使用水银温度计。温度计安装在油箱上盖的测温筒内，用来测量油箱内上层油温，监视变压器的运行温度，以保证变压器的安全运行。

（1）35 kV电压等级以下的变压器，常用信号温度计和水银温度计，容量较大的变压器均用信号温度计。温度计由温包、导管和压力计组成。将温包插入箱盖上注有油的安装座中，使油的温度能均匀地传到温包，温包中的气体随温度变化而胀缩产生压力，使压力计指针转动指示温度。

（2）大型变压器安装有铜铂合金电阻，该电阻阻值随温度呈线性变化，可以在控制室观察变压器温度。变压器的温度计除指示变压器上层油温和绕组温度以外，还可作为控制回路的硬接点启动或退出冷却器、发出温度过高报警信号的装置。

课后习题

1. 变压器的绕组常用绝缘的_____绕制而成。接电源的绕组称为_____，接负载的绕组称为_____。

2. 变压器的铁芯常用_____叠装而成，铁芯分_____和_____两部分，铁芯柱上套_____，铁轭将铁芯连接起来，使之形成闭合磁路。

3. 大型电力变压器采用_____式绕组，它是将高、低压绕组同心地套在铁芯柱上。通常_____压绕组靠近铁芯，_____压绕组在外侧。

4. 变压器调压一般是通过_____完成的，可以改变_____压绕组匝数，调整电压，保证电网电压在合理范围内变动。

5. 分接开关的调压方式分为_____调压和_____调压两种。

6. 气体继电器也称_____继电器，它是变压器的主要保护装置，安装在变压器油箱与储油柜的连接管上。变压器内部严重故障时，发出_____信号。当内部有轻微故障时，发出_____信号。

7. 变压器套管不但作为引线的_____绝缘，而且担负着固定引线的作用。

8. 吸湿器的作用是使_____与_____内部相通，并排除进入储油柜内部空气中的水分及杂质。

9. 压力释放阀是一种安全保护阀门，压力释放阀装于变压器的_____。

10. 简述变压器的组成部分及作用。

学习情景 3　变压器的分类

✓ 学习任务

- 了解变压器的分类方式。
- 正确认识变压器的基本类别。

小型变压器的认识

变压器分为电力变压器和特种变压器。电力变压器又分为油浸式和干式两种。目前，油浸式变压器用作升压变压器、降压变压器、联络变压器和配电变压器；干式变压器只在部分配电变压器中采用。

电力变压器的分类如下。

1. 按相数划分

（1）单相变压器，用于单相负荷和三相变压器组。

（2）三相变压器，用于三相系统的升、降电压实现。

2. 按冷却方式划分

（1）干式变压器，依靠空气对流进行自然冷却或增加风机冷却，多用于高层建筑、高速收费站点用电及局部照明以及电子线路等小容量变压器。

（2）油浸式变压器，依靠油作为冷却介质，如油浸自冷、油浸风冷、油浸水冷、强迫油循环等。

3. 按用途划分

（1）电力变压器，用于输配电系统的升、降电压实现。

（2）仪用变压器，如电压互感器、电流互感器，用于测量仪表和继电保护装置。

（3）试验变压器，能产生高压，对电气设备进行高压试验。

（4）特种变压器，如电炉变压器、整流变压器、调整变压器、电容式变压器、移相变压器等。

4. 按绕组形式划分

（1）双绕组变压器，用于连接电力系统中的两个电压等级。

（2）三绕组变压器，一般用于电力系统区域变电站中，连接 3 个电压等级。

（3）自耦变电器，用于连接不同电压的电力系统。也可作为普通的升压或降压变压器用。

5. 按铁芯形式划分

（1）芯式变压器，用于电力变压器。

（2）非晶合金变压器，非晶合金铁芯变压器是用新型导磁材料制成的，空载电流可下降约 80%，是目前节能效果较理想的配电变压器，特别适用于农村电网和发展中地区等负载率较低的地方。

（3）壳式变压器，是用于大电流的特殊变压器，如电炉变压器、电焊变压器；或用于电子仪器及电视、收音机等的电源变压器。

发电厂常用变压器为三相油浸式变压器,铁芯为芯式结构。

6. 按功能划分

电力变压器按功能分,有升压变压器和降压变压器两大类。企业变电所都采用降压变压器,终端变电所的降压变压器也称为配电变压器。

7. 按容量划分

电力变压器按容量系列分,有 R8 容量系列和 R10 容量系列两大类。

(1) R8 容量系列,是指容量等级按 $R_8 \approx 1.33$ 倍数递增。我国老的变压器容量等级采用此系列,如 100 kV·A、135 kV·A、180 kV·A 等。

(2) R10 容量系列,是指容量等级按 $R_{10} \approx 1.26$ 倍数递增。R10 系列的容量等级较密,便于合理选用,是 IEC(国际电工委员会)推荐采用的。

我国新的变压器容量等级采用此系列,如 100 kV·A、125 kV·A、160 kV·A、200 kV·A、250 kV·A 等。

8. 按调压方式划分

电力变压器按调压方式分,有无励磁调压(又称无载调压)和有载调压两大类。

课后习题

1. 变压器分为电力变压器和_____变压器。电力变压器又分为_____和干式两种。
2. 变压器的种类很多,按铁芯结构分为_____和_____、_____。
3. 变压器按照用途分为_____、_____、_____、_____;
4. 发电厂常用变压器为三相油浸式变压器,铁芯一般为_____结构。
5. 油浸式变压器是依靠油作为冷却介质,如油浸_____、油浸_____、油浸_____、强迫油循环等。
6. 电压互感器、电流互感器属于_____变压器,用于测量仪表和继电保护装置。
7. 自耦变电器用于连接不同电压的电力系统,也可作为普通的_____或_____变压器用。
8. 电力变压器按调压方式分,有_____和_____两大类。
9. 变压器按照功能如何分类?

学习情景 4　变压器的原理

学习任务

- 正确理解变压器的工作原理。
- 掌握变压器变压比、阻抗变换的简单计算。
- 正确理解变压器的损耗及效率。

变压器是一种通过改变电压而传输交流电能的静止电器。它有一个共用的铁芯和与其交链的几个绕组，且它们之间的空间位置不变。当某个绕组从电源接受交流电能时，通过电感生磁、磁感生电的电磁感应原理改变电压（电流），在其余绕组上以同一频率、不同电压传输交流电能。

1. 单相变压器的运行原理

1）变压器的空载运行

变压器一次绕组接在额定频率和额定电压的电网上，而二次绕组开路，即 $I_2 = 0$ 的工作方式称为变压器的空载运行。理想变压器空载运行如图 1-8 所示。

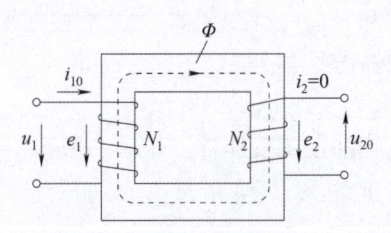

图 1-8　理想变压器空载运行

电压的参考方向：在同一支路中，电压参考方向与电流参考方向一致。

磁通的参考方向：磁通的参考方向与电流参考方向符合右手螺旋定则。

感应电动势的参考方向：由交变磁通 Φ 产生的感应电动势 e，其参考方向与产生该磁通的电流参考方向一致。

按照参考方向列出的电磁感应定律方程为

$$e = \frac{\Phi}{t} \tag{1-1}$$

空载时，在外加交流电压 u_1 的作用下，一次绕组中通过的电流称为空载电流 i_0，在电流 i_0 作用下，铁芯中产生交变磁通 Φ（称为主磁通）同时穿过一、二次绕组，分别在其中产生感应电动势 e_1 和 e_2，其大小正比于主磁通变化率，即

$$e = -N \frac{\Delta \Phi}{\Delta t} \tag{1-2}$$

由数学分析可以得出感应电动势 e 和磁通 Φ 之间的关系：在相位上，e 滞后于 Φ 90°；

在数值上,其有效值为 $E = 4.44fN\Phi_m$。

由此可得

$$E_1 = 4.44fN_1\Phi_m \tag{1-3}$$

$$E_2 = 4.44fN_2\Phi_m \tag{1-4}$$

可得

$$\frac{E_1}{E_2} = \frac{N_1}{N_2} \tag{1-5}$$

外加交流电源电压有效值与电动势近似相等;由于二次绕组开路,故端电压与电动势相等,即

$$\frac{U_1}{U_2} = \frac{E_1}{E_2} = \frac{N_1}{N_2} = K_u = K \tag{1-6}$$

式中:K_u 为变压器的电压比,也用 K 表示,它是变压器最重要的参数之一。

由式(1-6)可知,变压器一、二次绕组的电压与一、二次绕组的匝数成正比,即变压器有变换电压的作用。

例 1-1 低压照明变压器一次绕组的匝数 $N_1 = 880$ 匝,一次绕组的 $U_1 = 220$ V,现要求二次绕组输出电压 $U_2 = 36$ V,试求二次绕组的匝数 N_2 及电压比 K_u。

解:由式(1-6)可得

$$N_2 = \frac{N_1 \cdot U_2}{U_1} = \frac{880 \times 36}{220} = 144 \text{(匝)}$$

$$K_u = \frac{N_1}{N_2} = \frac{U_1}{U_2} = \frac{220}{36} \approx 6.1$$

2)变压器的负载运行

变压器一次绕组接额定电压,二次绕组与负载相连的运行状态称为变压器的负载运行。此时二次绕组中有电流 i_2 通过,由于该电流是依据电磁感应原理由一次绕组产生的,因此一次绕组中由空载电流 i_0 变为负载电流 i_1。理想变压器负载运行原理如图 1-9 所示。

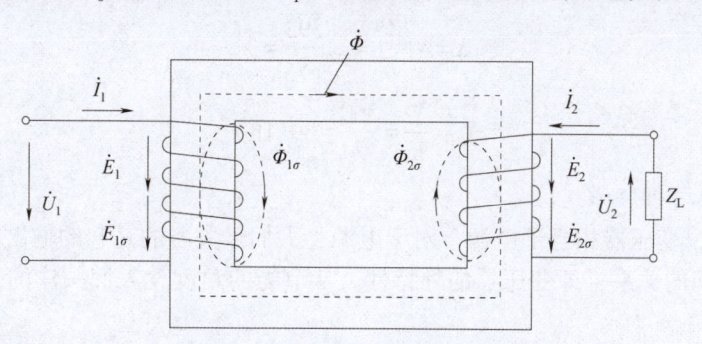

图 1-9 理想变压器负载运行原理

由于变压器效率都很高,通常可近似将变压器的输出功率 P_2 和输入功率 P_1 看作相等,即 $U_1I_1 = U_2I_2$,有

$$\frac{I_1}{I_2} = \frac{U_2}{U_1} = \frac{N_2}{N_1} = \frac{1}{K_u} = K_i \tag{1-7}$$

式中：K_i 为变压器的电流比，它是变压器的重要参数之一。

若例 1–1 中的变压器电流流过二次绕组的电流 $I_2 = 1.7$ A，试求一次绕组中的电流 I_1。

解：由式（1-7）可得

$$I_1 = \frac{I_2}{K_u} = \frac{1.7}{6.1} = 0.28(\text{A})$$

由此得出，变压器的高压绕组匝数多，而通过的电流小，因此所用的导线较细；低压绕组匝数少，通过的电流大，所用的导线较粗。

3）变压器的阻抗变换

变压器不但具有电压变换和电流变换作用，还具有阻抗作用。

当变压器二次绕组接上阻抗为 Z 的负载后，有

$$Z = \frac{U_2}{I_2} = \frac{\frac{N_2}{N_1}U_1}{\frac{N_1}{N_2}I_1} = \left(\frac{N_2}{N_1}\right)^2 \frac{U_1}{I_1} = \frac{1}{K^2}Z' \tag{1-8}$$

$$Z' = \frac{U_1}{I_1} \tag{1-9}$$

由此可得

$$Z' = K^2 Z \tag{1-10}$$

可见，接在变压器二次绕组上的负载 Z 与不经过变压器接在电源上的负载 Z′ 相比，减小到了 Z′ 的 $1/K^2$。在电子电路中，在音响设备与扬声器之间通常会加接一个变压器（称为输出变压器、线间变压器）来达到阻抗匹配的目的。

例 1–2 某晶体管收音机输出电路的输出阻抗为 Z′ = 392 Ω，接入的扬声器阻抗为 Z = 8 Ω，现加接一个输出变压器使两者实现阻抗匹配，试求该变压器的电压比 K；若该变压器一次绕组的匝数 N_1 = 560 匝，则二次绕组的匝数 N_2 为多少？

解：已知输出阻抗为 Z′ = 392 Ω，输入阻抗为 Z = 8 Ω，则

$$K = \sqrt{\frac{Z'}{Z}} = \sqrt{\frac{392}{8}} = 7$$

$$N_2 = \frac{N_1}{K} = \frac{560}{7} = 80(\text{匝})$$

2. 变压器的运行特性

对负载来说，变压器相当于电源。对于电源，人们最关心的是它的输出电压与输出电流（负载电流）之间的关系，即变压器的外特性。从节能的角度，人们关注的是变压器在电压变换过程中的效率。

1）变压器的外特性及电压变化率

变压器在运行时，其二次绕组的输出电流 I_2 将随负载的变化而不断变化，希望输出电流在变化时输出电压 U_2 尽量保持不变，这在实际中是很难实现的。

变压器加上负载之后，随着负载电流 I_2 的增加，I_2 在二次绕组内部的阻抗压降也会增加，使二次绕组输出的电压 U_2 随之发生变化。另外，由于一次电流 I_1 随 I_2 增加，一次绕组漏阻抗上的压降也增加，一次绕组的电动势 E_1 和二次绕组的电动势 E_2 也会有所下降，这也

会影响到二次绕组的输出电压 U_2。

当一次电压 U_1 和负载的功率因数 $\cos\varphi_2$ 一定时，二次电压 U_2 与负载电流 I_2 的关系称为变压器的外特性。一般情况下，变压器的负载大多是感性负载，因而当负载增加时，输出电压 U_2 总是下降的，其下降程度用电压变化率表示。

二次绕组空载时的电压 U_{2N} 与额定负载时的电压 U_2 之差与 U_{2N} 之比的百分值，称为变压器的电压变化率。

$$\Delta U\% = \frac{U_{2N}-U_2}{U_{2N}} \times 100\% \tag{1-11}$$

常用电力变压器从空载到满载的电压变化率 ΔU 为 3%~5%。

例 1-3 某台供电电力变压器 $U_{1N}=10\ 000\ \text{V}$ 的高压降压后对负载供电，要求该变压器在额定负载下的输出电压 $U_2=380\ \text{V}$，该变压器的电压变化率 $\Delta U=5\%$，求该变压器二次绕组的额定电压 U_{2N} 及变压比 K。

解：

$$\Delta U\% = \frac{U_{2N}-380}{U_{2N}} \times 100\%$$

$$5\% = \frac{U_{2N}-380}{U_{2N}} \times 100\%$$

$$U_{2N} = 400\ \text{V}$$

$$K = \frac{U_{1N}}{U_{2N}}$$

$$= \frac{10\ 000}{400}$$

$$= 25$$

2）变压器的损耗及效率

变压器在传输电能的过程中，不可避免地要产生损耗。单相变压器从电源输入的有功功率 P_1 和向负载输出的有功功率 P_2 两者之差称为变压器的损耗 ΔP，它包括铜损耗 P_{Cu} 和铁损耗 P_{Fe} 两部分，即

$$\Delta P = P_{Cu} + P_{Fe} \tag{1-12}$$

（1）铁损耗 P_{Fe}。
①变压器的铁损耗包括基本铁损耗和附加铁损耗。
②变压器的铁损耗与一次绕组上所加的电源电压有关。
由此可知，电力变压器铭牌上的额定电压应是 400 V。
（2）铜损耗 P_{Cu}。
①变压器的铜损耗也包括基本铜损耗和附加铜损耗。
②基本铜损耗是由电流在一次、二次绕组上产生的损耗，附加铜损耗是指由漏磁通产生的集肤效应使电流在导体内分布不均而产生的额外损耗。
（3）效率 η。
变压器的输出功率 P_2 与输入功率 P_1 之比。

(4) 效率特性。

当一台变压器一次绕组加上额定电压，而二次绕组开路（空载运行）时测得的变压器空载损耗 P_0 即为变压器的铁损耗。

变压器的铜损耗可以通过短路试验来测定，即将变压器的低压侧两端用导线短接（短路），高压侧加上很低的电压，使高压侧的电流等于额定电流时，则通过低压侧的电流也为额定电流。

在短路试验中，使一次绕组电流等于额定值时的电压称为短路电压，或称为变压器的阻抗电压，用 U_{SC} 表示。对于一般中小型变压器，U_{SC} 通常为额定电压的 4%~10.5%。

课后习题

1. 变压器一次绕组接在额定频率和额定电压的电网上，而二次绕组开路时的工作方式称为变压器的_____。

2. 由交变磁通 Φ 产生的感应电动势 e，其参考方向与产生该磁通的电流参考方向_____。

3. 空载运行时，在外加交流电压 u_1 作用下，一次绕组中通过的电流称为_____，此时铁芯中产生的交变磁通 Φ 称为_____。

4. 感应电动势 e 和磁通 Φ 之间的关系是在相位上 e 滞后于 Φ 90°；在数值上，其有效值为_____。

5. 变压器一次绕组接额定电压，二次绕组与负载相连的运行状态称为变压器的_____。

6. 已知电源频率 f、变压器绕组匝数 N 和通过铁芯的主磁通幅值 Φ_m，则感应电动势 E 的表达式应为_____。

7. 接在变压器二次绕组上的负载 Z 与不经过变压器接在电源上的负载 Z' 相比，减小了_____。

8. 当一次电压 U_1 和负载的功率因数 $\cos\varphi_2$ 一定时，二次电压 U_2 与负载电流 I_2 的关系称为_____。

9. 变压器的损耗包括_____损耗和_____损耗两部分，_____损耗基本保持不变。

10. 当一台变压器一次绕组加上额定电压，而二次绕组开路（空载运行）时测得的变压器空载损耗 P_0 即为变压器的_____。

学习情景 5　特殊变压器

学习任务

- 掌握自耦变压器的结构及工作原理。
- 掌握电流互感器、电压互感器的结构及工作原理。

仪用互感器的使用

✈ 掌握电焊变压器的结构及工作原理。
✈ 学会自耦变压器、互感器、电焊变压器的使用及维护。

自耦变压器的使用

1. 自耦变压器

普通变压器的一次侧、二次侧是分开绕制的,虽然都装在一个铁芯上,但相互是绝缘的,只有磁路上的耦合,却没有电路上的直接联系,能量是靠电磁感应传过去的,所以称为双绕组变压器。自耦变压器的结构却有很大不同,即一次侧、二次侧共用一个绕组,一次侧、二次侧绕组不但有磁的联系,还有电的联系。

自耦变压器不仅用于降压,而且只要把输入与输出对调,就变成了升压变压器。

1) 自耦变压器的工作原理

普通双绕组和三绕组变压器的一次侧、二次侧绕组是彼此独立、相互绝缘的,一次侧、二次侧绕组之间通过电磁耦合起来,而没有直接的电联系。自耦变压器的结构却有很大不同,即一次侧、二次侧共用一个绕组,一次侧、二次侧绕组不但有磁的联系,还有电的联系。自耦变压器工作原理如图 1-10 所示。

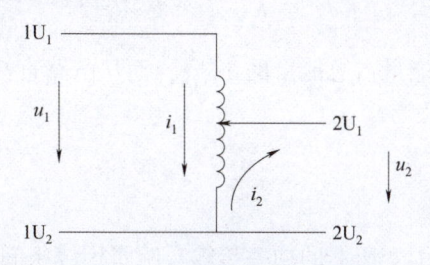

图 1-10 自耦变压器工作原理

(1) 工作原理与变压比。

$$U_1 \approx E_1 = 4.44fN_1\Phi_m \tag{1-13}$$

$$U_2 \approx E_2 = 4.44fN_2\Phi_m \tag{1-14}$$

$$\frac{U_1}{U_2} \approx \frac{E_1}{E_2} = \frac{N_1}{N_2} = K \tag{1-15}$$

式中:N_1 为一次侧 $1U_1$ 与 $1U_2$ 之间的匝数;N_2 为二次侧 $2U_1$ 与 $2U_2$ 之间的匝数。

(2) 绕组中公共部分的电流。

从磁动势平衡方程式可知,因为输入电压 U_1 不变,主磁通也不变,所以空载时的磁动势和负载时的磁动势是相等的。

$$I_1N_1 - I_2N_2 = I_0N_1 \tag{1-16}$$

因为空载电流 I_0 很小,可忽略不计,则有

$$I_1N_1 - I_2N_2 = 0 \tag{1-17}$$

$$I_1 = \frac{N_2}{N_1}I_2 = \frac{1}{K}I_2 \tag{1-18}$$

由于 I_1 与 I_2 的相位一样,所以绕组中公共部分的电流为

$$I = I_2 - I_1 = (K-1)I_1 \tag{1-19}$$

由式(1-19)可见,当 K 接近于 1 时,绕组中公共部分的电流 I 就很小,因此共用的

这部分绕组导线的截面积可以减小很多,即减小了自耦变压器的体积和质量,这是它的一大优点。如果 $K>2$,则 $I>I_1$,就没有太大的优越性了。

(3) 自耦变压器的输出功率。

自耦变压器输出的视在功率(不计损耗时)为

$$S_2 = U_2 I_2 = U_2(I+I_1) = U_2 I + U_2 I_1 = S_2' + S_2'' \tag{1-20}$$

其中,

$$S_2' = U_2 I \tag{1-21}$$

称为电磁功率,它是通过公共绕组电磁感应传递到二次侧的功率。

$$S_2'' = U_2 I_1 \tag{1-22}$$

称为传导功率,是由一次侧直接通过电传导的方式传递到二次侧的。

由于 $I = I_2 - I_1$,故可以推导出

$$\begin{aligned} S_2 &= U_2(I+I_1) = U_2 I + U_2 I_1 = U_2 I_2\left(1-\frac{1}{K}\right) + U_2 I_2 \frac{1}{K} \\ &= S_2\left(1-\frac{1}{K}\right) + S_2 \frac{1}{K} \end{aligned} \tag{1-23}$$

说明靠电磁感应传递的能量占总能量的 $1-\dfrac{1}{K}$,而从电路直接输送的能量占 $\dfrac{1}{K}$。

2) 自耦变压器的特点

(1) 自耦变压器的优点。

①可改变输出电压。

②用料省、效率高。自耦变压器的功率传输,除了因绕组间电磁感应原理而传递的功率外,还有一部分是由电路相连直接传导的功率。后者是普通双绕组变压器所没有的。这就使自耦变压器较普通双绕组变压器用料省、效率高。

(2) 自耦变压器的缺点。

①因它一次侧、二次侧绕组是相通的,高压侧(电源)的电气故障会波及低压侧,如高压绕组绝缘损坏,高电压可直接进入低压侧,这是很不安全的,所以低压侧应有防止过电压的保护措施。

②如果在自耦变压器的输入端把相线和零线接反,虽然二次侧输出电压大小不变,仍可正常工作,但这时输出"零线"已经为"高电位",是非常危险的。为了安全起见,规定自耦变压器不准作为安全隔离变压器用,而且使用时要求自耦变压器接线正确,外壳必须接地。接自耦变压器电源前,一定要把手柄转到零位。

2. 仪用互感器

电工仪表中的交流电流表一般可直接用来测量 5~10 A 以下的电流,交流电压表可直接用于测量 450 V 以下的电压。而在实践中有时往往需测量几百安、几千安的大电流及几万伏的高电压,此时必须加接仪用互感器。

仪用互感器是作为测量用的专用设备,分为电流互感器和电压互感器两种。它们的工作原理与变压器相同。

使用仪用互感器的目的有:一是为了测量人员的安全,使测量回路与高压电网相互隔离;二是扩大测量仪表(电流表及电压表)的测量范围。

1）电流互感器

在电工测量中用来按比例变换交流电流的仪器,称为电流互感器。

(1) 电流互感器的结构。

电流互感器在结构上与普通双绕组变压器相似,也有铁芯和一次侧、二次侧绕组,但它的一次侧绕组匝数很少,只有一匝到几匝,导线都很粗,串联在被测电路中,流过被测电流,被测电流的大小由用户负载决定;二次绕组匝数较多,与交流电流表相接。电流互感器外形如图 1-11 所示。

图 1-11 电流互感器外形

电流互感器工作时二次侧近似于短路,所以互感器的一次侧电压也几乎为零,即 $U_1 \approx 0$。电流互感器原理接线及图形符号如图 1-12 所示。

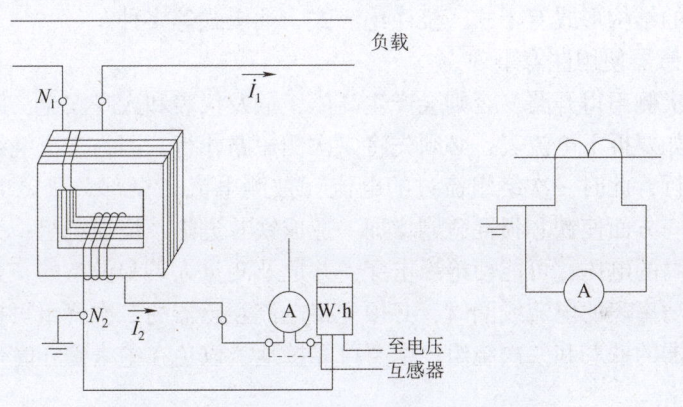

图 1-12 电流互感器原理接线及图形符号

因为主磁通正比于一次侧输入电压,即

$$\Phi_m \propto U_1$$

所以主磁通 $\Phi_m \approx 0$。

则励磁电流 $I_0 \approx 0$,总磁动势为零。

根据磁动势平衡方程式,有

$$\dot{I}_1 N_1 + \dot{I}_2 N_2 = 0$$

$$\dot{I}_1 = -\frac{N_2}{N_1}\dot{I}_2 = -K\dot{I}_2 \tag{1-24}$$

如不考虑相位关系,则

$$I_1 = -KI_2 \tag{1-25}$$

式中：K 为电流互感器的额定电流比；I_2 为二次侧所接电流表的读数，乘以 K 就是一次侧的被测大电流的数值 I_1。由变压器工作原理可得

$$\frac{I_1}{I_2}=\frac{N_2}{N_1}=K_i \tag{1-26}$$

故

$$I_1=K_i I_2 \tag{1-27}$$

式中：K_i 为电流互感器的额定电流比，标注在电流互感器的铭牌上，只要读出接在二次线圈一侧电流表的读数，则一次电路的待测电流就很容易从式（1-27）中得到。

在实际应用中，与电流互感器配套使用的电流表已换算成一次电流，其标度尺即按电流分度，这样可以直接读数，不必进行换算。例如，按 5 A 制造的与额定电流比为 600/5 电流互感器配套使用的电流表，其标度尺即按 600 A 分度。

（2）电流互感器的选用。

选用电流互感器可根据测量准确度、电压、电流要求选择。一般电流互感器二次侧的额定电流为 5 A（或 1 A），故所接电流表的量程应为 5 A（或 1 A），如果所接电流表的实际量程已经放大了 K 倍，则可以直接读出一次侧的被测电流数值 I_1；一次侧的额定电流在 5～25 000 A，应根据需要选择；准确度等级有 0.2、0.5、1.0、3 和 10 等五级，等级数字越大，误差越大。

电流互感器的结构形式有干式、浇注绝缘式、油浸式等多种。

（3）电流互感器使用注意事项。

①运行中二次侧不得开路，否则会产生高压，危及仪表和人身安全，因此二次侧不能接熔断器；运行中如要拆下电流表，必须先将二次侧短路才行。因为二次绕组开路时，电流互感器处于空载运行，此时一次绕组流过的电流（被测电流）全部为励磁电流，使铁芯中的磁通急剧增大。一方面使铁芯损耗急剧增加，造成铁芯过热，烧损绕组；另一方面将在二次绕组上感应出很高的电压，可能使绝缘击穿，并危及测量人员和设备的安全。因此，需检修或拆换电流表、功率表的电流线圈时，必须先将电流互感器的二次绕组短接。

②电流互感器的铁芯和二次绕组一端要可靠接地，以免在绝缘破坏时带电而危及仪表和人身安全。

③电流互感器的一次侧、二次侧绕组有"＋""－"或"＊"的同名端标记，二次侧接功率表或电能表的电流线圈时，极性不能接错。

④电流互感器二次侧负载阻抗大小会影响测量的准确度，负载阻抗的值应小于互感器要求的阻抗值，使互感器尽量工作在"短路状态"。

利用互感器原理制造的便携式钳形电流表，它的铁芯可以张开，将被测载流导线钳入铁芯窗口中，被测导线相当于电流互感器的一次绕组，铁芯绕二次绕组后与测量仪表相连，可直接读出被测电流的数值。其优点是测量线路电流时不必断开电路，使用方便。钳形电流表的外形及其结构如图 1-13 所示。

2）电压互感器

在电工测量中用来按比例变换交流电压的仪器，称为电压互感器。

电压互感器原理接线及图形符号如图 1-14 所示。

电压互感器的基本结构及工作原理与单相变压器相似。电压互感器外形如图 1-15 所

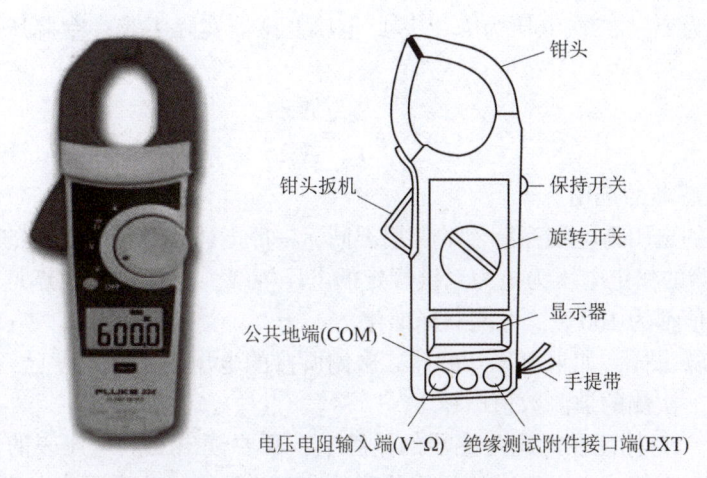

图 1-13 钳形电流表的外形及其结构

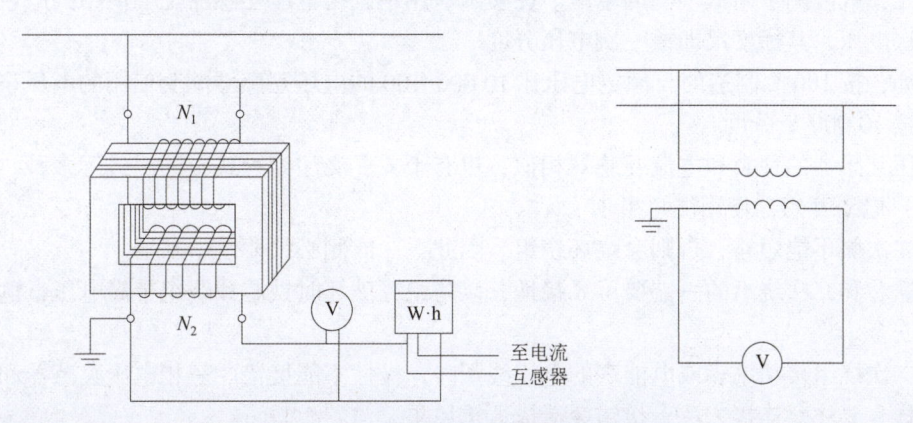

图 1-14 电压互感器原理接线及图形符号

示,它的一次绕组匝数为 N_1,与待测电路并联;二次绕组匝数为 N_2,与电压表并联。电压互感器原理电路如图 1-16 所示。因为这些负载的阻抗都很大,电压互感器近似运行在二次侧开路的空载状态,则有

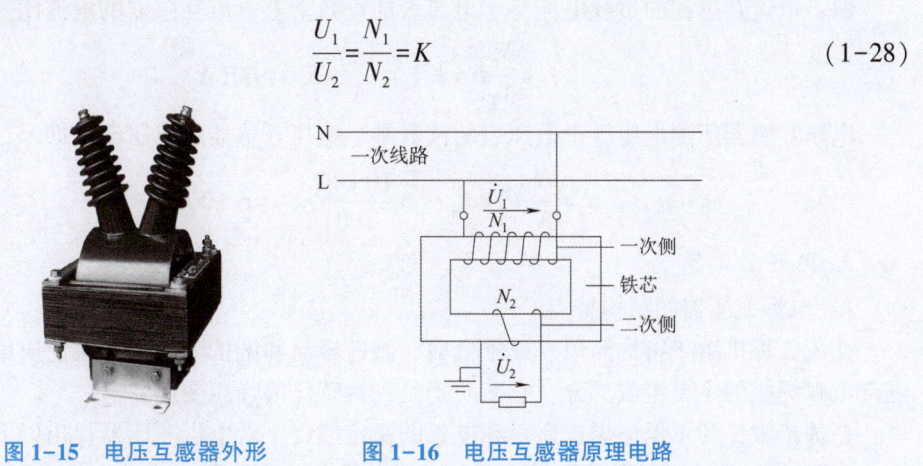

$$\frac{U_1}{U_2}=\frac{N_1}{N_2}=K \tag{1-28}$$

图 1-15 电压互感器外形　　图 1-16 电压互感器原理电路

其一次电压为 U_1，二次电压为 U_2，因此电压互感器实际上是一台降压变压器，其电压比 K_u 为

$$K_u = \frac{U_1}{U_2} = \frac{N_1}{N_2} \tag{1-29}$$

(1) 电压互感器的选用。

电压互感器的选用与电流互感器的选用类同，一般电压互感器二次侧的额定电压都规定为 100 V，一次侧的额定电压为电力系统规定的电压等级，这样做的优点是二次侧所接的仪表电压线圈额定值都为 100 V，可统一标准化。

与电流互感器一样，如果电压互感器二次侧所接的电压表实际刻度已经被放大了 K 倍，则可以直接读出一次侧的被测数值电压 U_1。

通常情况下，K_u 标注在电压互感器的铭牌上，只要读出二次电压表的读数，一次电路的电压即可得出。一般二次电压表均采用量程为 100 V 的仪表。只要改变接入的电压互感器的电压比，就可测量高低不同的电压。在实际应用中，与电压互感器配套使用的电压表已换算成一次电压，其标度尺即按一次电压分度。

例如，按 100 V 制造的与额定电压比 10 000/100 的电压互感器配套使用的电压表，其标度尺即按 10 000 V 分度。

电压互感器的种类和电流互感器相似，也有干式、浇注绝缘式、油浸式等多种。

(2) 电压互感器使用注意事项。

① 二次侧不能短路，否则会烧坏绕组。因此，二次侧必须要装熔断器。

② 铁芯和二次绕组的一端要可靠接地，以防绝缘破坏时铁芯和绕组带高电压，危及人身和仪表安全。

③ 二次绕组接功率表或电能表的电压线圈时，极性不能接错。三相电压互感器和三相变压器一样，要注意连接方法，接错会造成严重后果。

④ 电压互感器的准确度与二次侧的负载大小有关，负载越大，即接的仪表越多，误差越大。

例 1-4　用变压比为 10 000/100 电压互感器、变流比为 100/5 的电流互感器扩大量程，其电流表读数为 3.0 A，电压表读数为 66 V，试求被测电路的电流、电压各为多少？

解：电流互感器的负载电流等于电流表的读数乘上电流互感器的电流比，即

$$I_1 = \frac{N_2}{N_1} I_2 = K_i I_2 = \frac{100}{5} \times 3.0 = 60 \,(\text{A})$$

电压互感器所测电压等于电压表的读数乘上电压互感器的电压比，即

$$U_2 = \frac{N_1}{N_2} U_1 = K_u U_1 = \frac{10\,000}{100} \times 66 = 6\,600 \,(\text{V})$$

3. 电焊变压器

1) 电焊变压器的结构特点

交流弧焊机由于结构简单、成本低廉、制造容易和维护方便而被广泛应用。电焊变压器是交流弧焊机的主要组成部分，它实质上是一台特殊的降压变压器。

在焊接中，为了保证焊接质量和电弧的稳定燃烧，对电焊变压器提出以下要求。

(1) 在空载时，电焊变压器应有一定的空载电压，通常 $U_0 = 60 \sim 75$ V，以便于起弧。

（2）在负载时，电压应随负载的增大而急剧下降。通常在额定负载时的输出电压约为 30 V。

（3）在短路时，短路电流 I_{SC} 不应过大，以免损坏电焊变压器。

（4）为了适应不同的焊接工件和焊条的需要，要求电焊变压器的输出电流能在一定范围内进行调节。

为了满足上述要求，电焊变压器必须具有较大的漏抗，而且可以进行调节。因此，电焊变压器的特点是：铁芯的气隙比较大；一次、二次分装在不同的铁芯柱上，再用磁分路法、串联可变电抗器法及改变二次绕组等接法来调节焊接电流。

工业上使用的交流弧焊机类型很多，如抽头式、动铁芯、动圈式和综合式等，都是依据上述原理制造的。

2）磁分路动铁芯式弧焊机

其基本结构及工作原理：该型交流弧焊机的电焊变压器为磁分路动铁芯结构，它的铁芯由固定铁芯和活动铁芯两部分组成。固定铁芯为"口"字形，两边的方柱上绕有一次绕组和二次绕组。增强漏磁式电焊变压器原理图如图 1-17 所示。

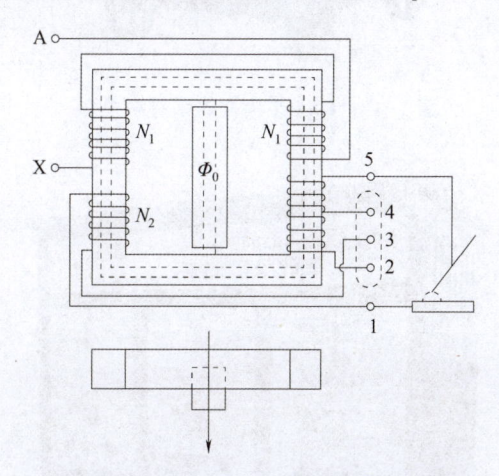

图 1-17 增强漏磁式电焊变压器原理图

活动铁芯安装在固定铁芯中间的螺杆上，当转动铁芯调节装置手轮时，螺杆转动，活动铁芯就沿着导杆在固定铁芯的方口中移动，从而改变固定铁芯中的磁通，调节焊接电流。

它的一次绕组绕在固定铁芯的一边，二次绕组由两部分组成，一部分与一次绕组绕在同一边，另一部分绕在铁芯的另一侧。

焊接电流的粗调靠变更二次绕组的接线板上连接片的接法来实现。

焊接电流的细调则是通过手轮移动铁芯的位置，改变漏抗，从而得到均匀的电流调节。

BX1 系列交流弧焊机有 3 种型号：BX1-135 的焊接电流调节范围为 25~150 A，用于薄钢片的焊接；BX1-330 为 50~450 A；BX1-500 的电流调节范围则为 50~680 A，可用来焊接不同厚度的低碳钢板。BX1 系列交流弧焊机外形如图 1-18 所示。

3）动圈式弧焊机

动圈式弧焊机的典型产品是 BX3 系列。它的焊接电流调节是靠改变一次绕组和二次绕组之间的距离（从而改变它们之间的漏抗大小）来实现的，其外形如图 1-19 所示。一次绕组是固定的，而二次绕组可借助调节机构在中间铁芯柱上上下移动，从而改变一、二次绕组之间的距离。距离越大，漏抗就越大，输出电压降低，焊接电流变小。

图 1-18 BX1 系列交流弧焊机外形

图 1-19 动圈式弧焊机外形

4）整流变压器

从 20 世纪 70 年代起，由整流电路供电的整流电源逐步取代了直流发电机，成为产生直流电源的主要方法。

用来单独给整流电路供电的电源变压器称为整流变压器，它是整流装置中的重要组成部分。

（1）整流变压器的作用。

①把电网电压变换成整流电路要求的电压。

②在大容量整流电路中，为了得到平稳的直流电压，往往采用多相整流电路（如六相、十二相整流），这就需要用到三相整流变压器，其二次侧接成六相或十二相。

③为了尽可能减少电网与整流装置之间的相互干扰，要求把整流后的直流电路与电网交流电路彼此隔离。

（2）整流变压器的结构与工作特点。

①由于整流变压器的二次绕组所接整流器件只在一个周期的部分时间内轮流导电，所以二次绕组中流过的电流是非正弦电流，含有直流分量，它将使铁芯因损耗增加而加热。另外，往往二次绕组的视在功率也比一次绕组的要大。

②当整流器件被击穿而发生短路时，变压器将流过很大的短路电流，因此整流变压器的漏抗较大，它输出的直流电压外特性较软，其外形结构较为矮胖，机械强度较好。

③由于整流变压器二次绕组中可能产生过电压而损坏绝缘层，因此需要加强绝缘处理。整流变压器的工作原理及波形如图 1-20 所示。

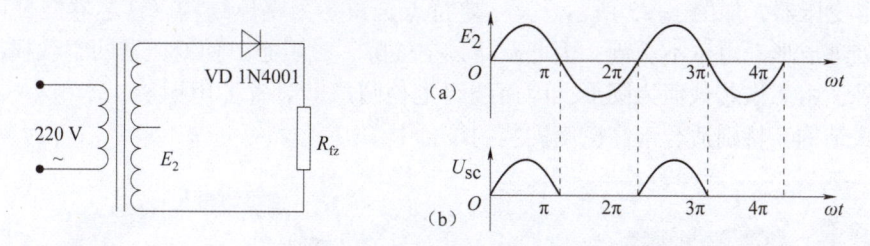

图 1-20 整流变压器的工作原理及波形

5）小功率电源变压器

小功率电源变压器是专门供某些小功率负载的供电电源之用。按工作频率的不同，可分为工频、中频和高频电源变压器；按铁芯结构形式的不同，可分为 E 形及"口"形铁芯变压器、C 形变压器、R 形变压器和 O 形（环形）变压器。

（1）按工作频率分类。

①工频电源变压器。它是指工作在 50~60 Hz 频率的电源变压器。铁芯用厚度为 0.35 mm 或 0.5 mm 的冷轧硅钢片制成。工频电源变压器外形如图 1-21 所示。

图 1-21 工频电源变压器外形

②中频电源变压器。它是指工作在 400~1 000 Hz 频率下的电源变压器。其铁芯用厚度为 0.2 mm 的冷轧硅钢片制成。

③高频电源变压器。它是指工作在 10~20 kHz 频率下的电源变压器。它主要用于开关稳压电源的变换器中，它的结构特点如下。

a. 一般均用铁氧体磁芯，它的电阻率高，故涡流损耗小。

b. 因为集肤效应使导线中心部分电流密度变小，通常使用多股高频铜导线或薄铜箔绕制绕组。

c. 高频变压器的工作温度不能超过 70 ℃；否则铁氧体的电磁性能将急剧下降。

（2）按铁芯结构形式分类。

①E 形及"口"形铁芯变压器，如图 1-22 所示为 E 形铁芯变压器。

②C 形变压器，由于冷轧硅钢带的磁感应强度 B 比较高，加上绝缘等级较高（为 B 级或 H 级），故体积小，用铜量省。

③R 形变压器，如图 1-23 所示。其主要特点是铁芯为整体结构，铁芯卷绕好以后绑扎紧并浸漆处理成形。由于不切割，因此磁路无空气隙、磁阻小，使变压器的空载损耗小、温升低。另外，由于铁芯截面为圆形，因而绕组也是圆形，节省了用铜量，体积小，噪声低。常采用卧式结构，特别适合于高密度安装的设备中。

图 1-22　E 形铁芯变压器　　　　图 1-23　R 形变压器

④O 形变压器，又称环形变压器。工作在工频电源下的 O 形变压器其铁芯用晶粒取向冷轧硅钢带或合金钢带绕制而成。O 形变压器具有 R 形变压器的优点，且铁芯制作简单，能充分利用铁芯的磁性能，漏磁小。随着电子技术的高速发展，高频变压器、脉冲变压器、开关电源变压器及逆变器等大多采用环形铁芯结构。O 形变压器如图 1-24 所示。

图 1-24　O 形变压器

课后习题

1. 自耦变压器的一、二次绕组间既有_____的联系，又有_____的联系，所以不能用于安全隔离变压。
2. 自耦变压器的输出容量分两部分，一部分为_____容量，即公共绕组的容量，它是通过_____传递给负载；另一部分为传导容量，它是通过_____的直接联系传导给负载。
3. 仪用互感器分为_____和_____两种。
4. 使用仪用互感器的目的有：一是为了_____，使测量回路与高压电网相互隔离；二是_____。
5. 电压互感器的正常运行相当于变压器的_____状态，电流互感器的正常运行相当于变压器的_____状态。
6. 电压互感器的二次侧不允许_____路，电流互感器二次侧不允许_____路。
7. 电流互感器的一次侧绕组匝数很_____，导线都很粗，串联在被测的电路中，流过被测电流，被测电流的大小由_____决定。
8. 电焊变压器实质是一个具有特殊性能的_____，具有_____的外特性。
9. 电焊变压器在空载时，应有一定的空载电压，通常为_____，以便于起弧。
10. 磁分路动铁芯式弧焊机的铁芯由固定铁芯和活动铁芯两部分组成，固定铁芯两边的方柱上绕有_____绕组和_____绕组。活动铁芯安装在固定铁芯中间的螺杆上，当转动铁芯调节装置手轮时，螺杆转动，活动铁芯就沿着导杆在固定铁芯的方口中移动，从而改变固定铁芯中的_____，调节焊接_____。
11. 简述自耦变压器的工作原理。
12. 简述电流互感器的使用注意事项。
13. 简述电压互感器的使用注意事项。

学习情景6 变压器铭牌的技术参数

学习任务

- 正确识读变压器的铭牌数据。
- 正确识读与计算变压器的额定数据。
- 正确理解变压器的连接组别标号。

电力变压器的种类及铭牌参数

1. 相数和额定频率

变压器分单相和三相两种。一般均制成三相变压器以直接满足输配电的要求，小型变压器有制成单相的，特大型变压器则是做成单相后组成三相变压器组以满足运输要求。

变压器额定频率是指所设计的运行频率,我国规定变压器的额定频率为 50 Hz。

2. 额定电压、额定电压组合和额定电压比

1) 额定电压

变压器的一个作用是改变电压,额定电压是重要数据之一。变压器的额定电压应与所连接的输变电线路电压相符合,我国输变电线路电压等级(kV)为 0.38、3、6、10、15、20、35、63、110、220、330、500。

输变电线路电压等级就是线路终端的电压值,连接线路终端变压器一侧的额定电压与上列数值相同。线路始端(电源端)电压考虑了线路的压降将比等级电压要高。35 kV 以下电压等级的始端电压比电压等级要高 5%,而 35 kV 级以上的要高 10%,因此变压器的额定电压也相应提高。线路始端电压值(kV)为 0.4、3.15、6.3、10.5、15.75、38.5、69、121、242、363、550。

高压额定电压等于线路始端电压的变压器为升压变压器,等于线路终端电压(电压等级)的变压器为降压变压器。

变压器产品系列是以高压的电压等级划分的,电力变压器系列分为 10 kV 及以下系列、35 kV 系列、63 kV 系列、110 kV 系列和 220 kV 系列等。

额定电压是指线电压,且均以有效值表示。组成三相组的单相变压器,如绕组为星形连接,则绕组的额定电压以线电压为分子,$\sqrt{3}$ 为分母表示,如 $380/\sqrt{3}$ V。

变压器应能在 105% 的额定电压下输出额定电流,因为 5% 过电压下的较高空载损耗而引起的温升稍许增长,可略去不计。对于特殊的使用情况(如变压器的有功功率可以在任何方向流通),用户可在不超过 110% 的额定电压下运行。变压器铁芯的磁通密度选取值要偏低,以防过励磁。当电流为额定电流的 k($0 \leqslant k \leqslant 1$)倍时,一般应对电压加以限制。

2) 额定电压组合

变压器的额定电压就是各绕组的额定电压,是指定施加的或空载时产生的电压。空载时,某一绕组施加额定电压,则变压器其他绕组都同时产生额定电压。绕组之间额定电压组合是有规定的。

3) 额定电压比

额定电压比是指高压绕组与低压或中压绕组的额定电压之比。

3. 额定容量

变压器的主要作用是传输电能,因此额定容量是它的主要数据。它是表现容量的惯用值,表征传输电能的大小。

变压器额定容量与绕组额定容量有区别:双绕组变压器的额定容量即为绕组的额定容量;多绕组变压器应对每个绕组的额定容量加以规定,其额定容量为最大的绕组额定容量;当变压器容量由冷却方式变更时,则额定容量是指其最大的容量。我国现在变压器的额定容量等级是 $10\sqrt{10}$ 倍数增加的 R10 优先数系,只有 30 kV·A 和 63 000 kV·A 以上的容量等级与优先数系有所不同。

4. 额定电流

变压器的额定电流是由绕组的额定容量除以该绕组的额定电压及相应的相系数(单相为 1,三相为 $\sqrt{3}$),而算得的流经绕组线端的电流。

因此，变压器的额定电流就是各绕组的额定电流，是指线电流，也以有效值表示。但是，组成三相组的单相变压器，如绕组为三角形连接，绕组的额定电流以线电流为分子，$\sqrt{3}$ 为分母来表示。

5. 绕组连接组标号

1) 绕组连接组

变压器同一侧绕组是按照一定形式进行连接的。

单相变压器除相绕组（线匝组合成的一相绕组）的内部连接外，没有绕组之间的连接，所以其连接用符号 I 表示。双绕组变压器常用连接组的特性如表 1-1 所示。

表 1-1　双绕组变压器常用连接组的特性

绕组连接组标号	相量图	连接图	特性及应用
单相 I, I (I, I0)			用于单相变压器时没有单独特性。不能接成 Y, Y 连接的三相变压器组，因此时三次谐波磁通完全在铁芯中流通，三次谐波电压较大，对绕组绝缘极为不利；能接成其他连接的三相变压器组。
三相 Y, yn (Y, yn0)			绕组导线填充系数大，机械强度高，绝缘用量少，可以实现四线制供电，常用于小容量三柱式铁芯的小型变压器上。但有三次谐波磁通，将在金属结构件中引起涡流损耗。
三相 Y, zn (Y, zn11)			在二次或一次侧遭受冲击过电压时，同一芯柱上的两个半绕组的磁动势互相抵消，一次侧不会感应或逆变过电压，适用于防雷性能高的配电变压器。但二次绕组需增加 15.5% 的材料用量。
三相 Y, d (Y, d11)			二次侧采用三角形接线，三次谐波电流可以循环流动，消除了三次谐波电压。中性点不引出，常用于中性点非接地的大、中型变压器上。

续表

绕组连接组标号	相量图	连接图	特性及应用
三相 YN, d（YN, d11）			二次侧采用三角形接线，三次谐波电流可以循环流动，消除了三次谐波电压。中性点引出，一次侧中性点是稳定的，用于中性点接地的大型高压变压器上。

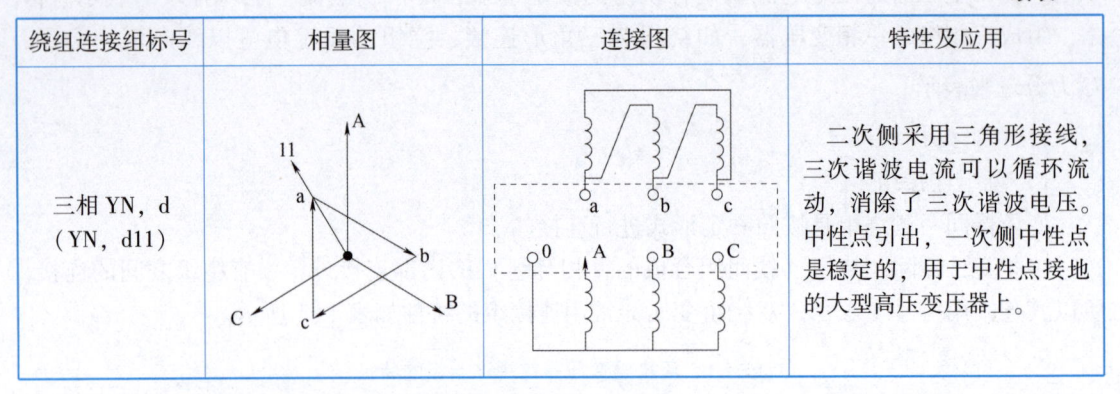

三相变压器或组成三相变压器组的单相变压器，则可以连接成星形、三角形和曲折形等。星形连接是各相绕组的一端接成一个公共点（中性点），其他端子接到相应的线端上；三角形连接是三个相绕组互相串联形成闭合回路，由串联处至相应的线端；曲折形连接的相绕组是接成星形，但相绕组是由感应电压相位不同的两部分组成（不在同一铁芯芯柱上）的，均可见表 1-1 中连接图。

星形、三角形、曲折形连接，现在对于高压绕组分别用符号 Y、D、Z 表示；对于中压和低压绕组分别用符号 y、d、z 表示。有中性点引出时则分别用符号 YN、ZN 和 yn、zn 表示。自耦变压器有公共部分的两绕组中额定电压低的一个用符号 a 表示。

变压器按高压、中压和低压绕组连接的顺序结合起来就是绕组的连接组。例如：高压为 Y、低压为 yn 的连接，则绕组连接组为 "Y, yn"；

高压为 YN、中压为 yn、低压为 d 的连接，则绕组连接组为 "YN, yn, d"。

连接组对变压器的特性有很大影响，表 1-1 为双绕组变压器常用连接组的特性，对三绕组也同样适用。

2）绕组连接组标号

同侧绕组连接后，不同侧间电压相量有角度差——相位移。以往采用线电压相量间的角度差表示相位移，新标准中是用一对绕组各相应端子与中性点（三角形连接为虚设的）间的电压相量角度差表示相位移。

这种绕组间的相位移用时钟序数表示时，用分针表示高压线端与中性点间的电压相量，且指向定点 0（12）点；用时针表示低压（或中压）线端与中性点间的电压相量，则时针所指的小时数就是绕组的连接组别。所以

$$连接组标号 = 连接组 + 组别$$

单相双绕组变压器不同侧绕组的电压相量相位移为 0° 或 180°。

其连接组别只有 0 和 6 两种（图 1-25）。但是，通常绕组的绕向相同、端子标志一致，所以电压相量为同一方向（极性相同），连接组别仅为 0（图 1-25（a））。

三相双绕组变压器相位移为 30° 的倍数，所以有 0、1、2、…、11 共 12 种组别。由于通常绕组的绕向相同、端子和相别标志一致，连接组别仅为 0 和 11 两种。

三绕组变压器的连接组由高、中和高、低两个连接组组成，所以在连接组标号中有两个连接组别。

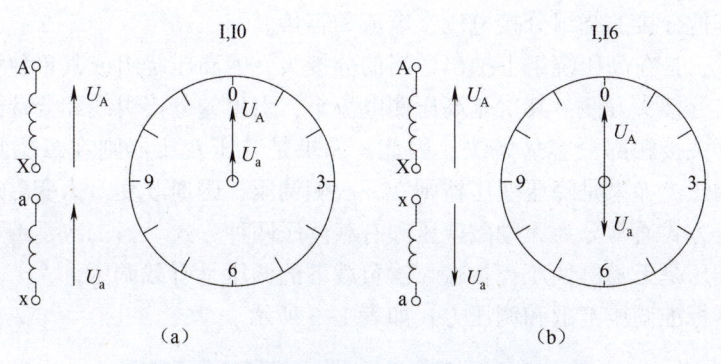

图 1-25 单相双绕组变压器绕组连接组别

（a）相位移为 0°、组别为 0、连接组标号为 I，I0；
（b）相位移为 180°、组别为 6、连接组标号为 I，I6

表 1-2 所示为电力变压器额定电压组合和连接组标号。

表 1-2 电力变压器额定电压组合和连接组标号

额定容量/(kV·A)	电压组合/kV 高压	中压	低压	连接组标号
30~1 600	6、10		0.4	Y,yn0
630~6 300	6、10		3.15、6.3	Y,d11
50~1 600	35		0.4	Y,yn0
800~31 500	35(38.5)		3.15~10.5(3.3~11)	Y,d11(YN,d11)
6 300~120 000	110(121)		6.3、11(10.5、13.8)	YN,d11
6 300~63 000	110(121)	38.5	6.3、11	YN,yn0,d11
31 500~120 000	220(242)		6.3~13.8(38.5)	YN,d11(YN,yn0)
31 500~63 000	220(242)	121	6.3、11(38.5)	YN,yn0,d11(YN,yn0,yn0)
63 000~120 000	220(242)	121	10.5、13.8(38.5)	YN,a0,d11(YN,a0,yn0)
120 000 以上	110 以上		可按技术协议	

6. 分接范围（调压范围）

为了调整所需要的电压，变压器的绕组要具有分接抽头以改变电压比。在分接抽头中：

主分接——与额定电压、额定电流和额定容量相对应的分接。

分接因数——某一分接时匝数与主分接时匝数之比，即为 U_d/U_n，其中 U_d 为某分接的电压，U_n 为额定电压。分接因数大于 1 的分接为正分接，小于 1 的分接为负分接，等于 1 的分接则为主分接。

分接级（调压级）——相邻分接间以百分数表示的分接因数之差。

分接范围（调压范围）——最大、最小两个以百分数表示的分接因数与 100 相比的范围，如在（100+a~100-b）内，则分接范围为+a%、-b%。如果 a=b，则分接范围为 100±a。

分接工作能力——主分接的工作能力就是额定电压、额定电流和额定容量。其他分接的工作能力就是其他分接的绕组分接电压、电流和容量。

一般情况下，是在高压绕组上抽出适当的分接头。因高压绕组或其单独调压绕组常常套在最外面，引出分接头方便；其次是高压侧电流小，引出的分接引线和分接开关的载流部分截面小，分接开关接触部分容易解决。因此，如果是升压变压器则在二次侧调压，磁通不变，为恒磁通调压；如果是降压变压器则在一次侧调压，磁通改变，为变磁通调压。

变压器调压方式通常分为无励磁调压和有载调压两种方式。当二次不带负载，一次又与电网断开时的调压是无励磁调压；在带二次负载下的调压是有载调压。

电力变压器标准调压范围和调压方式如表1-3所示。

表1-3 电力变压器标准调压范围和调压方式

方式	额定电压和容量	调压范围	分接级	级数	调压形式	分接开关
无励磁调压	35 kV、8 000 kV·A或63 kV、6 300 kV·A以下	±5%	5%	3	中性点调压	中性点调压分接开关
	35 kV、8 000 kV·A或63 kV、6 300 kV·A及以上	±2×2.5%	2.5%	5	中部调压	中部调压分接开关
有载调压	10 kV及以下	±4×2.5%	2.5%	9	中性点线性调压	选择开关或有载分接开关
	35 kV	±3×2.5	2.5%	7		
	63 kV及以上	±8×1.25%	1.25%	17	中性点线性、正反或粗细调压	有载分接开关

7. 温升和冷却方式

温升，即变压器的温升。对于空气冷却变压器，是指测量部分的温度与冷却空气温度之差；对于水冷却变压器，是指测量部分的温度与冷却器入口处水温之差。

变压器运行在海拔高度1 000 m及以下，而环境温度规定为下列数值时：

最高气温　　　　　　　　+40 ℃
最高日平均气温　　　　　+30 ℃
最高年平均气温　　　　　+20 ℃
最低气温　　　　　　　　-30 ℃（户外式）
最低气温　　　　　　　　-5 ℃（户内式）
冷却器入口处最高水温　　+30 ℃

油浸式变压器的线圈、铁芯和变压器油的温升不得超过表1-4的规定。

油浸式变压器线圈和顶层油温升限值：因为A级绝缘在98 ℃产生的绝缘损坏为正常损坏，保证变压器正常寿命的年平均气温是20 ℃，线圈最热点与其平均温度之差为13 K，则线圈温升限值为：98-20-13=65(K)。

油正常运行的最高温度为95 ℃，最高气温是40 ℃。所以顶层油温升限值为：95-40=55(K)。

表 1-4　油浸式变压器的温升极限

部位	温升极限/K
绕组：绝缘耐热等级 A	65（电阻法测量的平均温升）
顶层油	55（温度计测量的温升）
铁芯本体	使相邻绝缘材料不致损伤的温升
油箱及结构件表面	80

油浸式变压器绝缘耐热等级是 A 级，但绝缘材料的耐热一般是 6 级。绝缘耐热等级对应的耐热温度，如表 1-5 所示。

表 1-5　绝缘耐热等级对应的耐热温度

绝缘耐热等级	A	E	B	F	H	C
耐热温度/℃	105	120	130	155	180	220

冷却空气的温度超过这一规定的温度时，则线圈、铁芯和油的温升限值应予降低。

额定容量≥10 MV·A，环境温度超过值≤10 ℃时，降低值等于超过值。

额定容量<10 MV·A，环境测度超过值≤5 ℃时应降低 5 K。

环境温度超过值>5 ℃时应降低 10 K。

对于在超过 1 000 m 海拔处运输，正常试验的空气冷却变压器温升限值应在 1 000 m 以上每 500 m 为一级减小 2.0%（油浸自冷）或 3.0%（油浸风冷或强油风冷）。

如果变压器高海拔运行地点的环境温度比规定的值均有所下降，且每升高 1 000 m 降低 5 ℃或更多时，高海拔的影响已同环境温度的降低所补偿，温升限值不需降低。冷却方式的代号标志及适用范围，如表 1-6 所示。

表 1-6　冷却方式的代号标志及适用范围

冷却方式	代号标志	适用范围
干式自冷式	AN	一般用于小容量干式变压器，由于空气比油的冷却作用差，因此容量偏小，电流密度应偏低
干式风冷式	AF	线圈下部设有风道并用风扇吹风，提高散热效果，用于 500 kV·A 以上变压器时是经济可行的
油浸自冷式	ONAN	油浸式变压器容量在≤50 000 kV·A 时可采用，线圈和铁芯中热油上升，油箱壁上或散热器中冷油下降而形成循环冷却，散热能力为 500 W/m² 左右，但维护简单
油浸风冷式	ONAF	油浸式变压器容量在 8 000~63 000 kV·A 时采用，以吹风加强散热器的散热能力；空气流速为 1.00~1.25 m/s 时可以散热 800 W/m² 左右，但风扇功率约占变压器总损耗的 2%
强油风冷式	OFAF	220 kV 及以上的油浸式变压器采用。以强油风冷却器的油泵是冷油由下进入线圈间，热油由上进入冷却器吹风冷却。当空气流速为 6 m/s，油流量为 25~40 m³/h 时可散热量 1 000 W/m² 左右，但风扇和油泵的辅机损耗占总损耗的 5%

续表

冷却方式	代号标志	适用范围
强油水冷式	OFWF	与强油风冷冷却方式相比，只是冷却介质为水，但强油水冷却器常另外放置。当水流量为 12~25 m³/h 时可散热量 1 000 W/m²
强油导向风冷和水冷式	ODAF 和 ODWF	与 OFWF 方式不同之处在于把冷油直接导向线圈的线段内，线段的热量可很快被带走，使线圈最热温度下降，提高线圈的温升限值（5 K），但变压器绝缘结构复杂

8. 绝缘水平

变压器的绝缘水平也称为绝缘强度，是与保护水平以及与其他绝缘部分相配合的水平，即为耐受的电压值，由设备的最高电压 U_m 决定。

设备最高电压 U_m 对于变压器来说是指绕组最高相间电压有效值，从绝缘方面考虑，U_m 是绕组可以连接的那个系统的最高电压有效值。因此，U_m 是可以等于或大于绕组额定电压的标准值。

对于变压器绕组的绝缘水平，绕组的所有出线端都具有相同的对地工频耐受电压的绕组绝缘称为全绝缘；绕组的接地端或中性点的绝缘水平较线端低的绕组绝缘称为分级绝缘。

绕组额定耐受电压用下列字母代号标志：

LI—雷电冲击耐受电压；
SI—操作冲击耐受电压；
AC—工频耐受电压。

变压器的绝缘水平是按高压、中压和低压绕组的顺序列出耐受电压值来表示（冲击水平在前）的，其间用斜线分割开。分级绝缘的中性点绝缘水平加横线列于其线端绝缘水平之后。

如一台变压器高压绕组 U_m = 252 kV、中压绕组 U_m = 126 kV，且均为星形连接分级绝缘；低压绕组 U_m = 11.5 kV，三角形连接，则绝缘水平标志为：

LI850 AC360—LI400 AC200/LI480 AC200—LI250 AC95/LI175 AC35

如果在海拔 1 000 m 以上地区进行时，则所需的空气间隙应每超过 100 m 加大 1%。电压等级为 3~500 kV 的油浸式变压器绕组的绝缘水平，如表 1-7 所示。

表 1-7 电压等级为 3~500 kV 的油浸式变压器绕组的绝缘水平

电压等级/kV	设备最高电压 U_m（有效值）/kV	额定短时工频耐受电压 AC（有效值）/kV	额定雷击冲击耐受电压 LI（峰值）/kV 全波	额定雷击冲击耐受电压 LI（峰值）/kV 截波	额定操作冲击耐受电压 SI（相到中点）（峰值）/kV
3	3.5	18	40	45	—
6	6.9	25	60	65	—
10	11.5	35	75	85	—
15	17.5	45	105	115	—
20	23.0	55	125	140	—

续表

电压等级/kV	设备最高电压 U_m（有效值）/kV	额定短时工频耐受电压 AC（有效值）/kV	额定雷击冲击耐受电压 LI（峰值）/kV 全波	额定雷击冲击耐受电压 LI（峰值）/kV 截波	额定操作冲击耐受电压 SI（相到中点）（峰值）/kV
35	40.5	85	200	220	—
63	69.0	140	325	360	—
110	126.0	200	480	530	—
220	252.0	360	850	935	—
		395	950	1 050	—
330	363.0	460	1 050	1 175	850
		510	1 175	1 300	950
500	550.0	630	1 425	1 550	1 050
		680	1 550	1 675	1 175

课后习题

1. 变压器的额定容量是指额定使用条件下所能输出的_____。
2. 对于三相变压器，额定电压是指_____。
3. 变压器的额定电流是由绕组的额定容量除以该绕组的额定电压及相应的相系数，单相为_____，三相为_____，而算得的流经绕组线端的电流。
4. 变压器的温升是指对于空气冷却变压器_____的温度与_____温度之差。
5. 变压器的铭牌数据中，S 代表_____，F 代表_____。
6. 变压器的绝缘水平也称_____，是与保护水平以及与其他绝缘部分相配合的水平，即为耐受的电压值，由设备的最高电压 U_m 决定。
7. 变压器的连接组别是反映高低压绕组的连接方式及高低压侧_____之间的相位关系。
8. 对三相变压器，三相绕组的连接方式有_____和_____两种。
9. 高低压绕组对应线电动势的相位关系，可用相位差表示，高低压绕组的连接方法不同，相位差也不一样，但总是_____的整倍数。
10. 变压器绕组的所有出线端都具有相同的对地工频耐受电压的绕组绝缘称为_____；绕组的接地端或中性点的绝缘水平较线端低的绕组绝缘称为_____。

模块 2

变压器绝缘材料

学习目标

知识目标

熟练掌握变压器绝缘材料的特点；熟悉变压器绝缘材料的基本性能；熟练掌握油浸式变压器的常用绝缘材料。

能力目标

能正确理解绝缘材料的特点；能正确识别油浸式变压器的常用绝缘材料。

素质目标

培养学生爱国、守法、诚实、友善、勇敢等品质，提高学生的道德水平和文明素养；帮助学生理解社会、了解社会、参与社会、创造社会，培养学生的自我意识、社会责任感和公民素养。

总任务

能够正确理解变压器的绝缘材料、识别油浸式变压器的常用绝缘材料。

学习情景 7　变压器绝缘的分类

学习任务

- 正确理解变压器绝缘的分类。

电力变压器绝缘是电力变压器的重要组成部分，它不仅对变压器的单台极限容量和运行可靠性具有决定性意义，而且对变压器的经济指标也具有重要影响。绝缘材料在变压器中用以将导电部分彼此之间及导电部分对地之间进行绝缘隔离；用于加工各种支撑件，具有良好的力学性能；有固定、改善电位梯度等作用。变压器绝缘分类框图如图 2-1 所示。

变压器的内部绝缘可分为主绝缘和纵绝缘。

（1）主绝缘。每一线圈对接地部分及其他线圈间的绝缘，如成形绝缘筒、围板等。

（2）纵绝缘。线圈的匝绝缘（导线的纸包绝缘）、层间绝缘（圆筒式线圈）、饼式线圈线饼间的绝缘（油隙垫块）等。

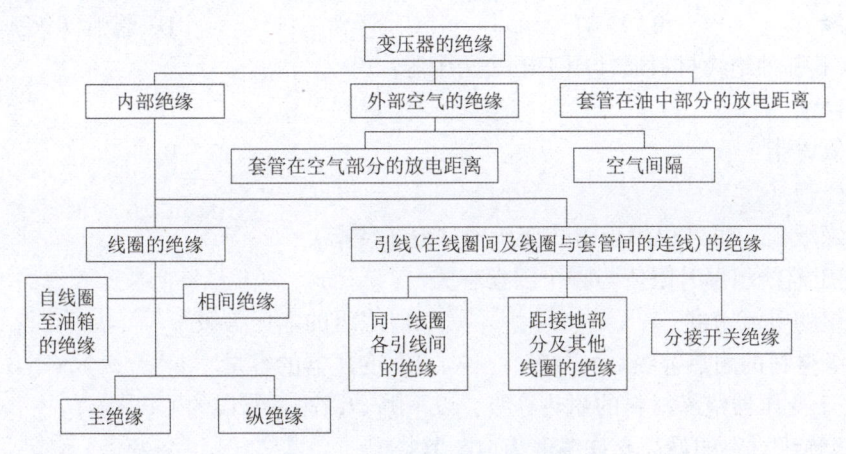

图 2-1　变压器绝缘分类框图

课后习题

1. 变压器的绝缘可分为_____、_____、_____。
2. 变压器的内部绝缘可分为_____、_____。
3. 绝缘材料在变压器中用以将_____部分彼此之间及导电部分_____之间进行绝缘隔离。
4. 主绝缘是每一线圈对_____部分及其他线圈间的绝缘。
5. 纵绝缘是线圈的_____绝缘、_____绝缘、饼式线圈线饼间的绝缘（油隙垫块）等。
6. 变压器的绝缘等级主要取决于哪个因素？（　　）
   A. 绝缘材料的导电性　　　　　　B. 绝缘材料的机械强度
   C. 绝缘材料的耐热等级　　　　　D. 绝缘材料的颜色
7. 以下哪个绝缘等级对应的最高允许温度最高？（　　）
   A. A级　　　　B. B级　　　　C. F级　　　　D. H级
8. 变压器的绝缘材料受潮后，会对其造成什么影响？（　　）
   A. 提高耐电强度　　　　　　　　B. 降低介质损耗
   C. 加快绝缘老化速度　　　　　　D. 增加电气性能
9. 以下哪种材料通常不属于变压器绝缘材料的范畴？（　　）
   A. 绝缘纸板　　　B. 陶瓷制品　　　C. 硅钢片　　　D. 绝缘油
10. 变压器绕组的主绝缘和纵绝缘分别指的是什么？（　　）
    A. 主绝缘是绕组间的绝缘，纵绝缘是绕组对油箱的绝缘
    B. 主绝缘是绕组对地的绝缘，纵绝缘是绕组间的绝缘
    C. 主绝缘是绕组对油箱的绝缘，纵绝缘是绕组首端与尾端的绝缘
    D. 主绝缘是绕组间的绝缘，纵绝缘是绕组具有不同电位的不同点和不同部位之间的绝缘

11. 变压器油的主要作用不包括以下哪一项？（ ）
 A. 绝缘　　　　　　B. 冷却　　　　　　C. 润滑　　　　　　D. 熄弧（灭弧）
12. 以下哪种绝缘材料通常用于干式变压器？（ ）
 A. 绝缘油
 B. 环氧树脂
 C. 陶瓷管
 D. 绝缘纸板（虽然也用于干式变压器，但非特指）
13. 变压器绕组温升限值与哪个因素有关？（ ）
 A. 绕组的电流密度　　　　　　　B. 绕组的电压等级
 C. 绝缘材料的耐热等级　　　　　D. 变压器的容量
14. 关于变压器绝缘材料的耐热等级，以下哪个说法是错误的？（ ）
 A. A 级绝缘材料的最高允许温度为 105 ℃
 B. B 级绝缘材料的最高允许温度为 130 ℃
 C. F 级绝缘材料的最高允许温度为 155 ℃
 D. H 级绝缘材料的最高允许温度为 180 ℃
15. 在变压器中，使用不同绝缘等级的材料主要是为了什么？（ ）
 A. 提高变压器的容量
 B. 降低变压器的制造成本
 C. 满足不同运行条件下的绝缘要求
 D. 增加变压器的美观性

学习情景 8　绝缘材料

学习任务

- 正确理解变压器绝缘材料的特点。
- 正确理解变压器绝缘材料的基本性能。
- 正确识别油浸式变压器的常用绝缘材料。
- 了解干式变压器绝缘材料的性能。

1. 绝缘材料的定义及特点

绝缘材料又称电介质，体积电阻率为 $10^9 \sim 10^{22}$ Ω·cm 的物质所构成的材料在电工上为绝缘材料。

绝缘材料的特点如下。

（1）电阻率高、导电能力低。绝缘材料在直流电压作用下，只有极微小的电流通过。

（2）良好的电气性能，电阻率要大，耐电值要高，介电常数越接近油的介电常数，电气性能越好。

(3) 足够的机械强度，在一定力的作用下不发生变形和破坏；足够的耐热性能，极小的介质损耗，较高的热导率；小的收缩率。

(4) 绝缘材料在电场的作用下能够被极化，并且能在其中建立电场，其本身储存有一定的电能，由于电介质的极化，绝缘材料就会消耗电能而使其自身发热。

2. 绝缘材料在变压器中的作用

电力变压器绝缘是电力变压器特别是超高压电力变压器的重要组成部分，它不仅对变压器的单台极限容量和运行可靠性具有决定性意义，而且对变压器的经济指标也具有重要影响。

绝缘材料在变压器中用以将导电部分彼此之间及导电部分对地之间进行绝缘隔离。可用于加工各种支撑件，具有良好的力学性能。另外，绝缘材料在不同的电工产品中还起到不同的作用，如散热冷却、固定、改善电位梯度、防潮等作用。

3. 绝缘材料的基本性能

1) 电气性能

为保证电力变压器在长期工作电压及突发性过电压的作用下能正常运行，绝缘材料的电气性能是变压器最关键的性能，也是决定变压器取舍的重要因素。对电力变压器绝缘及绝缘材料有耐电强度、绝缘电阻、吸收比、介质损失角正切值等方面的要求。

反映电气性能的指标有绝缘电阻、电气强度和介质损耗。

(1) 绝缘电阻：是指对绝缘材料使用直流电压量度电阻时，加上的电压时间长至线路上的充电电流及吸收电流完全消失，此时在单独的泄流电流下所测得的电阻值。

一般情况下，规定在绝缘材料上施加电压 1 min 以后所测得的电阻值为绝缘材料的绝缘电阻。对高电压大容量的变压器，规定施加电压 10 min 所测得的电阻值为绝缘材料的绝缘电阻。

绝缘电阻分为表面绝缘电阻和体积绝缘电阻。表面绝缘电阻表示阻碍电流沿电介质表面通过能力的大小，体积绝缘电阻表示阻碍电流沿电介质内部通过能力的大小。

工程上常以绝缘电阻值的大小来判断变压器是否受潮及受潮程度。

绝缘电阻的绝缘材料受潮后，绝缘电阻会显著下降。

(2) 电气强度：当电场强度超过该电介质所能承受的允许值时，该电介质失去了绝缘性能，为电介质的电击穿。此时的电压为击穿电压，而相应的电场强度称为电介质的电气强度。

绝缘材料的电气强度取决于其预加工情况、温度、湿度和其他因素。变压器所用的绝缘材料电气性能还与变压器本身结构与使用条件有密切的关系。

固体绝缘材料出现电击穿后，其自身是不能恢复的，只有进行更换。而液体和气体的绝缘材料发生电击穿后，再经过一段时间能恢复原来的绝缘性能，属于弹性击穿。

绝缘材料在电场作用下会产生游离放电甚至击穿，这与电场强度有密切关系。电场强度越大，分布越不均匀，就要求绝缘材料的电气强度越高。变压器的导电部件要求消除尖角、毛刺和有关部位的屏蔽，其目的就是均匀电场分布，防止绝缘介质的游离或放电。

击穿电压与温度、湿度等因素有关。影响电击穿的因素有：电场强度的高低，越高越容易造成电击穿；电压作用的时间，越长越容易造成电击穿；电压作用的次数，次数多了电击穿容易发生。

(3) 介质损耗：在交变电场中，绝缘材料吸收电能以热形式耗散的功率，为介质损耗。介质损耗越大，介质温度越高，材料老化越快。影响介质损耗的因素有温度、湿度、电场强度、施加电压的频率。

介电常数：是表征在交变电场中电介质极化程度的物理量。通常情况下采用介质的相对介电常数来衡量电介质的极化程度，即介电常数越大，表征电介质在电场作用下的极化程度就越大。

2）耐热性能

变压器在投入运行后，绝缘材料处于较高温度环境中，在电场作用下，绝缘材料本身会产生热量，如果绝缘材料的受热及散热不能平衡，温度升高，绝缘材料会失去绝缘性能而导致击穿。此现象称为热击穿。

造成绝缘材料热击穿的因素除外围温度外，还主要取决于绝缘材料本身的介质损耗，这与绝缘材料本身的质量、加工方法、绝缘结构有很大关系。

反映耐热性能的指标有耐热性、热稳定性和最高允许温度。

（1）耐热性：绝缘材料在高温作用下，不改变电气性能、力学性能、化学性能等特性的能力。

（2）热稳定性：在温度反复变化情况下，绝缘材料不改变电气性能、力学性能、化学性能等特性，并保持正常状态的能力。

（3）最高允许温度：绝缘材料在长期运行下所保持的性能不起显著变化的温度。

3）力学性能

在变压器发生短路故障时，特别是发生三相短路情况下，将产生很大的电动力，甚至使线圈及绝缘件遭到损坏。因此，要求变压器绝缘及绝缘材料要有一定的机械强度，以提高变压器尤其是线圈的动稳定性；要求变压器使用的绝缘件及绝缘材料在短路电动力的作用下不发生变形、移位，以保证变压器运行的可靠性，如加装线圈油隙垫块、引线导线夹。

变压器上所用的绝缘材料，都要形成一个单独或复合的构件，运行中要能承受压力、拉力等的作用，这就要求绝缘材料在允许工作温度下具有良好的力学性能，如加装线圈油隙垫块、引线导线夹。

为了使绝缘材料获得好的力学性能，在制造时要消除杂质，使用前要进行干燥处理，以除掉其中的水分和空气，防止因水解和氧化作用而影响绝缘材料的力学性能。

4）理化性能

油浸式变压器最基本的绝缘材料是绝缘纸板及变压器油，因此要求变压器油在产品运行时不含有气泡、乙炔等杂质，更重要的是所有绝缘材料与变压器油不发生化学反应。同时，变压器油本身在变压器正常运行时不发生裂解等化学反应。

变压器在长期的运行中，温度较高的变压器油对所有的绝缘材料不能有腐蚀、溶解等现象，同时各种绝缘材料对变压器油的性能不能有不良影响，即不会促使变压器油加速老化，对于户外用的绝缘材料，则要求在长期使用过程中能耐受紫外线以及雨水等因素的侵蚀。

4. 绝缘材料的选用原则

对绝缘材料的性能要求如下。

（1）要求绝缘电阻大、电气强度高、介质损耗小、机械强度大，有良好的耐热性和防潮性。

(2) 应能满足电工产品各类性能的要求。在电气性能方面，要求绝缘材料的绝缘电阻大、电气强度高、介电性能好；在力学性能方面，要求绝缘材料有足够的抗拉、抗压、抗弯强度；在耐热性能方面，要求在产品的使用部位应选用与产品耐热等级相同的绝缘材料。

(3) 应能满足不同使用场所或有特殊规定的要求。在沿海空气特别潮湿的地区，要求绝缘材料有较高的防潮性和防霉性。

(4) 经济性。在选用绝缘材料供应商时，要考虑合理、经济地选用绝缘材料，其目的是在满足电工产品电气性能、耐热性能及力学性能的基础上，能够降低产品原材料的成本。

5. 电场强度及其影响因素

电介质承受的电场强度超过一定的限值时就会失去绝缘能力而被破坏，因此电介质耐受电场的限度称为临界电场强度 E。临界电场强度除与材料有关外，还与电极形状、极间距离、电场不均匀程度和散热条件等因素有关。

常用电介质的临界电场强度如下。

(1) 空气：25~30 kV/cm。
(2) SF_6 气体：80 kV/cm。
(3) 变压器油：50~250 kV/cm。
(4) 硅油：100~200 kV/cm（受所含杂质影响大）。
(5) 瓷：100~200 kV/cm。
(6) 石蜡：100~150 kV/cm。

6. 绝缘材料的耐热等级

绝缘材料耐热等级表示绝缘材料的最高允许温度。常用绝缘材料的耐热等级如表 2-1 所示。

表 2-1 绝缘材料耐热等级

耐热等级符号	Y	A	E	B	F	H	C
耐热温度/℃	90	105	120	130	155	180	220

7. 油浸式变压器的常用绝缘材料

(1) 液体绝缘材料，其种类主要有变压器油、α 油、β 油、复敏绝缘液体、聚氯联苯、硅油等。油浸式变压器采用变压器油作为绝缘介质。

(2) 气体绝缘材料，其种类主要有空气、SF_6 气体等。干式变压器即以空气为绝缘材料进行散热。

(3) 固体绝缘材料，其种类主要有以下几种：
①绝缘纸、绝缘纸板和纸制品。
②木材和木制品。
③胶纸板、胶布板、胶纸管、胶布管。
④纤维制品。
⑤化学制品。

(4) 油纸复合绝缘结构，基本可以分为 3 种类型，即覆盖、绝缘层和绝缘隔板。

8. 变压器油

变压器油是天然石油在炼制过程中的一种馏分经精制和添加适当的稳定剂调和而成，主要成分是环烷烃、烷烃和芳香烃。变压器油在变压器中充满整个变压器油箱空间，由于其具有良好的流动性能，因此在变压器中起到绝缘和传导散热的作用。

1）化学特性

变压器油的化学特性指标主要有氧化稳定性、腐蚀性硫、含水量和酸值。各指标对变压器油的影响如下。

（1）氧化稳定性。氧气在热和金属的催化作用下，变压器油氧化裂解生成含氧化合物，深度氧化的变压器油会出现油泥和胶质，影响变压器的散热性能。同时氧化物还可以使变压器油的界面张力下降，酸值和介质损耗系数升高，电阻率和击穿电压降低。为提高变压器油的抗氧化能力，炼油厂通常在油中添加少量的抗氧化剂。

（2）腐蚀性硫。变压器油中含有具有腐蚀性的活性硫或硫化合物，它对金属和非金属都有很强的腐蚀作用，对变压器的危害非常大，因此必须严格控制该指标。

（3）含水量。油的吸水能力取决于温度和极性分子的含量。《运行中变压器油质量》（GB/T 7595—2017）中规定，投运前，不同电压等级的变压器油中允许的含水量和含气量指标要求如表 2-2 所示。

表 2-2 不同电压等级的变压器油中允许的含水量和含气量指标要求

电压等级/kV	允许的含水量/10^{-6}	允许的含气量/%
110 及以下	≤20	
220	≤15	≤1
330、500	≤10	

为降低变压器油中的含水量，可以采用真空滤油机进行处理，以达到标准的要求。

（4）酸值。它指中和 1 g 油中的酸性组分所需要消耗的 KOH 的毫克数。新变压器油的酸值一般都很低，但随着油的保管和运行时间的增长，油的酸值会增加。

2）物理特性

变压器油的物理特性指标主要有黏度和闪点、密度、界面张力。各指标对变压器油的影响如下。

（1）黏度和闪点。变压器油的黏度取决于油的成分、运行温度和油沸腾温度。一般环烷基的黏度比石蜡基的黏度低。变压器油的黏度随着温度的升高而降低。相关标准对变压器油的黏度没有数值上的规定，但对变压器油的闪点的最低值做了规定。变压器油是由许多不同分子组成的混合物，它的沸腾温度有一个范围值，油的沸腾温度越低，则其黏度和闪点也越低。环烷基油的沸腾范围比石蜡基低，因此它的黏度和闪点也低。

（2）密度。在寒冷情况下，变压器油中的游离水分会凝结成冰，若油的密度大于冰的密度，则在变压器油面上出现浮动的冰。冰本身一般不会对变压器的绝缘产生影响。但当油温上升时，冰融化成水进入油中电场强度高的区域会引起绝缘强度明显降低，进而导致绝缘的击穿。因此，要使变压器油的密度不大于冰的密度，以避免这种危险状态的出现。《变压器油》（GB 2536—2011）中规定：变压器油在 20 ℃的密度不大于 895 kg/m^3，这就基本上满足在寒冷条件下运行的要求。

（3）界面张力。界面张力表示油和水之间界面的强度，它取决于油中所含极性物质数量的多少，界面张力指标是从极性物质的多少这一角度来反映油的优劣和老化程度的。变压器油中所含极性物质越少，界面上油分子和水分子之间的作用力越小，界面张力就越高。运行中的变压器油随着老化产物（有极性的亲水物质）的不断增加，界面张力会越来越低。标准中规定，运行中变压器油的界面张力不得低于 19 mN/m。

3) 电气特性

变压器油的电气特性指标主要有击穿电压、介质损耗角正切值和油流带电。

(1) 击穿电压。影响变压器油击穿电压的主要因素有杂质（水分）、温度、电场均匀程度、电压作用时间和油隙体积等。

① 杂质。其主要是指混合在变压器油中的水分、气体和纤维。变压器油中含有带水分的纤维杂质时，将引起电场畸变，局部场强增大，引起油中放电和击穿。变压器油中能够溶解一定量的水分，油中含水量的增加将会极大降低变压器的耐电强度。但超出油的溶解量的水分将会从油中析出沉底，对变压器油的耐电强度降低并没有影响。

② 温度。在工频电压下，均匀场强中油的耐电强度随着温度的上升而降低。在 60～80 ℃，油的耐电强度出现极大值，在 0 ℃ 出现极小值。这主要是因为油中水分固化和油从乳胶状态转变为溶解状态。在极不均匀电场下，温度对击穿电压的影响较小，这主要是因为在极不均匀电场下，水分等杂质对击穿所起的"小桥"作用变弱。在冲击电压作用下，温度对油的击穿电压的影响较小，这主要是由于电压作用时间非常短，杂质来不及形成"小桥"。

③ 电场均匀程度。油的品质好时，改善电场均匀程度可以显著提高油的击穿强度。但当油的品质不好时，油中的杂质将使电场不均匀程度增加，此时改善电场均匀程度，对提高油的击穿强度作用不大。在冲击电压作用下，由于杂质来不及形成"小桥"，杂质对油的击穿强度影响不大，因此改善电场均匀程度对提高油的击穿强度有很大的现实意义。

④ 电压作用时间。油间隙的击穿电压随着电压作用时间的增加而下降，油的清洁度对电压作用时间的影响很大，油越清洁，则对电压作用时间的影响越小。在作用时间极短情况下的击穿属于电击穿。电压作用时间超过 1 min 以上时，击穿电压与电压作用时间的关系已经不显著，长期加电压而发生击穿的原因是油的逐渐老化。

⑤ 油隙体积。油的击穿强度与油隙的距离和油隙中油体积的大小有关。油距减小以及油体积减小，均会使其击穿场强增大。

(2) 介质损耗角正切值（$\tan\delta$）。这是油的一个重要参数，它取决于油中的离子含量。普通精炼油的 $\tan\delta$ 可以达到指标要求，但 $\tan\delta$ 对油中的污染物非常敏感，只要有一点点，就可以使 $\tan\delta$ 增加许多。水对油的 $\tan\delta$ 并没有直接影响，但当水和氧化产物或其他杂质混在一起形成稳定的络合物时，则会使油的 $\tan\delta$ 大大增加。值得注意的是，当油开始变质，氧化过程开始时，油的 $\tan\delta$ 增大。但过一段时间，$\tan\delta$ 数值又会降低。这是因为油变质产生的过氧化物和金属络合物使油的 $\tan\delta$ 值增加和降低抵消后形成 $\tan\delta$ 较低的氧化产物。经过分解阶段之后，油最终形成酸和酯等的氧化产物，使油的 $\tan\delta$ 再次增加。

(3) 油流带电。油在循环流动过程中，油中带的负电荷粒子可以被油路管道的管壁所吸附，使变压器油离开管路时就带有正电荷。当这种油通过绕组冷却时，将会使绝缘材料表面聚集大量的正电荷，形成高电位，达到一定程度时便会发生放电。油的流速越高，油流带电现象越严重。

9. 油纸绝缘

　　油浸式变压器绝缘结构中所用的主要绝缘材料是变压器油和绝缘纸，即油纸绝缘结构。变压器油与绝缘纸相结合具有很高的耐电强度。比两者分开单独的油和纸任何一种材料都高得多。

10. 电缆纸

　　一般是由未漂白硫酸盐纸浆抄纸而制成。在变压器中采用型号为 DLZ-08 和 DLZ-12 的电缆纸，主要作用是做导线绝缘和线圈层间绝缘、引线包等。

11. 绝缘纸板

　　在油浸式变压器绝缘结构中，绝缘纸板的应用最为广泛。它由木质纤维或掺有适量棉纤维的混合纸浆经抄纸、压光而制成。

　　在绝缘纸板的型号中，DY 代表供在油中使用的电工纸板。字母后面的百分数代表绝缘纸板的组成成分，其中分子是未漂白的硫酸盐木浆的百分比，分母为新布浆的百分比。例如，DY 100/00 表示供在油中使用的电工纸板，其组成成分为未漂白的硫酸盐木浆不低于 100%，新布浆为 0。

　　介电常数是表征在交变电场下介质极化程度的一个参数。

$$\varepsilon = \varepsilon_0 \cdot \varepsilon_r$$

式中：ε_0 为真空介电常数（8.84×10^{-4} F/cm）；ε_r 为电介质的相对介电常数。

　　绝缘纸板介电常数 $\varepsilon = 4.5$ F/cm，比变压器油的介电常数 $\varepsilon = 2.2$ F/cm 高 1 倍以上。在电场的作用下，复合绝缘中分担的场强与材料的介电常数成反比，即介电常数越高的材料分担的场强越高。

1）绝缘纸板的分类

　　绝缘纸板的主要成分为纯硫酸盐木浆，其耐热等级为 A 级。绝缘纸板外观如图 2-2 所示。

图 2-2　绝缘纸板

　　绝缘纸板按密度分可分为低密、中密、高密 3 种类型。

　　(1) 低密：T3 强度较低，使用于弯折件、成形件，即用于成形性好、力学要求较低的绝缘件；用于加工纸槽、瓦楞角环等。

　　(2) 中密：T1 强度高、成形性差。一般用于加工力学性能要求高的绝缘件，如软纸筒、撑条及层压制品。

(3) 高密：T4 强度较高、成形性差。用于力学性能要求高、不弯折零件的绝缘件，如油隙垫块、静电板、压圈。

所以，一般称 T3 为软纸板，T4 为硬纸板，T1 为普通纸板。常用纸板 DY100/00 为 T1 中密纸板。

2) 绝缘纸板的性能指标

绝缘纸板的性能指标如表 2-3 所示。

表 2-3 绝缘纸板的性能指标

密度/(g·cm^{-3})	收缩率/%	电气强度（油中）/(kV·cm^{-1})	抗张强度/(N·mm^{-2})	含水量/%
1.05	纵向≤4 横向≤2	≥30	纵向≥90 横向≥50	≤9
1.1	纵向≤1.0 横向≤1.4	≥30	纵向≥90 横向≥50	5~9
1.25	纵向≤0.5 横向≤0.7	≥30	纵向≥90 横向≥50	≤6

12. 电工层压木

电工层压木采用优质硬木加工制成。常规用来制造电工层压木的木材有桦木、红木等，其耐热等级为 A 级。通常层压木用来制作变压器内部的引线支架、垫块等电气性能要求不高、力学性能要求较高的绝缘结构件。电工层压木外观如图 2-3 所示。

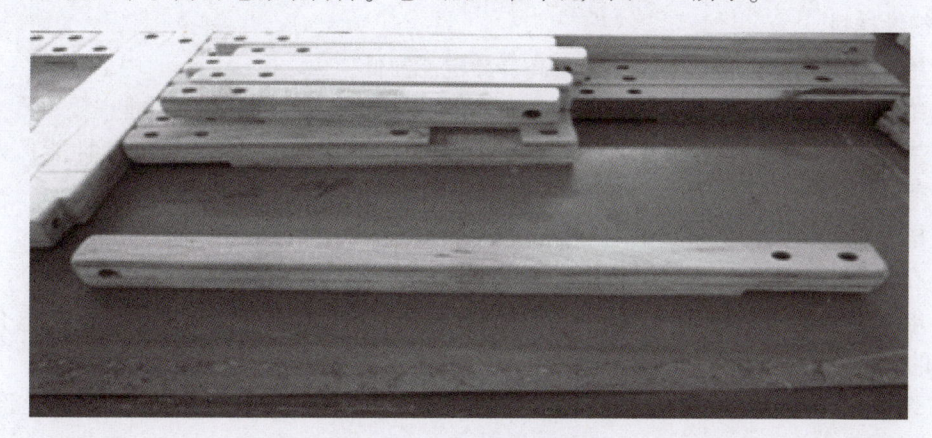

图 2-3 电工层压木外观

层压木是采用优质木材经蒸煮干燥而成的单板，涂绝缘胶，经高温、高压制成的板状材料。层压木按密度分可分为低密、中密、高密 3 种类型；按密度、单板材料可分为 C2B、C3B、C4B、C2R、C3R、C4R。

其中，按单板材料分类时：

B——层压木的单板材料为桦木；

R——层压木的单板材料为山毛榉。

按密度分类时：

2——表观密实度为 0.9~1.1 g/cm³，强度较低、抗拉强度低，用于力学性能要求低的绝缘件；

3——表观密实度为 1.1~1.2 g/cm³，强度高、抗拉强度高，用于力学性能要求高的绝缘件；

4——表观密实度为 1.2~1.3 g/cm³，强度较高、抗拉强度高，用于力学性能要求高的绝缘件，如压圈。

电工层压木主要用于加工铁芯阶梯垫块、导线夹等。电工层压木的性能指标如表 2-4 所示。

表 2-4 电工层压木的性能指标

密度/(g·cm⁻³)	收缩率/%	电气强度（油中）/(MV·cm⁻¹)	抗拉强度/(N·mm⁻²)	含水量/%
1.0	厚度方向≤2	20 ℃油中（垂直）≥9 20 ℃油中（沿面）≥45	平行≥50 横向≥100	≤9
1.15	厚度方向≤1.5	20 ℃油中（垂直）≥9 20 ℃油中（沿面）≥45	平行≥60 横向≥110	≤7

课后习题

1. 绝缘材料又称为_____，体积电阻率为 10^9~10^{22} Ω·cm 的物质所构成的材料在电工上为绝缘材料。
2. 绝缘材料的特点是_____系数高、导电能力低。
3. 绝缘材料的基本性能包括_____、_____、_____、理化性能。
4. 当电场强度超过该介质所能承受的允许值时，该介质失去了_____性能，为介质的电击穿。此时的电压为_____电压，而相应的电场强度称为介质的_____。
5. 电场强度越大，分布越不均匀，这就要求绝缘材料的电气强度越_____。
6. 在交变电场中，绝缘材料吸收电能以热形成耗散的功率，为_____。
7. 电介质承受的电场强度超过一定的限值时就会失去绝缘能力而破坏，因此电介质耐受电场的限度称为_____。
8. 绝缘材料耐热等级表示绝缘材料的最高允许温度，A 耐热等级最高允许温度为_____。
9. 变压器油的作用是_____和_____。
10. 变压器的电气特性指标主要有：_____、介质损耗角正切值和油流带电。
11. 绝缘材料的特点：电阻系数_____、导电能力_____。绝缘材料在直流电压作用下，只有极微小的电流通过。
12. 对电力变压器绝缘及绝缘材料有_____、绝缘电阻、_____、介质损失角正切值等方面的要求。
13. 一般规定在绝缘材料上施加电压_____分钟以后，所测得的电阻值为绝缘材料的绝缘电阻。对高电压大容量的变压器所规定施加_____分钟所测得的电阻值为绝缘材料的绝缘电阻。

14. 在交变电场中，绝缘材料吸收电能以热形成耗散的功率，为_____。影响介质损耗的因素有_____、湿度、_____、施加电压的频率。

15. 对绝缘材料的性能要求：绝缘电阻大、_____、_____、机械强度大，有良好的耐热性和防潮性。

16. 绝缘材料耐热等级表示绝缘材料的最_____。

17. 变压器油起到_____和_____的作用。

18. 简述绝缘材料的性能和特点。

学习情景 9　干式变压器绝缘材料

我国生产的 H 级干式变压器常用固体绝缘材料有 NOMEX 绝缘纸、二苯醚玻璃布板、聚酰亚胺层压制品等，常用的浸渍漆为 ET-90N 绝缘清漆（线圈浸渍）、TJ1357-2 绝缘清漆（引线及绝缘材料表面覆盖）。

H 级干式变压器由于绝缘材料耐热等级高、过负载能力强，其绝缘性能优于 F 级绝缘材料。

下面仅介绍二苯醚玻璃布板。

9331 改性二苯醚玻璃布板是用电工专用无碱玻璃布浸以改性二苯醚树脂，经烘焙、热压加工而成。二苯醚玻璃布板外观如图 2-4 所示。

图 2-4　二苯醚玻璃布板

二苯醚玻璃布板的性能要求如下：
(1) 具有良好的力学性能。
(2) 浸水后的电气性能、耐热性能为 H 级。
(3) 性能指标：抗弯强度不小于 196 MPa，热稳定性为 200 ℃，介质损耗因数（受潮后）不大于 0.3，垂直层向介电强度受潮后不小于 12 MV/m。

课后习题

1. H级干式变压器常用固体绝缘材料有_____、_____、_____等。
2. H级干式变压器由于绝缘材料耐热等级_____，过负载能力_____。

学习情景10 常用绕组绝缘材料及性能

学习任务

- 了解导线的种类及型号。
- 了解绕组间的绝缘。

1. 导线的种类和用途

1）导线的种类

（1）按导体形状分，可分为圆铜线、扁铜线。

（2）按其外包绝缘材料分，可分为纸包线、丝包线、漆包线。

（3）按导体组合方式分，可分为单线、组合导线、换位导线。

设计时应根据导线绝缘的耐热等级选用适宜的导线。

2）导线的质量标准和技术要求（表2-5）

表2-5 导线的质量标准和技术要求

种类	型号	名称	工作条件/℃	用途
纸包绕组线	Z	纸包圆铜线	105	油浸式变压器、互感器
	ZB	纸包扁铜线	105	
漆包线	QQ-2	高强度缩醛漆包圆铜线	125	
	QQB	高强度缩醛漆包扁铜线	125	
	QQLB	高强度缩醛漆包扁铝线	125	
	SQ	单丝（包油性）漆包圆铜线	125	电流互感器、电压互感器
玻璃丝包线	SBEC	双玻璃丝包圆铜线	150	干式变压器
	SBECB	双玻璃丝包扁铜线	150	
	QZSBECB	双玻璃丝聚酯漆包扁铜线	150	

3）裸导线的规格与名称

导线使用的材料一般为软铜线、软铝线。常用的裸导线型号与名称如表2-6所示。

表 2-6　常用的裸导线型号与名称

名称	型号
软圆铜线	TR
软扁铜线	TBR

为减少导线规格繁多而造成生产、管理不利及材料浪费，因此在变压器行业规定了常用裸线规格。大型变压器一般均使用软扁铜线。

4）扁导线的力学性能与电阻率

(1) 密度：铜线为 $\rho = 8.9 \text{ g/cm}^3$。

(2) 20 ℃ 电阻率：铜线为 $1.724\ 1 \times 10^4\ \Omega \cdot \text{m}$。

(3) 75 ℃ 电阻率：铜线为 $0.021\ 35\ \Omega \cdot \text{mm}$ 或 $0.020\ 97\ \Omega \cdot \text{mm}$。

(4) 抗拉强度：铜线为 $255 \sim 275\ \text{N/mm}^2$。

(5) 伸长率：铜线为 25%~36%。

5）导线外观及其要求

(1) 铜导线表面应光洁，不应有毛刺、裂纹、截面不均、起皮、夹杂物等不良现象。

(2) 导线绝缘紧实、均匀，无油污、缺层、裂纹等不良现象。

(3) 导线应成盘供应，并加防潮材料，防止受潮受损。

(4) 每盘导线上应有合格证，即制造厂检查合格后发运。

(5) 导线盘数应符合绕制要求，以导线长度为供货基础，重量作为参考。

2. 绕组的绝缘

(1) 材料。一般采用厚度为 0.075~0.12 mm 的电缆纸或电话纸，在空气中的绝缘强度为 3~4 kV/mm，在油中的绝缘强度会更高，达 16 kV/mm。220 kV 及以上时应采用高密度等专用材料。

(2) 选取依据。以雷电冲击电压作用下层间、段间、匝间出现的过电压为依据。因此，雷电冲击试验主要考核纵绝缘。但有些局部不严重的损坏，有时无法在试验中发现，但长期运行可能导致变压器损坏，因此匝间绝缘设计裕度取得较大。如导线有局部损坏或损坏的潜在可能（如导线换位出头处），均采用加包绝缘工艺来补包绝缘。

(3) 层间绝缘的选取。油道的厚度不仅考虑绝缘强度，还要考虑温升。

(4) 导线匝间绝缘的选取。应考虑电气强度。

课后习题

1. 变压器绕组导线按其外包绝缘材料分，可分为_____、_____、_____。
2. 绕组的匝间绝缘一般采用_____。
3. 以下哪种材料是绕组绝缘中常用的绝缘纸类型？（　　）
   A. 牛皮纸　　　　B. 绝缘油浸纸　　　C. 普通打印纸　　　D. 报纸
4. 绕组绝缘材料中的绝缘漆主要起什么作用？（　　）
   A. 仅起绝缘作用　　B. 绝缘与防潮　　　C. 仅起防潮作用　　D. 绝缘与散热
5. 哪种绝缘材料的耐热性最好，常用于高温环境下的绕组绝缘？（　　）

A. 聚氯乙烯（PVC） B. 聚酰亚胺（PI）
C. 聚酯（PET） D. 聚乙烯（PE）

6. 绕组绝缘中的云母带主要由什么组成？（ ）
A. 云母、胶黏剂和补强材料 B. 纯云母
C. 胶黏剂和补强材料 D. 玻璃纤维和树脂

7. 以下哪种绝缘材料的机械强度最高？（ ）
A. 绝缘纸 B. 绝缘薄膜 C. 绝缘漆布 D. 环氧树脂

8. 绕组绝缘材料的电气性能主要包括哪些？（多选）（ ）
A. 击穿强度 B. 体积电阻率 C. 表面电阻率 D. 绝缘电阻

9. 以下哪种材料不适合作为绕组绝缘材料？（ ）
A. 聚酯薄膜 B. 橡胶 C. 云母带 D. 环氧树脂浸渍纸

10. 绕组绝缘材料的耐热等级是如何划分的？（ ）
A. 根据材料的熔点 B. 根据材料的最高允许工作温度
C. 根据材料的绝缘电阻 D. 根据材料的颜色

11. 在变压器绕组绝缘中，为什么常常使用多层绝缘结构？（ ）
A. 增加绝缘厚度，提高绝缘强度 B. 提高绕组的机械强度
C. 降低绕组的电阻 D. 增加绕组的电容

12. 关于绕组绝缘材料的选择，以下哪个说法是错误的？（ ）
A. 应根据绕组的电压等级选择适当的绝缘材料
B. 绝缘材料的耐热等级应高于绕组的最高工作温度
C. 绝缘材料的机械强度对绕组性能无影响
D. 绝缘材料的电气性能应满足绕组的运行要求

13. 简述常用的裸导线型号与名称。

学习情景 11 变压器常用绝缘胶

学习任务

- 了解变压器常用绝缘胶的类型。
- 了解各类绝缘胶的特性。

PVA 胶变压器常用的 PVA 胶由聚乙烯醇粉末和蒸馏水按一定比例混合后加热熬制而成，为无色透明液体，有少量的悬浮固体。

常用的 PVA 胶分为普通 PVA 胶、特高压 PVA 胶和进口 PVA 胶。

PVA 胶的特点如下。

（1）一种绝缘件黏结剂，主要成分为聚乙烯醇，呈白色液体。

（2）有效使用期限为一年。

（3）使用过程中应注意的事项。涂胶前，应检查被黏结面，保证黏结面清洁、无异物。采用冷压黏结绝缘件，可将该胶涂在需要黏结的表面，涂黏结剂后应立即黏合，且使用压铁压紧，压制时间不少于 6 h。使用后立即盖紧。

（4）运输和存储。干燥、通风、避阳处，储存在不低于 15 ℃ 的常温室内环境，室内无腐蚀性气体，避免使用金属容器盛装，而应采用洁净塑料桶。注意防潮，避免与油类、润滑剂、酸、碱等有损 PVA 胶的物质接触。PVA 胶样式如图 2-5 所示。

图 2-5　PVA 胶

1. 乳白胶

这是一种绝缘件黏结剂，其主要成分为聚醋酸乙烯乳液，呈白色乳状液体，可用来黏结绝缘件，常温下可固化，电气性能好，耐热性能差。有效使用期限为一年。使用过程中应注意的事项：涂胶前，应检查被黏结面，保证黏结面清洁、无异物。采用冷压黏结绝缘件，可将该胶涂在需要黏结的表面，涂黏结剂后应立即黏合，且使用压铁压紧，室温 15～30 min 初步固化，完全固化需 6 h，使用后立即盖紧。乳白胶的运输和存储：干燥、通风、避阳处，温度为 5～20 ℃。乳白胶样式如图 2-6 所示。

图 2-6　乳白胶

2. 酚醛胶

这是一种绝缘件黏结剂，主要用于层压件的热压黏合，其固化温度为 120~150 ℃。其有效使用期限为一年。使用过程中应注意的事项：待黏工件一般要做清洁处理，涂胶黏合，酚醛胶的黏度符合要求后方可黏结。单件晾放时间为 3~4 h，厚工件晾放时间不少于 12 h。将晾放后的工件在层压件热压机上进行热压。使用后立即对酚醛胶进行防护。酚醛胶样式如图 2-7 所示。

图 2-7 酚醛胶

3. 环氧布板

环氧布板，其耐热等级为 F 级，如图 2-8 所示。

图 2-8 环氧布板

课后习题

1. 常用的 PVA 胶分为＿＿＿＿、＿＿＿＿、＿＿＿＿。
2. 乳白胶主要成分为聚醋酸乙烯乳液，白色乳状液体，可用来黏结绝缘件，常温下可固化，＿＿＿＿性能好，＿＿＿＿性能差。有效使用期限＿＿＿＿。
3. 酚醛胶主要用于＿＿＿＿件的热压黏合。
4. 变压器绝缘胶的主要作用是什么？（　　）
A. 仅提供机械支撑　　　　　　　　B. 仅提供电气绝缘
C. 同时提供电气绝缘和机械支撑　　D. 提高变压器散热性能

5. 以下哪种绝缘胶常用于油浸式变压器？（　　）
   A. 聚酯绝缘胶   B. 聚酰亚胺绝缘胶
   C. 硅橡胶绝缘胶   D. 天然橡胶绝缘胶
6. 变压器绝缘胶的选用应主要考虑哪些因素？（　　）
   A. 绝缘性能   B. 耐温性能   C. 耐油性能   D. 以上都是
7. 变压器绝缘胶在使用前需要进行哪些处理？（　　）
   A. 直接涂抹   B. 加热熔化后涂抹
   C. 清洁被涂表面并去除油污   D. 无须处理直接使用
8. 关于变压器绝缘胶的耐温性能，以下哪个说法是正确的？（　　）
   A. 所有绝缘胶的耐温性能都相同
   B. 耐温性能取决于绝缘胶的基材和配方
   C. 耐温性能与绝缘胶的颜色有关
   D. 耐温性能与绝缘胶的厚度成正比
9. 变压器绝缘胶带的主要作用是什么？（　　）
   A. 仅起绝缘作用   B. 绝缘与防潮   C. 仅起固定作用   D. 绝缘与散热
10. 以下哪种绝缘胶带常用于变压器绕组绝缘？（　　）
    A. 普通透明胶带   B. 聚酯绝缘胶带   C. 双面胶带   D. 铝箔胶带
11. 在选择变压器绝缘胶带时，以下哪个因素不是主要考虑项？（　　）
    A. 绝缘性能   B. 耐温性能
    C. 颜色美观   D. 耐油性（对于油浸式变压器）
12. 哪种绝缘胶带具有较高的电气强度和耐温性能，适用于高温环境下的变压器？（　　）
    A. 聚氯乙烯绝缘胶带   B. 聚酰亚胺绝缘胶带
    C. 硅橡胶绝缘胶带   D. 聚酯绝缘胶带
13. 关于变压器绝缘胶带的安装，以下哪个说法是正确的？（　　）
    A. 胶带应随意缠绕，无须考虑方向
    B. 胶带应重叠过多以提高绝缘效果
    C. 胶带应紧密贴合，避免气泡和裸露部分
    D. 胶带安装后无须进行任何检查
14. 简述变压器常用绝缘胶的种类及其特点。

模块 3

变压器的加工设备

学习目标

▶ 知识目标
了解变压器的加工设备。

▶ 能力目标
能正确理解层压件加热机等变压器加工设备的具体作用及加工方法。

▶ 素质目标
培养学生良好的质量意识、安全意识、环保意识、工匠精神、创新精神;勇于奋斗、乐观向上,具有良好的身心素质;树立正确的价值观,具备良好的道德品质和社会责任感,能够积极投身于社会实践和公益事业中;具备自主学习的能力,能够独立思考、发现问题、解决问题,并具备创新意识。

▶ 总任务
了解变压器加工设备的具体作用及加工方法。

学习情景 12 变压器的加工设备

学习任务

▶ 了解变压器加工设备的具体作用及加工方法。

(1) 层压件热压机,如图 3-1 所示。

采用单层加热通道、两进两出的方法使热压板升温快、温度均匀。采用触摸屏和 PLC 控制系统,可实现整个工艺过程的手动及自动控制压制工艺曲线,触摸屏能对每个测温点的温度进行显示,使层压制品的加工质量及加工能力得到有效提高。对于厚度超过 8 mm 的层压制品,采用 3 500 t 层压件热压机进行加工。最大加工长度×宽度×厚度为 3 200 mm×

图 3-1 层压件热压机

3 200 mm×125 mm。

（2）电子下料锯，如图3-2所示。

图3-2 电子下料锯

变压器绝缘件的下料全部在意大利进口数控电子锯上进行，保证了下料精度。加工精度可保证在 1 mm 以内。

（3）四面刨，如图3-3所示。

用于鸽尾撑条、T形撑条、矩形撑条、油隙垫块条料的加工制作，可实现多根条料同时完成锯切宽度、铣切厚度、周边倒圆角，一次可同时加工 4~8 根条料。

图3-3 四面刨

（4）绝缘件加工中心，如图3-4所示。

采用在法国进口的数控绝缘加工中心上加工变压器线圈和器身使用的压板、压圈缘以及一些异形绝缘件，加工精度可保证在 0.2 mm 以内。

图 3-4　绝缘件加工中心

（5）成形垫块铣切机，如图 3-5 所示。

图 3-5　成形垫块铣切机

绝缘垫块采用了纸板密实预压处理，采用专用成形垫块铣切机数控自动机床一次制成成品垫块，整个过程由触摸屏和 PLC 自动控制，完成垫块形状的一次性成形加工。具有触摸屏人机对话界面，输入数据后按程序进行夹紧、送料、铣切、落料操作，加工后的垫块光滑、平整。

（6）单根撑条铣切机，如图 3-6 所示。

图 3-6　单根撑条铣切机

采用专用成形撑条铣切机数控自动机床一次制成成品撑条，对一定宽度和厚度的绝缘板料进行分切，对分切后的单根撑条毛料进行成形加工，铣切撑条厚度及宽度。

（7）绕线机，可分为卧式绕线机和立式绕线机。

①卧式绕线机的中心高 1 800 mm，承重 20 t，具有变频调速、电子计数等功能。

卧式绕线机带有线段轴向及辐向的压紧装置，在线圈的绕制过程中可以压紧导线。可以实现主传动电机无级调速，整机启动平稳，制动力大，噪声低。设有垂直压紧和水平压紧装置，使绕制的线圈轴向及辐向更紧密、更规整、强度更高。卧式绕线机如图 3-7 所示。

图 3-7　卧式绕线机

②立式绕线机带有变频调速控制系统和匝数自动记录装置，启动、刹车、旋转平稳，可绕制连续式、内屏连续式、纠结式线圈，承重 20 t，最大回转直径 3 m，花盘升降行程 3 m。可根据绕制线圈的高度升降，从而保持工作高度不变，花盘旋转并可无级变速。计数装置可

正、反计数，具有停电记忆和自动停车等功能。

立式绕线机配备的线轮架均带有抱闸装置，绕制线圈时，能将导线拉紧，提高线圈的紧度。立式绕线机如图 3-8 所示。

图 3-8　立式绕线机

由气囊带动的导线拉紧装置，适用于组合导线和换位导线的拉紧，使用拉紧装置可以保证线圈绕制的紧度。图 3-9 所示为导线拉紧装置。

（8）箔绕机，如图 3-10 所示。

图 3-9　导线拉紧装置　　　　图 3-10　箔绕机

箔绕机用于变压器低压箔式线圈的绕制（铝箔和铜箔）。可绕制圆形、方形或矩形线圈，铜排焊接采用钨极氩弧焊，使箔材与铜排成为一体，避免因焊接造成的虚焊、夹杂等缺陷，确保产品三相低压直流电阻平衡率指标。

自动绕线机绕制线圈：采用微处理控制系统与驱动系统，加之精密的机械结构，可使用窄带绝缘或整层绝缘绕制，大大提高了绕制效率。自动绕线机如图 3-11 所示。

可调式绕线模为立卧两用式（图 3-12），木撑条采用弧形板结构，木撑条间距小于 40 mm，这种结构的绕线模强度好、圆度好，可保证线圈内径的圆度和尺寸。采用电动或手动传动机构，可使撑条在径向上伸缩，以达到变径的目的。绕线模结构合理，变径范围宽，脱模方便，操作简易可靠，在立式绕线机和卧式绕线机上可以通用，从而减少了绕线模的数量，节省了生产面积。

模块 3　变压器的加工设备

图 3-11　自动绕线机　　　　　图 3-12　可调式绕线模

（9）可移动高频焊机，如图 3-13 所示。

实施导线对焊工艺，焊接中无噪声、无废气、无废屑（更无铜屑）、无高温。洁净的工作环境提供了制造优质变压器的有力保障。

图 3-13　可移动高频焊机

（10）变压法干燥罐，如图 3-14 所示。

线圈在这里进行真空干燥处理，真空度残压可以达到 50 Pa 以下。

（11）气囊，如图 3-15 所示。

用气囊将线段撑起，调节线圈垫块，保证匝间绝缘不破损，提高了产品质量和生产效率。

图 3-14　变压法干燥罐

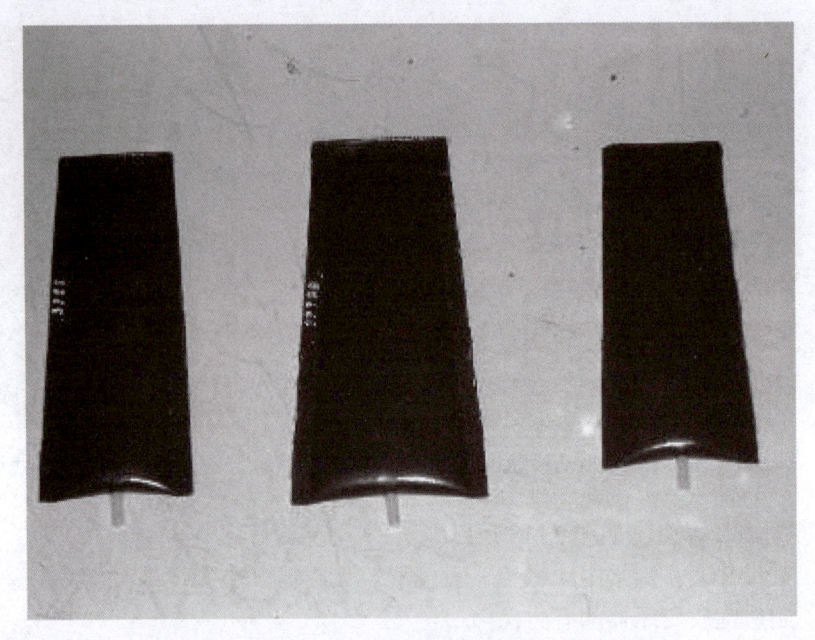

图 3-15 气囊

（12）线圈吊具，如图 3-16 所示。

线圈吊具最大吊重可达 35 t，线圈的直径方向及吊钩的角度位置均可自动调节。

图 3-16 线圈吊具

线圈采用整体套装的方法，由于经过了气相干燥，在套装时可以保证线圈不回弹，各柱之间的线圈可以保持高度一致。组装之后的线圈预加压力，使线圈在配置引线时出头位置准确。

（13）器身整理装配架，如图 3-17 所示。

器身加压装置共有 24 个加压分路，可同时对三相线圈加压，每个加压分路的压力可以单独控制，单柱最大压力可达 400 t，确保了线圈压紧力的要求。

器身整理装配架的工作台面长 12 m、宽 1 m，台面前有可伸缩钢板以便器身相间等部位操作，台面升降高度为 1.4~3 m，承重 10 t。

图 3-17　器身整理装配架

（14）液压升降装配架，如图 3-18 所示。

图 3-18　液压升降装配架

可移动的轻便液压升降装配架，升降高度为 1~4 m，承重 0.5 t，长度有 3 m、4 m 两种，可在车间任意地点移动。

（15）气垫运输车，如图 3-19 所示。

图 3-19　气垫运输车

使用气垫运输车是为了保证变压器运输时更加平稳，防止铁芯器身变形产生质量隐患。气垫运输车单台运输重达 280 t，两台运输车可以串联和并联使用，并可 360°任意旋转，工作气压为 8 bar（1 bar=10^5 Pa），保证了产品在车间之间的转运。

（16）大型吊车，如图 3-20 所示。

图 3-20　大型吊车

所有吊车均为遥控操作，为了防止在变压器生产中产生异物，在吊车轨道上装备了铁屑吸附装置，并且定期对吸附装置进行清理，提高了厂房的洁净度。

600 t 的平衡吊梁与两台 300 t 的吊车配合使用，可以满足目前所有超大型变压器的起吊要求。

（17）煤油气相干燥罐，如图 3-21 所示。

图 3-21　煤油气相干燥罐

采用从麦克菲尔引进的煤油气相干燥罐处理器身，该罐目前可以达到真空度残压值在 10 Pa 以下，加热温度为 105 ℃，终点判断采用麦克菲尔的 VZ-403 终点仪器确定最终处理结果，确保器身绝缘物的含水量在 0.5% 以下。

（18）移动式真空机组，如图 3-22 所示。

采用移动式真空机组对油箱抽真空，真空度残压值为 13 Pa；采用麦克菲尔真空滤油机处理油，使油的指标达到温度 90 ℃、耐压 65 kV、介质损耗小于 0.3%、含水量小于 10^{-5}、颗粒度少于 3 000 个（5 μm）/100 mL 之后进行注油，为使绝缘充分浸透，应控制注油速度为每小时少于 5 t。

（19）真空滤油机组，如图 3-23 所示。

由于在总装配时已浸过油的器身表面不可避免地吸附了一些水分，为此，在总装配完成后还要进行热油循环，以除去器身表面吸附的水分。使油的指标达到油温 90 ℃、耐压 65 kV、介质损耗小于 0.3%、含水量小于 10^{-5}、颗粒度少于 3 000 个（5 μm）/100 mL 之后结束循环。

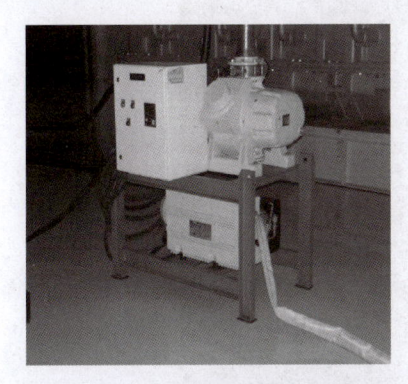

图 3-22 移动式真空机组　　图 3-23 真空滤油机组

（20）铁芯纵剪线，如图 3-24 所示。

图 3-24 铁芯纵剪线

纵剪就是沿着硅钢片的轧制方向，把一定宽度的材料裁剪成所需宽度的条料，这些条料再经横剪剪切成叠片后用于叠片式铁芯制造，满足片宽不大于 1 m 的所有变压器铁芯用硅钢片的开料、剪切毛刺小于 0.02 mm、剪切直线度小于 1/1 000。其优良的剪切精度保证了变压器铁芯的性能。

（21）铁芯横剪线，如图 3-25 所示。

横剪是与硅钢片长度方向成某一角度，把一定宽度的条料（或板料）剪切成各种规格和尺寸的变压器铁芯片，对于冷轧硅钢片，其长度方向应该为硅钢片的轧制方向。

图 3-25　铁芯横剪线

德国乔格公司制造的铁芯横剪线，如图 3-25 所示。它具有以下特点：
（1）步进剪片。
（2）硅钢片几何尺寸可自动调节，片形可任意选择。
（3）能够自动去毛刺，使剪切毛刺小于 0.01 mm。
（4）具有自身故障诊断及跨国异地诊断等功能，适合变压器所需的各种片形的剪切。图 3-26 所示为铁芯叠片后起立图。

图 3-26　铁芯叠片后起立图

(22) 聚酯带气动绑扎，如图 3-27 所示。根据铁芯的夹紧力确定所需热塑带的强度和打包机的最大拉力。

图 3-27 聚酯带气动绑扎

课后习题

1. 箔绕机用于变压器_____的绕制（铝箔和铜箔）。可绕制圆形、方形或矩形线圈，铜排焊接采用_____，使箔材与铜排成为一体，避免因焊接造成的虚焊、夹杂等缺陷。
2. 变压器在总装配时，已浸过油的器身表面不可避免地吸附了一些_____，为此，在总装配完成后，还要进行热油循环，以除去器身表面吸附的水分。
3. 四面刨用于鸽尾撑条、T 形撑条、矩形撑条、油隙垫块条料的加工制作，可实现多根条料同时完成_____、_____、_____，一次可同时加工 4~8 根条料。
4. 变压器加工过程中，铁芯叠装的主要设备是什么？
5. 绕线机在变压器制造中起什么作用？
6. 变压器油处理过程中常用的设备有哪些？
7. 在变压器装配过程中，如何确保各部件之间的绝缘性能？
8. 简述变压器真空注油的过程及其重要性。
9. 变压器加工过程中，如何控制绕组的松紧度？
10. 变压器加工完成后，为何需要进行耐压试验？
11. 简述变压器油浸式冷却系统的工作原理。
12. 在变压器加工过程中，如何确保绕组的绝缘电阻满足要求？
13. 简述变压器加工过程中质量控制的重要性及其主要措施。

模块 4

变压器的加工

学习目标

知识目标
熟练掌握变压器常用绝缘件的作用；熟悉变压器绝缘材料及绝缘件的存放及转运；熟练掌握变压器绝缘件加工通用要求。

能力目标
能正确理解变压器常用绝缘件的作用；能正确识别变压器的主要绝缘件及其作用；能正确理解变压器绝缘材料及绝缘件的存放及转运。

素质目标
培养学生爱国、守法、诚实、守信等品质，提高学生的道德水平和文明素养；具备良好的沟通能力和团队合作精神，能够与他人协作、交流、表达自己的意见和看法；养成自觉运用知识的习惯，提高分析问题和解决问题的能力；学会合理安排时间，有效利用时间，形成良好的学习习惯。

总任务
能够正确理解变压器常用绝缘件的作用、变压器绝缘材料及绝缘件的存放及转运，理解变压器绝缘件加工通用要求。

学习情景 13　常用绝缘件的作用及工作原理

学习任务

- 了解常用绝缘件的存放及转运。
- 正确理解常用绝缘件的作用。

变压器
铁芯加工

1. 变压器常用绝缘件

1）静电板

（1）静电板的作用。静电板放在线圈端部，以改善线圈端部入口线段附近的电量分布，提高线圈的电气强度。因为沿着静电板内、外径两端部可以做成圆角，比导线的圆角大得多，静电板绝缘层也比匝间绝缘厚，这就改善了线圈端部不均匀电量分布，提高电气强度。其作用是改善端部电场，提高局部放电起始电压。对线圈端部的线段进行电容补偿，可改善线圈在冲击电压作用下的初始分布，均匀电场。

（2）静电板的工作原理。它是具有一定厚度的开口金属环，静电板的端部曲率半径较大，可使端部电场降低；对线圈端部线段起到电容补偿作用，使线圈冲击电压分布得到改善，局部放电量减小。

2）角环

110（60）kV 及以上的线圈端部，尤其是端部出线，还需装设角环。角环的形状应与端部电力线等位面重合，即与电场的电力线垂直，以有效阻断电场的作用。角环水平部分圆环放在线圈间，而垂直部分圆筒放在线圈端部之间，过渡圆弧不可以太小。这样，绝缘筒长度可以降低，而且加强了线圈端部的绝缘，使绝缘结构紧凑。软角环水平部分厚度为 6 mm，垂直部分为 4 mm。角环可以不止有一个，而是可以有 2~3 个，这取决于电压等级、线圈辐向间距和纸筒数等。

角环有正、反角环之分，高电场在角环外边时用正角环，在里边时用反角环。正角环圆筒部分处于圆环部分内径，反角环则处于外径，故正角环如"帽"，反角环如"裙"。角环又有软角环和硬角环之分，软角环由 0.5 mm 厚条料纸板剪切口后圈折边而成，硬角环由纸浆模压而成，且可做成分瓣式。

硬角环分整体式和分瓣式两种。硬角环绝缘强度高，而且厚度薄。

中部出线的线端处电场较均匀，一般不以角环加强绝缘。

（1）角环的作用。角环的作用是增大爬电距离，分隔油隙，提高端部油隙的爬电距离。

（2）角环的工作原理。线圈端部的绝缘放电主要取决于端部最大场强，增大爬电距离可使作用于油隙的最大场强小于油隙的许用场强。

3）油隙垫块

（1）油隙垫块的作用。作为变压器线圈的轴向油道，变压器发生短路事故时，变压器绕组及其中的垫块将承受巨大的电动力，若垫块出现较大的塑性变形，则会使绕组出现松动甚至损坏。其具有承受线圈轴向压力的作用。

（2）油隙垫块的工作原理。纸板采用密化处理，使纸板纤维的空腔缩小，密度提高，降低纸板的吸水率。

油隙垫块加工采用压辊法，使用蝶形弹簧保持压力，调整两压辊间隙使绝缘纸板得到冷态密化，密实率为 6%~8%。纸板密化的优点：绝缘纸板的吸潮速度减慢 2/3，厚度方向回弹减少 3%~4%，纸板压缩率下降 6%。

4）地屏

（1）地屏的作用。由于电力变压器的铁芯为阶梯圆形结构，因而会产生尖角，变压器励磁后尖角处场强会增大，当达到局部放电场强时，便开始局部放电，甚至可能引起事故发生，因此在变压器内绕组与铁芯之间应加放地屏，使位于接地屏蔽之间的铁芯尖角产生的畸变电场不能穿透到外部而影响绕组。

（2）地屏的工作原理。利用开口金属环屏蔽尖角，使尖角处的曲率半径加大，使其接近铁芯柱直径，从而减小对地电极，降低场强，减小游离放电。

5）铁轭垫块和铁轭绝缘

线圈端部尤其是端部出线处，电场强度高，到铁轭的距离约为线圈间距离的2.5倍，基本端绝缘件是铁轭绝缘（线圈自身的端绝缘为端圈）。为了垫高铁轭夹件，铁轭绝缘与夹件之间垫有铁轭垫块（包括相间垫块），该垫块又称为平衡绝缘。

（1）铁轭垫块。在小容量变压器中采用纸垫块，与铁轭绝缘夹件侧垫块合为一体。铁芯直径大于250 mm，低压电压在3 kV及以上时，则有单独的铁轭垫块。铁芯直径增大时，均采用成形的铁轭垫块。这种铁轭垫块是在厚2~3 mm的扇形纸圈（B相）和马蹄形纸圈（A、C相）两面胶合垫块而成。纸圈侧垫块较厚，因内侧纸圈的引线在其间引出，但上端有压板的除外。

纸圈外径比线圈外径大10 mm以上，高压电压较高，纸圈外径增大以增加爬电距离。铁轭垫块的厚度要视垫平铁轭夹件的多少而定，中大型变压器有固定为75 mm的。垫块开口根据内部线圈的引线尺寸而定。220 kV级变压器的铁轭垫块还有导油孔。

相间垫块是用来垫平铁轭垫块开口内铁轭级，小容量变压器一般没有。相间垫块在绑扎拉带处要断开，采用连板连成一体。

（2）铁轭绝缘。在铁轭绝缘的线圈侧，由于铁轭已经垫平，所以其纸圈作成环形纸圈，两面再黏结垫块，为一相线圈所共用，以增加爬电距离，对线圈而言起"下底""上盖"的绝缘作用。垫圈开口，以便引出内线圈的引出线。垫圈内径和外径同铁轭绝缘，其垫块与线圈垫块相对应，垫块宽一般也大于线圈垫块宽10~20 mm，厚度由绝缘距离决定。

端圈与铁轭绝缘的作用是不一样的，虽然也由纸圈和垫块组成，但是铁轭绝缘是一相线圈轴向公用的端绝缘，而端圈是各个线圈轴向单独的端绝缘，以构成水平油道、放置角环、调节线圈的端部绝缘距离等。

6）铁轭隔板和相间隔板

（1）铁轭隔板，是将线圈间的铁轭表面与其高度相近的其他接地金属件与线圈端部隔开。铁轭隔板放在两相铁轭绝缘的垫块之间，一般有两种形式，即水平放置和垂直放置。

（2）相间隔板，是用于各相线圈间的绝缘隔板。

7）纸筒和围屏

（1）变压器器身绝缘中采用两种绝缘纸筒，即硬纸筒和软纸筒。

①硬纸筒：是用厚纸板湿水滚圆干燥后黏合而成的，是线圈的骨架。

②软纸筒：是由数张绝缘纸板临时围成的，4 mm纸筒用2 mm厚纸板围成，3 mm纸筒用1.5 mm纸板围成，纸板高度等于需要的软纸筒高度。软纸筒具有纸板的电气强度，所以大于35 kV级的高压线圈必须采用软纸筒。

（2）围屏：线圈外部装有油-隔板围屏，围屏上设有窗口以引出分接线。围屏纸板边缘不可接触线圈表面，以免造成线圈表面爬电的可能性，纸板边缘应支撑于长垫块的端头。

2. 绝缘材料及绝缘件的存放及转运

1）作业环境基本要求

（1）为了保证绝缘件清洁，车间要进行厂房封闭，在大门进出人员、车辆处设立过渡间。

（2）为了防止绝缘件受潮而使尺寸变化，车间相对湿度应在45%以下，温度为15~30 ℃，且安装中央空调系统，以保证绝缘件质量。

(3) 除尘布置合理：机加工、带锯等工序将产生大量粉尘，因此设立了独立的除尘系统。将机加工、非机加工分开，在机加工及非机加工区域设立风淋室过渡。非机加工区域的降尘量为 15 mg/（m²·天）。同时对静电板焊接、层压件热压、超高压绝缘件黏结、地屏焊接设立单独区域。

2) 绝缘材料及绝缘件存放及转运
(1) 使用的工装、工具、设备要保持清洁无污物。
(2) 对绝缘材料、成品、半成品要进行覆盖，以防止灰尘及杂质侵入。
(3) 绝缘件在存放过程中，要避免受潮，防止尺寸吸潮变大，造成变形。一般绝缘件可使用塑料薄膜或塑料布保护存放。
(4) 根据不同绝缘件的特点合理存放绝缘件，避免局部受力产生变形。
①平板类绝缘件，如围板、地屏等必须平放。
②弯折类绝缘件要绑扎好，独立存放，严禁挤压。
③对于长条类绝缘件，如直撑条，要进行绑扎，防止变形。
④对于成形绝缘件，如硬纸板筒、成形角环，应垂直立放，防止受压变形。
⑤对于圆环类的绝缘件，必须平放，防止受压立放，避免受压变形。
(5) 装卸绝缘件时，应戴干净手套，轻拿轻放，不得摔打磕碰。

课后习题

1. 静电板放在线圈端部，以改善线圈端部入口线段附近的电量分布，提高线圈的_____。
2. 110（60）kV 及以上的线圈端部，尤其是端部出线，还需装设_____。角环的形状应与端部电力线等位面重合，即与电场的电力线垂直，以有效地阻断电场的作用。
3. 由于电力变压器的铁芯为阶梯圆形结构，因而会产生尖角，变压器励磁后尖角处场强增大，当达到局部放电场强时，便开始局部放电，甚至可能引起事故发生，因此在变压器内绕组与铁芯之间应加放_____。
4. 为了垫高铁轭夹件，铁轭绝缘与夹件之间垫有铁轭垫块（包括相间垫块），该垫块又称为_____。
5. 绝缘件在电气设备中的主要作用是什么？
6. 简述绝缘件的工作原理。
7. 为什么绝缘件的耐热性能对其在电气设备中的应用至关重要？
8. 举例说明几种常见的绝缘件及其应用场景。
9. 绝缘件的机械强度对其性能有何影响？
10. 绝缘件的老化原因主要有哪些？
11. 如何检测绝缘件的绝缘性能是否合格？
12. 在变压器中，哪些部位需要使用绝缘件？
13. 绝缘件的选择应考虑哪些因素？

学习情景 14　变压器绝缘件加工

学习任务

- 了解变压器绝缘件加工的通用要求。
- 了解绝缘件加工中预防碳化的措施。

1. 变压器绝缘件加工通用要求

1）去除毛刺

绝缘件上的尖角、毛刺在变压器运行中将会脱落，其在电场作用下，沿电力线排列起来，形成通电的小桥，缩短了爬电距离；尖角易引起放电，从而降低电气性能。

2）圆角化

绝缘件上的尖角容易积聚电场中自由运动的电子，使尖角处局部场强增大，易引起局部放电，降低绝缘材料的电气性能。因此，去除楞角可均匀电场分布，防止绝缘介质的游离或放电，提高局部放电起始电压。

3）防潮处理

如果绝缘件的含水量太大，则会使绝缘电阻下降，介质损耗增加，从而加速绝缘件的老化，缩短变压器的寿命。

绝缘件含水量大的危害：绝缘电阻增大，加速绝缘件老化，缩短变压器寿命。同时还会造成绝缘件变形，如纸圈收缩变形、尺寸不稳定。此外，绝缘件中的水分将进入变压器油中，造成变压器油的含水量增加，使变压器油的电气性能下降，即变压器油的击穿电压降低。

4）绝缘件清洁

变压器绝缘件上若有灰尘，易引起表面放电，这些杂质扩散到变压器油中，还会降低变压器油的电气强度。灰尘及杂质落入变压器油中，在变压器油中沿电力线形成通电小桥，出现漏电通道，最后导致击穿。

2. 绝缘件加工其他相关要求

1）绝缘纸板湿水用蒸馏水

自来水中含有杂质，用来加工绝缘件时会影响其电气性能，而蒸馏水则经蒸馏处理，不含杂质，所以弯折件制造时允许涂蒸馏水而不准用自来水。

2）绝缘件机加工不得碳化

所有绝缘件加工表面不得有碳化，应无金属屑及异物。在机加工过程中，必须防止绝缘件表面发生碳化，因为碳化时产生的碳为导体，将影响绝缘件的电气性能。表现如下：碳化的绝缘件电导率上升 9%；油中耐压降低 7%；爬电强度降低，爬距缩短；在变压器油中，碳化将会降低油的电气强度。

3）使用红蓝蜡笔在绝缘件上做标识

因为一般铅笔的铅芯是用石墨做的，属于导体，用铅笔画后即成为表面通路，影响绝缘件的电气性能，所以不允许用一般的铅笔在绝缘件上做标识。

4）加工绝缘件的设备不得加工金属件

因为绝缘件表面不得有金属，因此，加工绝缘件的设备不得加工金属件。

课后习题

1. 绝缘件上的尖角容易积聚电场中自由运动的电子，使尖角处局部＿＿＿＿＿＿＿增大，易引起＿＿＿＿＿＿＿，降低绝缘材料的电气性能。
2. 绝缘件中的含水量太大时，会使绝缘电阻下降，＿＿＿＿＿＿＿增加，会加速绝缘件的老化，减少变压器的寿命。
3. 变压器绝缘件上若有灰尘，易引起＿＿＿＿＿＿＿，这些杂质扩散到变压器油中，还会降低变压器油的电气强度。
4. 简述绝缘件机加工产生碳化的原因。
5. 变压器绝缘件的主要作用是什么？
6. 在变压器绝缘件加工过程中，常用的绝缘材料有哪些？
7. 简述变压器绝缘纸板的加工流程。
8. 为什么变压器绝缘件需要进行干燥处理？

学习情景 15　变压器铁芯加工

学习任务

- 掌握变压器铁芯的作用和分类。
- 掌握变压器铁芯的结构。
- 理解变压器铁芯的加工。

变压器的线圈绕制1

1. 铁芯的作用和分类

铁芯是变压器的基本部件，由磁导体和夹紧装置组成，所以它有以下两个作用。

（1）在原理上：铁芯的磁导体是变压器的磁路。它把一次电路的电能转

变压器的线圈绕制2

为磁能，又由自己的磁能转换为二次电路的电能，是能量转换的媒介。因此，铁芯由磁导率很高的电工钢片（硅钢片）制成。电工钢片的厚度很薄（0.23~0.35 mm），且带有绝缘，涡流损耗很小。磁导体是铁芯的主体，所以下面所称的铁芯实指磁导体。

（2）在结构上：铁芯的夹紧装置不仅使磁导体成为一个机械上完整的结构，而且在其上面套有带绝缘的线圈，支持着引线，几乎安装了变压器内部的所有部件。

变压器的线圈绕制3

铁芯的重量在变压器各部件中占有绝对优势。在干式变压器中占总重的60%左右，在油浸式变压器中由于有变压器油和油箱，重量的比例才下降，约占40%。

变压器的铁芯（即磁导体）是框形闭合结构。其中套线圈的部分称为芯柱，不套线圈只起闭合磁路作用的部分称为铁轭。现有铁芯的芯柱和铁轭均在一个平面内。

铁芯分为两大类，即壳式铁芯和心式铁芯两种。铁轭包围了线圈的，称为壳式铁芯，否则称为心式铁芯。

每类中又分为叠铁芯和卷铁芯两种。由片状电工钢片叠积而成的称为叠铁芯，由带状电工钢片卷绕而成的称为卷铁芯。

若按相数分类，用于单相变压器的统称为单相铁芯，用于三相变压器的统称为三相铁芯。

还可按芯柱数、框数等分类，还有壳式辐射形铁芯和心式渐开线铁芯等特种铁芯。

壳式铁芯一般是水平放置的，芯柱截面为矩形，每柱有两个旁轭。

壳式铁芯的优点是铁芯片规格少，芯柱截面大而长度短，夹紧和固定方便，漏磁通有闭合回路，附加损耗小，易于油对流散热。缺点是线圈为矩形，工艺特殊，绝缘结构复杂，短路能力差，尤其是电工钢片用量多。

心式铁芯的优缺点正好和壳式相反。壳式和心式两种结构各有特色，很难断定其优劣。但由其结构所决定的制造工艺则大有区别，一旦选定了某一种结构，就很难转而生产另一种结构。正是由于这个原因，国内都采用心式铁芯，因此以下主要叙述心式铁芯的有关数据和结构。

另外，卷铁芯需要在卷绕机上进行绕制，只能用在小型变压器上。而现在铁芯均采用优质的冷轧电工钢片，钢片宽度已能满足芯柱和铁轭宽度的要求，故很少采用双框铁芯。因此，国内采用的铁芯多为心式单框叠铁芯。

应该指出，从减少电工钢片用量和减轻重量上看，心式铁芯则有明显的优势，因此国外生产壳式铁芯变压器的主导厂家（如美国西屋公司）也改为生产心式铁芯了。变压器铁芯如图4-1所示。

2. 铁芯的结构

铁芯由铁芯本体、夹紧件、绝缘件和接地片等组成。

1）铁芯本体

铁芯本体是用导磁性能良好的冷轧硅钢片制造而成的。

2）夹紧件

夹紧件是使铁芯片成为整体的紧固结构。

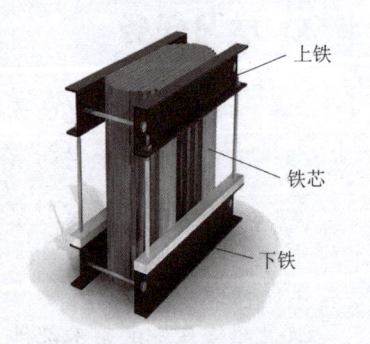

图4-1 三相电力变压器铁芯

夹紧件由夹件、垫脚、支撑件、拉板、拉紧螺杆、拉带、芯柱绑扎带组成。

3) 铁芯的夹紧装置

铁芯的夹紧装置是使铁芯本体——磁导体成为整体的紧固结构，应满足以下要求：

（1）夹紧装置应为框架结构，应只由夹紧结构承受夹紧力、起吊器身的重力和变压器短路时产生的机械力，以确保冷轧电工钢片的电磁性能；夹紧结构的构件应主要承受拉伸、弯曲应力，尽量避免承受剪切应力。

（2）夹紧结构应能可靠地压紧线圈、支撑引线、布置器身绝缘，并具有器身定位装置。

（3）夹紧力要均匀，铁芯片边缘不得翘曲，接缝严合，在铁芯励磁时噪声要小。

（4）为了减少漏磁通在结构件中产生涡流损耗和防止铁芯多点接地，结构件应用绝缘件与铁芯本体隔开，并尽可能远离漏磁区，而结构件自己不应交链主磁通而形成短路匝。但夹件与旁螺杆或侧梁可以构成闭合回路，交链零序磁通，流通零序电流。

（5）绝缘件应增设油道，以便于散热。

热轧电工钢片铁芯是采用芯柱螺杆、铁轭螺杆、方铁等通过铁芯片的孔、槽夹紧后形成的结构。采用冷轧电工钢片后，这些孔、槽除局部增大磁通密度外，还使磁通偏离钢片的轧制方向，因此被淘汰了。目前的夹紧结构主要是无孔绑扎结构。根据变压器的电压等级和容量的不同，夹紧结构大致可分为无孔绑扎、拉螺杆的夹紧结构和无孔绑扎、拉板的夹紧结构。变压器铁芯结构示意图如图4-2所示。

小型变压器的夹紧结构采用无孔绑扎、拉螺杆的夹紧结构，而110 kV及以上产品采用无孔绑扎、拉板的夹紧结构。

图4-2 变压器铁芯结构示意图

3. 变压器的铁芯叠装

1) 铁芯截面和铁芯直径

（1）铁芯截面。

变压器铁芯是框形闭合结构。其中套线圈的部分称为芯柱，不套线圈只起闭合磁路作用的部分称为铁轭。变压器铁芯截面分为芯柱截面和铁轭截面。芯柱截面形状与线圈截面形状是互相适应的。在选定芯柱截面时,需遵守3个原则。

①芯柱的填充系数(利用系数)要高,也就是芯柱的几何截面与其外接圆面积之比要大。

②铁芯加工和装配容易。

③要考虑在芯柱夹紧时,防止局部变形而超差。

铁轭截面形状可以自由些,但要易于装配和便于引线,且不应小于芯柱截面。现在采用斜接缝铁芯,铁轭截面往往与芯柱截面形状相同,或者是级数与级宽相同,这是叠积要求所决定的。

110 kV级变压器多采用五级步进搭接方式。级数越多,截面越接近圆形,填充系数越大,理论上可达100%,但级数增多,铁芯片的规格多,加工、叠积困难,因此填充系数实际上只能达到90%。铁芯截面图如图4-3所示。

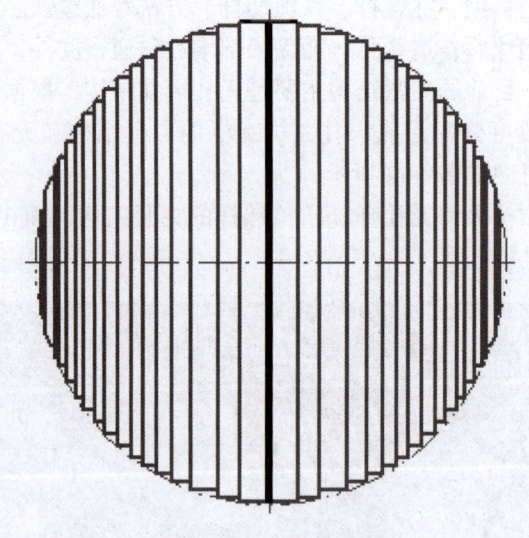

图4-3 铁芯截面图

(2) 多级圆形截面的尺寸和叠片系数。

叠片系数:铁芯的有效截面积与几何截面积的比值。叠片系数与硅钢片的厚度、平整度、片间的绝缘层厚度有关,例如采用0.35 mm厚的硅钢片时,叠片系数一般在0.91~0.96。

广泛采用的心式变压器铁芯的芯柱截面,均为多级圆形截面。圆形截面使线圈导线的匝长最短,而芯柱截面最大。

这种截面的铁芯片应是每片宽度都相同,且必须分成若干组,每组铁芯片具有相同的宽度才便于剪切。半圆内铁芯片的一组称为一级,级数越多,铁芯片的规格越多。铁芯的级数由生产经验确定。

(3) 铁芯直径。

多级圆形铁芯截面以其外接圆直径——铁芯直径表示,比较醒目。这是因为变压器每柱容量 S_z(kVA)与铁芯直径 D 有关,即 D 与 S_z 的1/4次方成比例,即

$$D = k_d \sqrt[4]{S_z} \text{ (mm)}$$

半经验系数 k_d 是与电工钢片和导线材料性质有关的数值，由查表得出；而每柱容量是变压器额定容量折算到双绕组后的计算容量（结构容量）除以芯柱后的值。

2）铁芯的磁通分布和磁通密度

由变压器的额定容量可估算出铁芯直径，从而可得芯柱的截面，再乘以叠片系数可得芯柱的有效截面。铁轭截面与芯柱截面的关系由铁芯各部分磁通的分布确定。

除以前采用的矩形、T形铁轭要加大尺寸外，现在铁轭截面为多级形状截面时，单相二柱、三相三柱式铁芯等于芯柱截面；单相单柱、二柱旁轭式和三相壳式铁芯等于1/2芯柱截面。铁芯直径最后的确定应由所选取的磁通密度决定。

3）铁芯的叠积方式

铁芯是由薄片的电工钢片叠积而成的，因而具有一定的叠积形式。铁芯的叠积形式，一要保证不减弱电工钢片的磁性，二要在机械结构上对形成整体铁芯有利。

铁芯的叠积形式是按芯柱和铁轭的接缝是否在一个平面内进行分类的：各个接合处的接缝在同一垂直平面内的称为对接，在两个或多个垂直平面内的称为搭接。对接式的芯柱片与铁轭片间可能短路，需要垫绝缘垫，且在机械上没有联系，对夹紧结构的可靠性要求高。因此，现代的铁芯不采用对接的叠积形式。

搭接式的芯柱与铁轭的铁芯片的一部分交替搭接在一起，使接缝交替遮盖，从而避免了对接式的缺点，为现代叠铁芯采用的唯一形式。

铁芯在厚度方向是由铁芯片一层一层叠积的，每层是一片铁芯片时磁性能最好，但是增加了叠积的工作量，一般情况下是用两片或三片铁芯片分层叠积的。

铁芯中每叠层铁芯片的布置和排列方式称为铁芯叠积图。

对应的接缝相重合（对接式），称为一级接缝铁芯；两个对应的接缝跨一层铁芯片，称为二级接缝铁芯。通常采用的叠积形式为五级接缝铁芯。

4）变压器用电工钢片

电工钢片是含硅量较高的钢片，又称为硅钢片。这种钢片由于软磁性能好而用于电工产品中，所以称为电工钢片。

变压器用电工钢片比其他电工产品尤为重要，这是因为变压器铁芯的磁路是闭合的，且磁通可顺着磁路流通的缘故。

(1) 硅钢片按轧制方法，可分为热轧硅钢片和冷轧硅钢片两种。热轧硅钢片是将含硅的钢材经热轧机和相应的热处理制成的一种硅钢片。采用热轧硅钢片叠装的铁芯，磁通密度大于 1.45 T 时，其空载损耗和空载电流显著增加。冷轧硅钢片是由冷轧机制成的，它具有较小的单位损耗、较小的励磁容量和较高的磁通密度，允许设计的磁通密度高达 1.89 T。热轧硅钢片的磁性能差，磁通密度只能达到 1.5 T，而单位损耗 $P_{15/50}$ 却大于 2.8 W/kg，已不再采用。冷轧电工钢片又有无取向和有取向两种。有取向冷轧硅钢片有明显的方向性，即沿着轧制方向的磁性能好，饱和磁密高，单位损耗和单位励磁容量小。现在变压器上均采用冷轧取向硅钢片。

国产冷轧电工钢片的厚度为 0.35 mm、0.30 mm 和 0.27 mm 这 3 种，其叠片系数为 0.95 和 0.94。一般来说，电工钢片的厚度在 0.27~0.35 mm 为宜，太厚的涡流损耗大，太薄的叠片系数小。现在冷轧电工钢片的厚度日趋减小，甚至达 0.23 mm，其目的是减小铁损。

(2) 硅钢片的化学成分。冷轧硅钢片的化学成分，质量分数分别为 3%~5%硅、0.06%

碳、0.15%锰、0.03%磷、0.25%硫，其余为铁硅，能够减少磁滞损耗，同时可提高磁导率和电阻率。

碳、硫、锰、磷是硅钢片的有害杂质，能够减少磁导率，增加磁滞损耗，使硅钢片变脆，因此应尽可能降低硅钢片中的有害杂质。

硅钢片的型号表示如图 4-4 所示。例如，30Q120，其中 30 表示厚度为 0.3 mm；Q 表示取向；120 表示损耗为 1.2 W/kg。

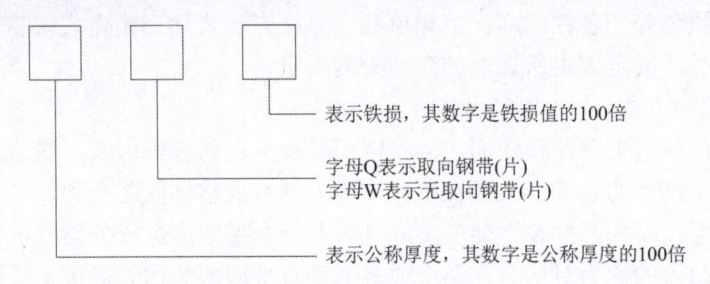

表示铁损，其数字是铁损值的100倍
字母Q表示取向钢带(片)
字母W表示无取向钢带(片)
表示公称厚度，其数字是公称厚度的100倍

图 4-4　硅钢片的型号表示

（3）铁芯的损耗。

①磁滞损耗。由于铁芯受交变电流周期性变化的影响，铁磁材料磁偶极子的排列也随着做周期性变化并产生磁滞现象，因而产生铁芯交变磁化的功率损失，称为磁滞损耗，如铁芯钢拉板采用不导磁材料就是为了减少磁滞损耗。

②涡流损耗。当穿过铁芯的磁通发生变化时，会在铁芯内部产生涡流，它环流于磁通向量垂直的平面内，根据楞次定律，涡流产生的磁化力总是力图阻止原有磁化力的变化，因而产生涡流损耗，如铁芯用带有绝缘漆膜的薄硅钢片叠制就是为了减少涡流损耗。

5）铁芯的绝缘和接地

（1）铁芯的绝缘。

铁芯的绝缘和变压器其他绝缘一样，占有重要的地位。铁芯绝缘不良将影响变压器的安全运行。铁芯的绝缘有两种，即铁芯片间的绝缘以及铁芯片与其夹紧结构件间的绝缘。

①铁芯片间的绝缘是把芯柱和铁轭的截面分成许多细条形的小截面，使磁通垂直通过这些小截面时感应出的涡流很小，产生的涡流损耗也很小。

铁芯片间无绝缘时，磁通垂直通过的截面很大，感应出的涡流大。若截面厚度增加 1 倍，则涡流损耗将增大 4 倍；铁芯片间绝缘过小时，片间电导率增大，穿过片间绝缘的泄漏电流增大，将增加附加的介质损耗；铁芯片间绝缘过大时，铁芯就不能认为是等电位的，必须把各片均连接起来接地，否则片间将出现放电现象，这是不方便也是不可取的。现在铁芯用绝缘纸条做油道时，就需要把油道两侧的铁芯片连接起来，然后由一个接地铜片引出。

因此，铁芯片间要有一定的绝缘，在标准测量方法下一般在 60~105 $\Omega \cdot cm^2$。现在采用的冷轧取向电工钢片的表面具有 0.015~0.02 mm 的无机磷化膜可以满足这一要求，其他电工钢片则需要涂漆，检修时也需要涂漆，大型铁芯有时要涂两遍漆。

②铁芯片与其夹紧结构件间的绝缘是为了防止与结构件短接和短路。铁芯片间短接总是不允许的，但是结构件间形成短路的回路顺着磁通方向而不通过磁通，或者通过磁通很小，则影响不大。如两个单排的芯柱螺杆短路形成的闭合回路是顺着磁通方向的，不易产生短路电流；拉螺杆与夹件等形成的闭合回路，通过磁通小又不同相；而铁轭夹件和旁螺杆（或

侧梁）形成的闭合回路虽通过部分磁通，但环流不经过铁芯，且可作为 3 次谐波电流通路，因此它们之间不需要绝缘。

a. 铁芯片的短接。这是指片间一边被一结构件形成电气连接。如果侧梁绝缘损坏时，铁轭片一部分被侧梁短接，由于部分磁通通过被短接的铁芯片间，泄漏电流增大，附加的介质损耗增加，铁芯将会发热。与此相似的有上梁、垫脚和铁轭螺杆的绝缘损坏或不良时均会发生相同的现象。因此，铁芯片与所有夹紧件间是必须绝缘的。

b. 铁芯局部短路。这是指结构件短路形成的闭合回路。如果铁轭螺杆的绝缘损坏，当其经过边缘铁轭片或夹件而形成短路匝，部分磁通通过时会感应出很大的短路电流。这犹如变压器发生短路事故一样，铁芯将被烧毁。与此相似的有钢带绑扎的绝缘卡损坏、芯柱螺杆排间短路等现象。

因此，铁芯片与结构件间的绝缘，首先是铁轭螺杆的绝缘（包括双排芯柱螺杆的绝缘）不得损伤，否则有可能形成短路匝；其次是旁螺杆、侧梁、上梁和垫脚的绝缘也应良好，否则必然产生短接铁芯片的现象；至于夹件绝缘，是为了形成油道，避免铁轭磁通流入夹件而设置的，但是铁芯是一点接地的，有了夹件绝缘而又绝缘不良时，相当于又有了接地点。这样，铁轭通过两个及两个以上接地点而短接，所以夹件绝缘也不可忽视。现有的铁芯已不再采用铁轭螺杆结构，整个铁芯是低电位的，所以其间的绝缘非常简单，用 2~6 mm 厚的纸板或纸管就可以了（由机械强度决定）。因此，铁芯绝缘既是简单的又是重要的。

铁芯绝缘装配时用 2 500 V 兆欧表测量的绝缘电阻值应在 2~3 MΩ 以上，因为铁芯绝缘电阻浸油干燥处理后约大 100 倍，这样才能保证成品时大于 300 MΩ。

（2）铁芯的接地。

①铁芯必须接地。铁芯及其金属结构件在线圈的电场作用下，具有不同的电位，与油箱电位又不同。虽然它们之间电位差不大，但也将通过很小的绝缘距离而断续放电。放电一方面使油分解，另一方面无法确认变压器在试验和运行中的状态是否正常。因此，铁芯及其金属结构件必须经油箱接地（如有芯柱和铁轭螺杆，则由于电容的耦合作用使它们与铁芯电位一样，不需接地），且要确保电气接通。

②铁芯必须是一点接地。铁芯中是有磁通的，当有多余点接地时，等于通过接地片而短接铁芯片一样，短路回路中有感应环流。当夹件上另有接地点和旁螺杆上有接地点时，均使形成的回路流有环流。接地点越多，环流回路越多，环流越大（当然与多余接地点的位置有关），各回路均通过接地片。但是，即使只有一个这样的环流回路，电流也可能由接近于零上升到十几安培。这样，铁芯可能产生局部过热，接地片可能烧坏而产生放电，对大型变压器安全运行不利，因此铁芯必须一点接地。

所谓铁芯一点接地，只是针对其磁导体而言，其夹紧件不受此限制。铁芯片与夹紧件要绝缘的另一个原因，就是确保铁芯一点接地。

遵循铁芯一点接地的原则，对于不同夹紧结构的铁芯，采用不同的接地结构。

只有拉螺杆时，用一接地片将铁芯和上夹件相接，则铁芯经上夹件、拉螺杆、下夹件，通过垫脚和箱底接地。

有拉板时，上、下夹件由拉板连接，而垫脚与箱底一般是绝缘的。用一接地片将铁芯和上夹件并联后再由 10 kV 套管引出接地，或者铁芯和上夹件由两个套管接地。采用一个接地套管时只监视器身的绝缘，采用两个接地套管时还可检查铁芯是否有多余接地点。

6）铁芯制作

（1）铁芯纵剪下料。

纵剪就是沿着硅钢片的轧制方向，把一定宽度的材料裁剪成所需宽度的条料，这些条料再经横剪剪切成叠片而用于叠片式铁芯制造。

（2）铁芯横剪。

横剪，就是与硅钢片长度方向成某一角度，把一定宽度的条料（或板料）剪切成各种规格和尺寸的变压器铁芯片，对于冷轧硅钢片，其长度方向应该为硅钢片的轧制方向。

（3）铁芯叠片工艺。

选择合适的滚转台，备齐部件、工装工具；调整滚转台支撑梁、千斤顶，使之符合产品叠片要求；叠片过程中勤测量铁芯对角线、每级叠厚、中柱片和中心线偏差等尺寸，使之符合图样要求，采用垫块轻打叠积面，以确保接缝状态、端面参差不齐程度满足质量要求。

（4）铁芯起立。

铁芯与滚转台绑扎固定牢靠，铁芯垫脚与滚转台下支撑台间使用木块撑紧，滚转台支撑梁、千斤顶固定牢靠，起立时指挥要明确，起立要缓慢平稳，起立后滚转台支腿锁固要牢靠。

课后习题

1. 铁芯由_____、_____、_____和接地片等组成。
2. 铁芯的磁导体是变压器的_____。它把一次电路的_____转为_____，又由自己的磁能转变为二次电路的电能，是能量转换的媒介，因此，铁芯由磁导率很高的_____制成。
3. 铁芯分为两大类，即_____和_____铁芯两种。铁轭包围了线圈的，称_____。
4. 壳式铁芯一般是_____放置的，芯柱截面为矩形，每柱有两个旁轭。壳式铁芯的优点是铁芯片规格少，芯柱截面大而长度短，夹紧和固定方便，漏磁通有闭合回路，附加损耗小，易于油对流散热。
5. 变压器铁芯是框形闭合结构。其中套线圈的部分称为_____，不套线圈只起闭合磁路作用的部分称为_____。
6. 变压器铁芯截面分为_____截面和_____截面。
7. 铁芯的叠积形式是按芯柱和铁轭的接缝是否在一个平面内进行分类：各个接合处的接缝在同一垂直平面内的称为_____，在两个或多个垂直平面内的称为_____。
8. 搭接式的芯柱与铁轭的铁芯片的一部分_____搭接在一起，使接缝交替遮盖。
9. 铁芯的绝缘有两种：_____间的绝缘，_____间的绝缘。
10. 铁芯片间的绝缘是把芯柱和铁轭的截面分成许多细条形的小截面，使磁通垂直通过这些小截面时，感应出的_____很小，产生的损耗也很小。
11. 铁芯片与其夹紧结构件的绝缘是防止与结构件_____和_____。
12. 铁芯必须接地，必须是_____接地。
13. 变压器铁芯叠装的主要目的是什么？
14. 变压器铁芯叠装过程中，对铁芯片材有哪些基本要求？

15. 简述变压器铁芯叠装的基本步骤。
16. 在变压器铁芯叠装过程中，如何控制叠装精度？
17. 变压器铁芯叠装时，为什么要注意磁通方向的一致性？

学习情景 16　变压器的线圈结构

学习任务

- 了解变压器绕组的性能要求。
- 掌握变压器绕组的结构形式。
- 掌握各种形式变压器绕组的特点。

变压器器身绝缘与装配

1. 变压器线圈结构特点

线圈是变压器输入和输出电能的电气回路，是变压器的基本部件，也是变压器检修的主要部件。它由圆扁铜导线绕制，再配置各种绝缘件组成。

因变压器容量和电压不同，线圈所具有的结构特点也各不相同。这些特点是匝数，电线截面，并联导线换位、绕向，线圈连接方式和形式等，下面将分别进行阐述。

线圈必须具有足够的电气强度、耐热强度和机械强度，以保证制造或修理后的变压器能可靠运行。

绕组是变压器电路部分的核心，要保证变压器能够长期、可靠运行，必须满足以下要求。

1）电场要求

电场要求如图 4-5 所示。

电场
- 长期工作电压：保证变压器运行期间在 U_n 最高电压作用下绝缘不受损伤，即在工作电压作用下不发生局部放电或击穿
- 大气过电压：（又称雷击过电压）
  ① 运行中的变压器不允许直接遭受雷击，应装设避雷针、避雷器、避雷线
  ② 雷击使变压器动作后在避雷器阀片电阻上产生雷电流压降及其振荡电压作用下绕组绝缘不受损伤，这个残压比变压器工作电压高若干倍，是确定变压器冲击试验电压的依据。因此冲击试验电压对变压器的作用就是模拟发生大气过电压时避雷器残压对变压器绕组可能发生的作用
- 内部过电压
  - 操作过电压：电力系统正常操作中出现的过电压，如切、投变压器等操作时间很短，振荡波是衰减的
  - 暂态过电压：是指系统失去负载或单相故障接地或发生弧光接地等情况时的过电压。其可达 U_n 的 1.3～1.5 倍，作用时间一般不足 1 s 至数十秒

图 4-5　电场要求

2）磁场要求

磁场要求如图 4-6 所示。

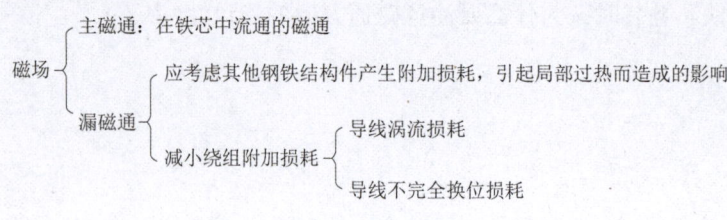

```
        ┌─ 主磁通：在铁芯中流通的磁通
磁场 ───┤
        │            ┌─ 应考虑其他钢铁结构件产生附加损耗，引起局部过热而造成的影响
        └─ 漏磁通 ───┤              ┌─ 导线涡流损耗
                     └─ 减小绕组附加损耗 ┤
                                    └─ 导线不完全换位损耗
```

图 4-6　磁场要求

3）机械强度的要求

根据电磁原理，在磁场中放置的载流导体，在电场和磁场的作用下会受到电动力的作用，其遵守左手定则。

（1）变压器正常运行条件下，在绕组制造过程中，线段松动，导线扭曲，导线表面有裂纹、毛刺，焊头处理不好，绝缘破损等都会在电动力的作用下使缺陷扩大而放电，造成变压器损坏。

（2）系统出现过电压、变压器短路运行下，短路电流为额定电流 I_N 的数十倍，电动力 $F \propto I^2$，因此受到的电动力为正常运行时的数十倍甚至数百倍。

4）耐热要求

耐热要求如图 4-7 所示。

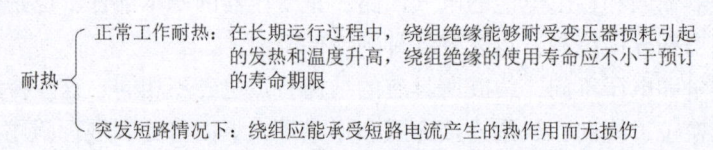

```
        ┌─ 正常工作耐热：在长期运行过程中，绕组绝缘能够耐受变压器损耗引起
        │              的发热和温度升高，绕组绝缘的使用寿命应不小于预订
耐热 ───┤              的寿命期限
        │
        └─ 突发短路情况下：绕组应能承受短路电流产生的热作用而无损伤
```

图 4-7　耐热要求

（1）电压较高的绕组出头及引线直径不得过细，并有一定的绝缘厚度，可采取屏蔽、复线等措施。

（2）绕组内、外表面电力线集中的地方要采取改善电场、增大绝缘厚度等措施，如在高压绕组上设置隔板、角环、静电板等。

5）其他需了解的事项

绕组匝间绝缘在长期工作电压作用下不发生游离。

（1）大气过电压：用于考验大气过电压作用下避雷器残压对变压器的损坏作用。变压器产品必须做全波冲击试验电压和截波冲击试验电压（外绝缘闪络放电使全波截断作用，一般其电压比全波高 15% 左右）。

（2）内部过电压：它对避雷器参数和系统绝缘水平的确定均起着重要的作用，工程上一般用 1 min 工频试验电压来考验变压器耐受能力。

（3）漏磁通在绕组中的附加损耗。

①绕组的涡流损耗。绕组导线处于交变漏磁场中，根据楞次定律在闭合回路中将感应电流，从而在导线中产生涡流损耗。

②导线的不完全换位损耗。用增加导线并绕根数来降低电阻从而降低损耗，使沿绕组辐

向的漏磁通的磁通密度不是均匀分布的，且导线换位不完全，就不可避免地有循环电流产生而引起的附加损耗。

避免附加损耗的方法如下。

①进行并联导线换位。并联导线换位的目的和完全换位条件如下：

a. 使每根导线在漏磁场中所处位置均相同；

b. 换位后每根导线长度相等。

通过以上做法，可使并联导线在漏磁场作用下产生的漏电动势接近相等，使并联导线间电位差趋近于零，电位差为零，这样就不会有循环电流，也就不会产生附加损耗。

②进行不同形式绕组的换位。不同形式绕组的换位位置及完全换位条件如表4-1所示。

表4-1 不同形式绕组的换位位置及完全换位条件

绕组形式	换位位置	完全换位条件
单双四层层式	在每层中间	辐向并联导线根数为2
纠结连续式	线段间	并联导线根数为2
单螺旋式212换位	总匝数1/4、1/2、3/4处	并联导线根数为4
单螺旋式424换位	总匝数1/4、1/2、3/4处	并联导线根数为8
双螺旋、四螺旋	两个螺旋间均布	换位次数为并联导线数（或倍数）

（4）机械强度。

磁场分布如下：

①纵向磁场：绕组高度相等，沿绕组高度安匝分布相同时，只产生纵向磁场（在其端部由于磁力线弯曲也有横向磁场）。

②横向磁场：沿绕组高度的安匝之差分布时产生横向磁场。

2. 绕组的结构形式

1）绕组形式选取的依据

根据绕组的额定容量、电压等级来选择，同时要考虑各种形式绕组的特点，如散热面的大小、工艺性能、抗冲击性能和力学性能等。

2）各种形式绕组的结构特点

（1）圆筒式绕组。

①优缺点。

优点：卷制方便，冲击电压分布好，油道散热效率高。

缺点：尤其是多层圆筒式高压绕组，绝缘件复杂，端部支持稳定性差，机械强度差，绕组内部温升大。

②分类和常用场合。

a. 单层圆筒式绕组：其线匝由一根或几根扁导线构成，出头在始、末两端。

b. 双层圆筒式绕组：中间一般没有层间绝缘或轴向油道，内径侧以撑条穿垫块。

c. 多层圆筒式绕组：中部没有层间绝缘或轴向油道，有时为改善起始电压分布，在绕组内部放置静电板。

d. 分段圆筒式绕组：沿轴向分成多段的多层圆筒式绕组。

e. 多段圆筒式绕组：沿轴向分成若干线段组成。

f. 箔式绕组：用铝箔或铜箔做绕组的导体，绕成圆筒式。箔材宽度加端绝缘高度即为绕组的高度。一层即一匝，箔材与端绝缘同绕，要求有专用的箔绕机和焊接设备。

(2) 饼式绕组。

①连续式。

a. 定义：每饼由几匝连续绕制，线匝按螺旋方向一个挨一个叠绕起来，每匝由一根或几根并联导线组成，绕组段数一般为偶数（上反下正），以使首、末出头同在外侧。

b. 构成：由端圈、轴向油道（内撑条）、段间油道（又称饼间油道、鸽尾垫块）及线饼组成。

c. 绕制方法：正饼直接绕制，为防止段间过渡在整数匝时，辐向增加一根导线厚度；反饼翻饼绕制，因此采用分数匝绕制；中间部分接头采用打圈等方式引出，分接头一般设在线段外侧。

d. 特点：端部支撑面大，短路时轴向力稳定均布，散热性能好。有时为提高抗冲击强度，可在进线端上放置静电板或采用屏蔽线匣。

②双饼式。

a. 特点：当辐向尺寸较大时，并绕导线较多，因此采用双饼结构。

b. 缺点：工艺操作非常繁杂，线段需要加包绝缘，因此散热条件不好。

(3) 螺旋式绕组。

①应用场合：通常用于低电压、大电流的场合。一般为低压绕组，有时也用作调压绕组。

②优点：卷制方便，一匝即成为线饼，工作效率高。

③缺点：受轴向力高度的限制，只能应用于匝数较少的线圈中，因此使用受限制。

④分类。

a. 单列螺旋式绕组：绕匝为一个线饼，采用组合换位法：分组换位+普通换位（242换位）；达标式换位：特殊换位+标准换位（424换位）。

b. 双列螺旋式绕组：绕匝为两个饼线，采用交叉换位法，换位次数等于并联导线根数的倍数。

c. 三列螺旋式绕组：绕匝为3个线饼（工艺操作复杂，难绕制）。换位方法有两种：3个各自按单螺旋换位；均匀完全换位法。

d. 六列螺旋式绕组：绕一匝为6个线饼。

e. 八列螺旋式绕组：绕一匝为8个线饼。

对于上述螺旋式绕组，大容量时一般采用不等距换位，以减少端部漏磁的影响。绕组螺旋结构示意如图4-8所示。

(4) 纠结式绕组。

①特点：相邻线匣间电位差为$n/2$（其中n为每对线段的总匝数），下面以双饼12匝为例进行介绍。

需弄清的3种位：底位①；明位②；纠位③。

两种油道：向内油道④，即明位处的油道；向外油道⑤，即底位处的油道。

一般向内油道的梯度约为向外油道的1.5倍，因此向内油道的油道数为向外油道的大约

1.5倍，即3与4.5的关系。图4-8所示为绕组螺旋结构示意图。

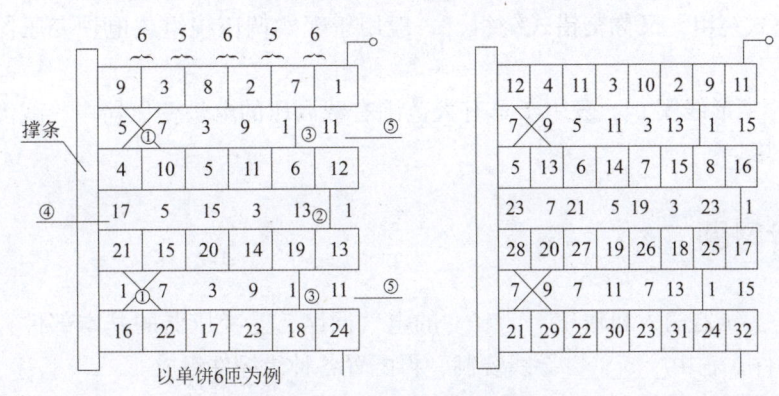

图4-8 绕组螺旋结构示意

②缺点。
a. 邻间电压差大（$n/2$倍），匝绝缘厚，线圈填充率低。
b. 存在纠位，焊接头多，焊接质量和绕制的紧实程度控制较困难，因此技术要求高。
c. 多根并绕时，焊头过多，操作难度大，一般最多3根并绕。
③优点：由于相邻匝间电压差大，纠结式绕组等值电容增大，大大地改善了冲击电压的分布，使起始电压分布好，线圈的抗冲击能力强。
④分类。
a. 双-双纠结式绕组：双饼均为双数匝。
b. 单-单纠结式绕组：双饼均为单数匝。
c. 单-双纠结式绕组：反饼为单数匝，正饼为双数匝。
d. 双-单纠结式绕组：反饼为双数匝，正饼为单数匝。
e. 全纠结式绕组：沿线圈轴向线饼均为纠结式。
f. 半纠结式绕组或称纠结连续式绕组：沿线圈轴向一部分为纠结式，剩余的为连续式。
g. 内纠外连式绕组：沿线圈辐向，内侧为纠结式，外侧为连续式。
h. 外纠内连式绕组：沿线圈辐向，外侧为纠结式，内侧为连续式。

（5）内屏连续式绕组。即在连续式绕组内部插入增加纵向电容的屏线而制成。
①应用场合：用于较大电压、较大容量的高压线圈和中压线圈上，以及多根并绕无法使用纠结连续式绕组的场合。
内屏连续式绕组共有两种线，即工作线a和屏线b（无工作电流，因此截面都比较小，一般厚为1 mm）。图4-9所示为跨两段屏示意图。
②优点。
a. 可减少焊头，绕制简便。
b. 可用插入屏线匝数的多少调节纵向电容，调节自如。
③缺点。
a. 由于屏线间的电位差大、匝绝缘厚，故线圈轴辐向填充率低。

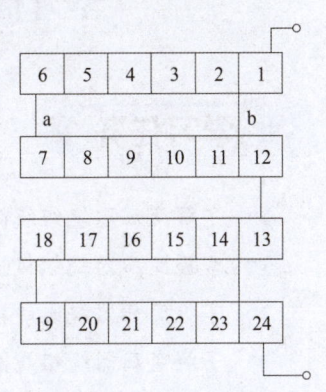

图4-9 跨两段屏示意图

b. 屏线悬头包扎处理技术要求高，否则影响产品质量。

（6）交叠式绕组。又称交错式绕组，一般用于壳式调压绕组或电炉变压器等特种变压器中。

（7）"8"字形线圈。一般用于具有大范围有载调压的电炉变压器中，线圈电流达数万乃至几十万安培。

✓ 课后习题

1. 线圈是变压器输入和输出_____的电气回路，是变压器的基本部件，也是变压器检修的主要部件。它由_____导线绕制，再配置各种绝缘件组成。
2. 线圈必须具有足够的_____、_____和机械强度，以保证制造或修理后的变压器可靠地运行。
3. 绕组的结构形式有_____绕组、_____绕组。
4. 变压器的主要线圈包括哪些部分？
5. 变压器的线圈是如何绕制的？
6. 为什么变压器需要多个线圈？
7. 变压器的线圈匝数对输出电压有何影响？
8. 如何确定变压器线圈的匝数？
9. 变压器线圈的绕制方向有何讲究？
10. 在变压器中，为什么需要绝缘材料包裹线圈？
11. 变压器的线圈电阻对变压器性能有何影响？
12. 如何检测变压器线圈的绝缘性能？
13. 在变压器线圈结构中，为什么需要铁芯？

学习情景 17　变压器的线圈绕制

✓ 学习任务

- 了解变压器绕组绕向的判断。
- 掌握变压器绕组极性的定义及判断。
- 掌握变压器绕组的换位。
- 了解变压器绕组线圈压装加工过程。
- 了解变压器绕组的组装工艺。

1. 绕组的绕向

1）定义

绕组的绕向即绕组导线的缠绕方向。绕向分为左绕向（右正）和右绕向（左正），绕向是由其起始头来确定的。

2）绕向的意义

绕向在绕组结构中有重要的意义，因绕向不同，其电流方向和由此产生的磁场方向以及磁场变化时绕组感应电动势的方向都不同。

3）绕向的判别

（1）右绕向：从线饼外端面出头去看，导线按顺时针方向缠绕。

（2）左绕向：从线饼外端面出头去看，导线按逆时针方向缠绕。

对于螺旋式、连续式、纠结式、内屏式绕组等双饼线段，无论从哪端看，线匝的缠绕方向都是不变的，但是单线饼或箔筒式绕组从线段两端看绕向却是相反的。一般来说，线圈绕完后绕向是不可改变的。各种形式绕组的绕向图如图 4-10 所示。

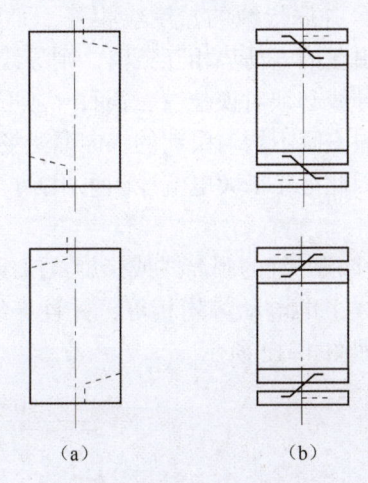

上排为左绕向；下排为右绕向

图 4-10 各种形式绕组的绕向

（a）螺旋式；（b）连续式

2. 绕组的极性

1）定义

根据绕组感应电动势的方向，将绕组的端子进行正负方向区分，同时正极性的端子称为同极性端；否则为异极性端。同极性端用 • 或 ※ 表示。绕组的极性标记如图 4-11 所示。

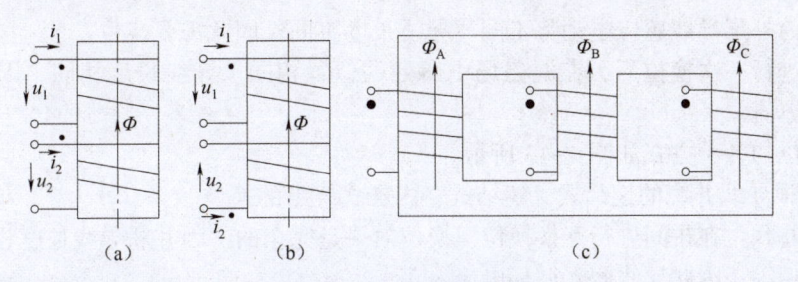

图 4-11 绕组的极性标记

2）绕向与极性的关系

绕向与极性有密切联系，若两个绕组的绕向相同，则其上端子为同极性端（图4-11（a））；若两个绕组绕向不同，如一个为左绕向、另一个为右绕向（图4-11（b））则其上端子互为异极性端。

3）三相调压绕组的极性关系

（1）三相磁通的极性关系（图4-11（c））为 $\Phi_A+\Phi_B+\Phi_C=0$。

（2）三相磁通的这一关系确定后，三相绕组的电动势之间也有一定的极性关系或对应点，这一极性关系符合右手螺旋定则，而这一关系也就是绕组之间的绕向关系，若绕组的绕向有误，则绕组间的电动势关系也必有误。

再如三相△接绕组，若一相绕组绕向错误，则连成△后，三相总电动势不为零，会产生很大的循环电流而烧毁绕组，因此绕组绕向是不容忽视的重大问题。

3. 绕组的换位

当变压器电流较大时，线圈的线匝不只是由一根导线而是由数根并联导线组成。为了保证并联导线间电流的分布均匀，并联导线的长度应相等，而且与漏磁场的磁链应相同。这样，导线的电阻相同，漏磁场引起的电动势相互抵消，则导线间就没有循环电流了，就可以使电流均匀分布。因此，并联导线必须对换位置，简称"换位"。但是，线圈实际漏磁比较复杂，尤其是端部漏磁场和轴向安匝不均匀引起的辐向漏磁场对换位的影响更为复杂。各种换位方法实际上是不完全的，因此近年来大电流线圈采用换位导线绕制线圈。

1）换位形式

（1）辐向为单根、轴向为多根并绕的圆筒式或螺旋式绕组不需要换位。

原因：纵向漏磁在每根导线上的电动势均相等，并且导线长度也相等，因此无循环电流，无须换位。绕组换位接线如图4-12所示。

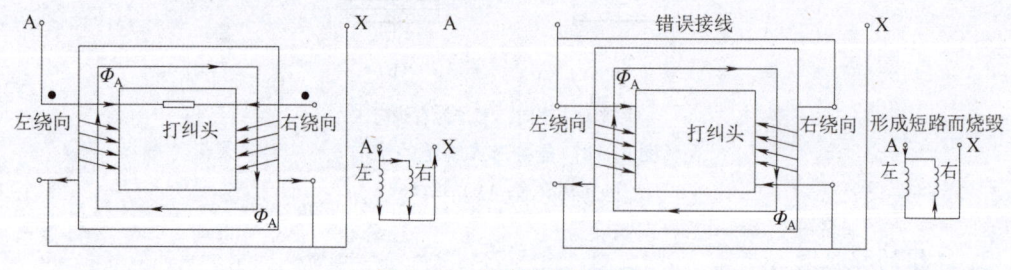

图4-12 绕组换位接线图

（2）辐向为两根并绕的多根导线轴向并联的圆筒式绕组，在绕组每一层匝数一半的地方换一次位。

原因：内外层导线感应电动势不同、导线长度不同，因此需要换位。

在中部进行一次换位后，在漏磁场中所处的位置相同、导线长度相同，因此为完全换位，无循环电流。

绕组换位的各种方式如图4-13所示。

（3）多根导线并绕的连续式、纠结式、内屏式绕组的换位。

①两根并联：在饼间进行互换换位，换位效果是完全的。因并联导线长度相同，感应漏磁电动势也相等，因此导线间无循环电流。

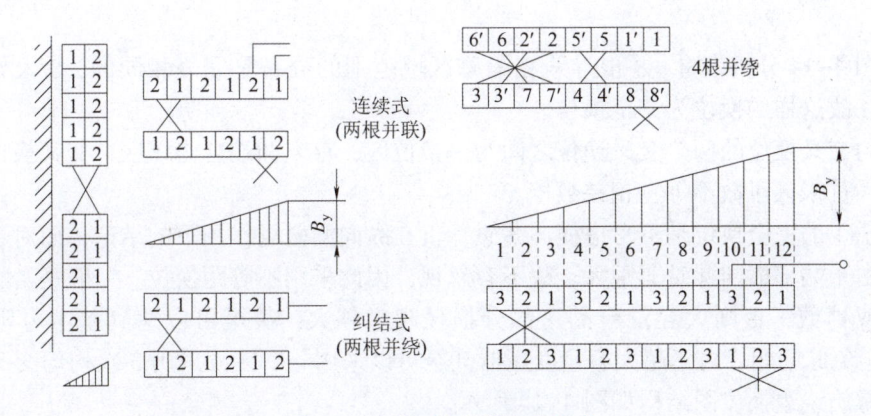

图 4-13　绕组换位的多种方式

②3 根及以上导线并联的绕组，换位是不完全的。

③结论：

a. 3 根及以上导线并联的绕组，尽管并绕导线长度相等，但感应电动势仍不相同，且并联根数越多，循环电流越大。

b. 一般连续式绕组并联导线根数不超过 6~8 根，其不完全换位损耗不大，3~4 根导线并联时可忽略不计。

（4）单螺旋式绕组的换位。螺旋式线圈的一般规定如下。

①换位：单螺旋式和单半螺旋式线圈，在线圈总匝数 1/2 处进行一次"标准换位"，在总匝数 1/4 和 3/4 处进行一次"特殊换位"。特殊换位占 3 格，标准换位一根导线占 1 格，如并联导线数大于撑条数时可以两根导线占 1 格。

其余螺旋式线圈一般采用一次均匀交叉换位。

②油道：油道尺寸由大变小或由小变大（油道过渡）应尽量在线圈起绕头的第一根撑条处，但单（单半）螺旋式绕组的换位处油道变化不受此限。过渡油道的两个相邻油道差值不大于 2 mm。

放大油道按安匝平衡计算的位置放置，无安匝平衡要求时要集中放置 1~3 处。当油道尺寸（包括端部）连续有两根撑条不小于 24 mm 时，要放扇形垫块分隔。双半螺旋线圈匝间（旋间）为大油道，列间（旋内）为小油道，且小油道不得放大。

当首末端在同一撑条间隔时，每根撑条两端对应油道之和应相等；当不在同一撑条间隔时，出头之间撑条两端垫块之和按实际螺旋的斜度增减，其余撑条两端对应油道之和应相等。

每根撑条的垫块总厚加导线总高之和应相等。

（5）双螺旋式绕组的换位。

双螺旋式绕组的换位通常采用"一次均匀交叉换位"法。它的换位数等于双螺旋的并联导线根数，而与匝数无关。每次换位是在同匝的两列间进行，将前线饼最上一根换到后线饼的最上面，同时将后线饼最下一根换到前线饼的最下面。按第一次和最后一次换位距首、末端匝数为中间相邻换位间匝数的 1/2 的间距，依次将同匝两个线饼的导线完全互换，达到首末线匝导线排列对称。

下面以 8 根并双螺旋绕组为例进行总结。

结论：

①从图4-14分析来看，8根导线在漏磁区域范围的分布是完全相同的，8根导线的长度也相同，故这样的换位为完全换位。

②均匀交叉换位的两个交叉换位之间为一换位区，首末两端合为一区，交叉换位区内的匝数相等，首末区匝数不等，相差数档。

③结论①的完全换位是不考虑横向漏磁，仅在纵向漏磁场作用下的结论，而对于大容量变压器，由于端部横向漏磁非常大，故不容忽视，因此采用不等距换位。一般是增加首末几区的匝数或档数，否则大容量产品这部分损耗越来越大，甚至可以达到基本电阻损耗的15%。为避免此问题，对于超大容量变压器甚至可以采用分3区，采用3次均匀交叉换位的方法。双螺旋绕组换位图结构如图4-14所示。

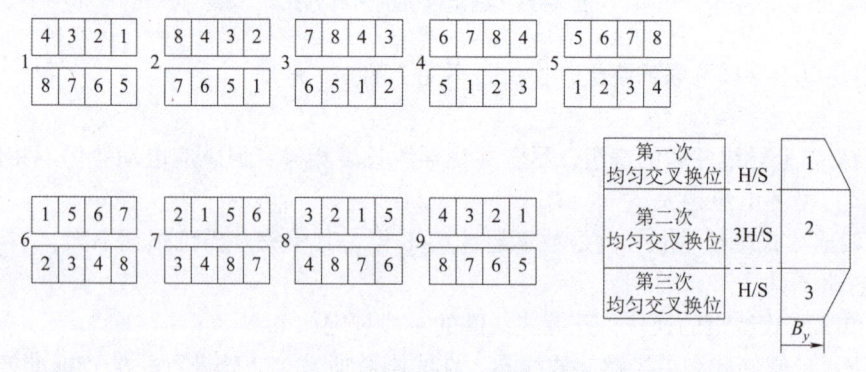

图4-14 双螺旋绕组换位图

四螺旋绕组的换位：通常按两个双螺旋进行均匀交叉换位。

2）换位方法

有3种换位方法，即一次标准换位、212换位、424换位（242换位是由424派生而来）。

（1）一次标准换位法。

①定义。通过换位把并联导线的位置完全对称换位，一般在总匝数的1/2处。单螺旋式线圈在总匝数的1/2处（换位中心）只进行一次标准换位，称为一次标准换位法。它使并联的导线完全对称互换，达到了导线长度一致的目的。一次标准换位如图4-15所示。

②换位简图，如图4-15所示。

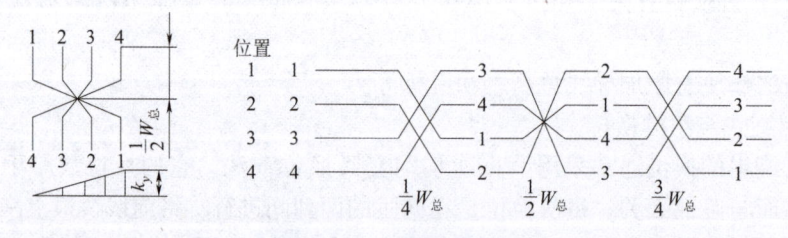

图4-15 一次标准换位

（2）212换位法。

212换位（数字代表换位时组数的顺序）是通常规定的方法，它把并联的导线分为两组

（两组根数之差不大于1），在总匝数的1/4和3/4处各进行一次"特殊换位"，合为一组在总匝数的1/2处进行一次标准换位。特殊换位是单螺旋式线圈独有的换位，两组导线互换位置，而组内的导线位置不变。

212换位分以下3步：

①先把导线分成两组进行特殊换位，一般位于$\frac{1}{4}W_{总}$处，其中$W_{总}$是指总匝数。

②在$\frac{1}{2}W_{总}$处进行一次标准换位。

③再把导线分成两组特殊换位，一般位于$\frac{3}{4}W_{总}$处。

以4根为例的212单螺旋换位如图4-15所示。

结论：

①从换位简图可知，由于4根导线在漏磁区域内占据位置均相等，且导线长度相等，故4根并绕的单螺旋线采用212换位为完全换位。

②5根及以上的212换位为不完全换位。以8根并绕为例的单螺旋212换位为例，212换位法换位简图如图4-16所示。

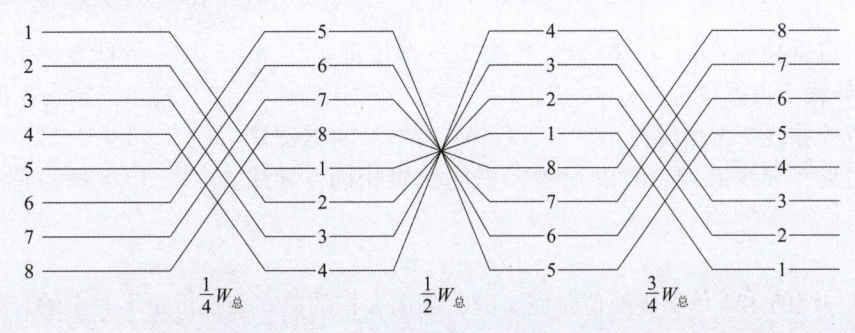

图4-16　212换位法换位简图（8根）

导线1占据位置：1、5、4、8；导线2占据位置：2、6、3、7；导线3占据位置：3、7、2、6；导线4占据位置：4、8、1、5；导线5占据位置：5、1、8、4；导线6占据位置：6、2、7、3；导线7占据位置：7、3、6、2；导线8占据位置：8、4、5、1。

从上可看出，导线1、4、5、8占据位置相同，即1、5、4、8；导线2、3、6、7占据位置相同，即2、6、3、7。

③8根并绕的螺旋式换位为不完全换位。

④212换位导线并绕根数必须是2的倍数。

⑤不完全换位损耗随并联导线根数增多而增大，因此一般不超过16根并绕，因此212换位适用于并联根数少（或容量小）的绕组。

⑥在进行完特殊换位和标准换位后，中部线匝间会产生较大的电压差，感应出漏磁电动势差，因此需要考虑匝间绝缘的耐电强度。

（3）424换位法。

424换位法是把并联导线分成4组，在总匝数1/4和3/4处间进行换位，组内导线位置不变；合成两组在总匝数的1/2处，组内导线进行一次标准换位。

424 换位分以下 3 步：

①先把导线分成根数相等的 4 组，在 $\frac{1}{4}W_{总}$ 处组间进行标准换位，组内不换位。

②再将导线分为根数相同的两组，在 $\frac{1}{2}W_{总}$ 处组内进行标准换位，组间不换位。

③最后把导线分为根数相等的 4 组，在 $\frac{3}{4}W_{总}$ 处组间进行标准换位，组内不换位。

以 8 根为例的 424 单螺旋换位简图如图 4-17 所示。

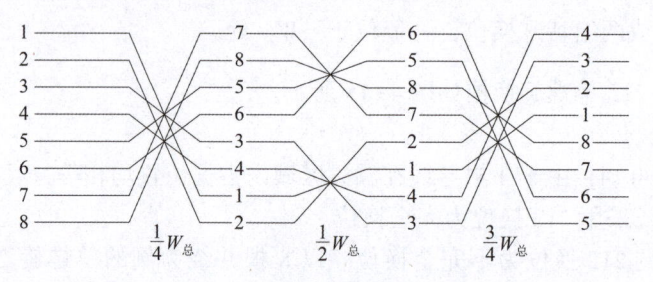

图 4-17 424 单螺旋换位简图

导线 1 占据位置：1、7、6、4；导线 2 占据位置：2、8、5、3；导线 3 占据位置：3、5、8、2；导线 4 占据位置：4、6、7、1；导线 5 占据位置：5、3、2、8；导线 6 占据位置：6、4、1、7；导线 7 占据位置：7、1、4、6；导线 8 占据位置：8、2、3、5。

由此可见，导线 1、4、7 所占漏磁场位置相同，导线 2、3、5、8 所占漏磁场位置相同。

结论：
①8 根并绕的 424 单螺旋换位是完全的，超出 8 根的单螺旋换位是不完全的。
②424 换位要求并联导线根数最好为 4 的倍数。
③虽然超出 8 根的单螺旋换位不完全，但不完全程度比 212 换位好得多，因此 424 换位适用于并联导线根数为 16 根及以上大型或巨型变压器上。
④为防止增强线间绝缘，在组间换位处经常使用纸垫条防护。
⑤由于存在端部磁力线弯曲，绕组两端部纵向漏磁通密度比中部低，而横向漏磁通密度则比中部大得多，循环电流和不完全损耗比较大。为避免这种情况，采用不等距换位，即将两端部换位区的匝数取得比两个中部换位区匝数略多一些，以使各区域漏磁储能相同。

(4) 242 换位法。

242 换位和 424 换位法要求并联导线根数为 4 的倍数。

242 换位分为以下 3 步：

①先把导线分成根数相等的两组，在 $\frac{1}{4}W_{总}$ 处组内进行标准换位。

②再把导线分为 4 组，在 $\frac{1}{2}W_{总}$ 处组间进行标准换位，组内不换位。

③最后把线分成根数相等的两组，在 $\frac{3}{4}W_{总}$ 处组内进行标准换位。

下面以 8 根为例的 242 换位简图如图 4-18 所示。

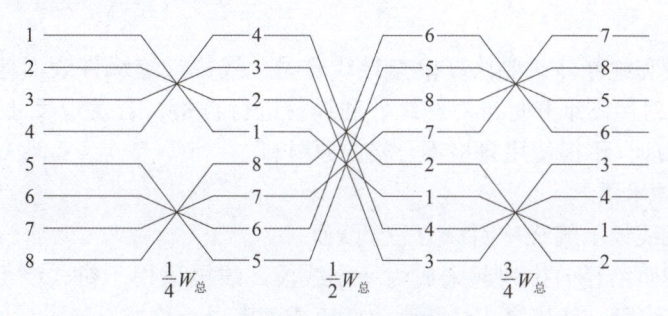

图 4-18　242 换位简图

导线 1 占据位置：1、4、6、7；导线 2 占据位置：2、3、5、8；导线 3 占据位置：3、2、8、5；导线 4 占据位置：4、1、7、6；导线 5 占据位置：5、8、2、3；导线 6 占据位置：6、7、1、4；导线 7 占据位置：7、6、4、1；导线 8 占据位置：8、5、3、2。

由此可见，242 换位与 424 换位导线占据漏磁场空间位置相同，因此采用 242 换位的效果与 424 基本相同，因而具有相同的结论，并因 242 换位绕制工艺较 424 换位简单，因而使用更广泛。

3）采用换位导线的绕组

由于实际的漏磁比较复杂，尤其是端部漏磁和轴向安匝不均匀引起的横向漏磁对换位的影响很复杂，对于巨型变压器这种现象更为严重。特别是中、低压绕组，其电流大，端部漏磁和横向漏磁产生的附加损耗（即导线的涡流损耗和不完全换位损耗）会很大。因此应采用使导线的宽厚比都很小的导线规格，且使导线强度能够承受各种短路冲击。

换位导线是采用多根宽厚比较小的预先换位的多根并联导线，换位间的节距通常为 80~150 mm。由于换位导线每根导线的截面较小，绕组厚度较薄，换位又非常完全，因此其附加损耗特别小。换位导线适用于制造巨型变压器的中、低压绕组。

4. 绕组的绕制

1）绕组绕制前的准备

（1）熟悉图样、技术要求、技术条件和工艺守则。

（2）准备设备、工装、辅材。

①准备设备：准备工业吸尘器，清理吸尘器确保清洁无异物，检查吸尘器电气接头确保安全无漏电；准备绕线机，检查绕线机电气回路和机械传动装置，确保安全无漏电，确保机械传动无故障。操作绕线机时要注意脚下地坑盖板是否开合到位，防止损伤线圈，同时防止坠落入地坑造成伤害。

②准备工装：准备绕线模、换位扳手、出头工具、导线夹、手锤、锉刀、插板、断线钳、台虎钳、放线架等，确保工装清洁无金属异物，工装无尖角、毛刺，不损伤绝缘和操作人员；准备测量工具，即钢卷尺、游标卡尺、千分尺、万用表，确保测量工具准确、正常。检查工装焊接缝，确保无裂纹，检查工具扳手确保无尖角、毛刺。使用金属工装时应对线圈进行防护，禁止金属与线圈绝缘件直接接触。

③准备工艺辅材：准备 PVA 胶、石蜡、酒精、电工收缩带、三木皱纹纸、金属化皱纹纸、铝箔、绝缘纸板、干净大布、塑料薄膜、400 号砂纸等，检查工艺辅材规格型号和清洁

度，确保符合图纸和工艺要求。化学品的存放和使用应符合规定和要求。辅材应定置定位放好，防止灰尘污染。

(3) 准备导线和绝缘件，要认真检查导线质量、线规，绝缘件表面应清洁、无变形损伤、尖角和毛刺。对照图纸和标准对绝缘件和线材进行自检，若发现尺寸或者形状不符合，则应报技术人员处理，不得使用自检不合格的原材料。

2) 有关绕组的术语

(1) 线匝。在线模上缠绕一圈称为一个线匝。

(2) 线段。线匝沿径向排列起来成为一个线段，线段适用于饼式绕组。螺旋式绕组的一个线匝即成一个线段，其他饼式线圈则由两匝或两匝以上构成。

(3) 正段（正饼）。从内径向外绕的线饼即尾端在外径侧的线段。

(4) 反段（反饼）。从外径向里绕即尾端在内径侧的线段。一般先绕临时线饼。

(5) 整数匝和分数匝线段。整数匝即为起末端均在同一撑条档位内；在不同撑条档位内则为分数匝线段。

(6) 换位。导线由一个线段过渡到另一个线段的 S 弯，对于多根并绕换位还兼有改变导线间沿径向相对排列位置的意义。

(7) 底位（内部换位）。在绕组内径上的 S 弯。

(8) 明位（外部换位）。在绕组外径侧的 S 弯。

(9) 向内、向外油道。底位 S 弯处的油道称为外油道，明位 S 弯处的油道称为内油道。

(10) 分接区和中断点。高压绕组内有一定数量的调压线段，这些线段所构成的区域称为分接区；能够连接全部调压线匝的两个分接头，这两个分接头的断开处叫中断点。

3) 绕制完成后的检查和要求

(1) 按照图样检查绕向、换位情况、辐向尺寸、绕组引出端的绝缘以及绑扎情况等。

(2) 用 500 V 兆欧表检查并联导线间、列间有无短路。

(3) 60 kV 及以上绕组引出线需用铝箔屏蔽，用金属化皱纹纸包扎（金属面朝里），屏蔽后直径规定如表 4-2 所示。

表 4-2　60 kV 及以上绕组引出线屏蔽选择

绕组引出线工作电压/kV	引线屏蔽后最小直径/mm
500	40
330	30
220	20
110	15
60	12

(4) 屏蔽应光滑，不允许出现尖角、打折、起皱等缺陷，整个屏蔽包扎要紧实、平整，包扎时拉力适当。屏蔽纸必须用剪刀平直裁剪，不允许手工撕制。

(5) 直流电阻检查。检查是否通路，有无短路点，同时检查三相电阻是否平衡。

(6) 半成品电压比检查。检查匝数的正确性。

5. 线圈压装

1) 线圈压装前的准备

(1) 准备设备。包括行车、线圈翻身架、恒压设备、气相干燥罐、变压法干燥罐、平板车、线圈压床、气垫车、吸尘器。确保设备电气元件正常无损坏、电气线路接头无裸露、电气仪表指示正常，设备的气源、管路及气动元件正常有效，管路连接可靠，仪表显示正常。检查设备外观有无异常，启动电源/气源开关、点动开关，确认设备动作执行无异常后正常启动设备。

（2）准备工装。包括气垫车托架、恒压盘、弹簧盒子、螺杆、液压油缸、压盘。

（3）准备工具。包括插刀、气囊、尼龙榔头、剪刀、电阻测量夹具、钢丝钳、活动扳手、棘轮扳手。

（4）准备吊具。包括四角吊架、三角吊架、吊钩、吊带、卸扣、收紧带。

检查吊具的外观：吊具外部标识（安全色标、承重标识、编号）正确，架、钩、卸扣等金属构件无开裂及裂纹，螺纹无脱丝，吊绳、吊带等外护套无横向切口，纤维无断股断丝，吊架、横梁、吊棒夹具无弯曲变形。

2）线圈预压

（1）将吊绳或吊带挂在行车吊钩上，检查行车防脱钩是否有效、可靠；对行车吊钩进行有效防护，防止被滴落油滴或金属粉尘。

（2）将行车移动至线圈正上方，将吊具中心调整到线圈中心；行车移动吊钩要高于线圈，垂直下降，操作工辅助吊具就位。

（3）吊钩沿线圈外径均布放置，将吊钩脚板与线圈端圈或铁轭绝缘接触，起吊线圈；吊钩与线圈表面接触，脚板与线圈端圈或铁轭绝缘接触紧密，中间使用纸板、木块进行有效防护，防止金属直接与线圈接触，脚板支撑线圈辐向，不得将吊钩脚板放在绝缘筒下部；沿线圈轴向均布固定3道收紧带，将吊钩与线圈固定牢固。

（4）摆放压盘或压装平台，移动行车至压装平台或压盘上；压盘或压装平台表面应平整，误差不大于2 mm；根据线圈直径、档位、线圈下部出头高度选择支撑木块规格，摆放在下压盘或平台上面，木块沿线圈直径方向摆放，确保木块上表面高度一致。

（5）放下并支撑线圈。用木块逐档支撑线圈，使用1.5 mm厚垫块或1 mm厚纸板调整，确保线圈支撑稳固；用木块全幅向支撑线圈，对于特殊要求的线圈，可支撑到绝缘筒上。

（6）使用恒压盘或压床预压线圈。使用行车起吊上压盘沿导柱套装放在线圈上部，根据线圈直径、档位、线圈上部出头高度选择支撑木块规格，逐档安装到线圈及上压盘之间，外圆周使用电工带绑扎一圈，放下上压盘压紧线圈，检查木块有无倾斜；连接移动液压站与恒压盘之间的高压油管，开启移动液压站升起恒压盘油缸，油缸伸出约200 mm；待导柱卡口与恒压盘卡扣对应时，合上卡扣并固定；启动液压站，根据线圈工艺压力对线圈加压；在下压盘下面放置弹簧盒子或油缸，将螺杆穿过压盘孔，并将螺杆安装到弹簧盒子或油缸中心孔内；将上压盘放在线圈上部，螺杆穿过压盘孔；压盘上部安装止推装置，带紧上部螺母，测量压盘之间高度是否一致；线圈及压盘整体吊放在压床平台上，推入压床中心，在压盘上下放置木块支撑；启动压床，根据线圈工艺压力对线圈加压。

（7）线圈出头固定。将线圈出头固定到线圈、压盘或螺杆上，防止出头根部变形移位或扭曲变形；固定时防止线圈出头划伤或收紧带挤伤。

3）线圈压装

（1）线圈压装。按前面所述方法压装线圈。

（2）线圈高度调整。根据高度差及调整垫块厚度，计算加减垫块数量，使用气囊或钢插刀进行高度调整。

(3) 线圈直流电阻测量。电桥准备过程中，应检查充电线绝缘情况，确保接头良好、电线绝缘良好，防止触电伤害。应站稳扶好，在梯台锁定后再进行操作，防止坠落伤害。

导线端头应包裹电缆纸进行整体防护，电缆纸超过导线端头不少于 100 mm，电缆纸包裹层数不少于 5 层，防止出头导线划伤人员。

(4) 干燥罐内操作。干燥罐内部有人工作时禁止关闭罐门，关闭罐门前应进行检查，确认无人员后操作罐门。如干燥罐内温度高于 60 ℃，禁止在罐内连续操作超过 30 min，如必须长期操作，则采用在工作面送冷空气的措施，防止高温下长时间工作造成中暑或烫伤。

6. 绕组的干燥工艺

1) 目的

由于绕组中大量使用绝缘纸板、层压木等绝缘材料，这些绝缘材料随气候的变化会吸收空气中的水分。这些水分不仅影响绝缘件的电气性能，同时也会使材料的尺寸发生变化。因此，绕组干燥的目的在于防止器身绝缘件受潮反弹，增强绝缘性能和材料尺寸的稳定。

2) 干燥处理的种类

按其加热方式分，可分为蒸汽加热、电加热、热油加热和煤油蒸气加热。

按烘房结构形式分，可分为热风循环干燥、真空加热干燥、真空热油干燥和真空煤油气相干燥。

3) 干燥处理合格的评判标准

(1) 从真空泵的油水分离器中放水连续 10 h 无冷凝水。

(2) 绕组平均温度不低于 90 ℃。

(3) 总抽真空时间符合工艺规定。

4) 真空压力干燥

(1) 真空压力干燥的目的：在绕组干燥时由于水分蒸发而收缩，采用增加机械压力的方法对绕组高度方向施压，可以稳定绕组的轴向尺寸。采用边干燥边加压力的措施来压紧线圈或器身。

(2) 真空压力干燥的种类。

①带压干燥：绕组在带压干燥过程中压力是衰减的，一般采用碟形弹簧盒。

②恒压干燥：绕组在真空干燥全过程中始终施加恒定的压力，一般采用液压自动控制系统。

5) 线圈带压干燥

(1) 使用恒压盘压装线圈/线圈组。

(2) 使用压床压装线圈/线圈组。

(3) 线圈/线圈组入炉干燥（含恒压干燥）。将压装好的线圈根据工艺要求放置到气垫车托架上，推入干燥罐内，安装好恒压管路，检查管路有无泄漏，根据工艺要求设定恒压干燥压力（带压干燥、无压干燥则不需要恒压操作），转干燥；放置测温传感器，检查防护及管路，认真检查罐内，无作业人员时方可关闭罐门，防止造成人员伤害的安全事故。

(4) 干燥过程检查。干燥参数达到后，从观察窗检查干燥罐内部烟气及蒸汽量，气垫车进入干燥罐内停留的时间不得超过 30 min，以防止损坏气垫车气囊及控制元件。

带压干燥由于压力衰减一次干燥不到位，通常不得不采用两次真空干燥处理。而恒压干燥则可以弥补这一缺陷，从而节省资源，缩短生产周期。同时为提高效率和产品质量，通常采用整体组装恒压干燥处理方法。因此，器身结构应符合整体组装的要求。

7. 绕组的组装

1) 绕组组装设备及工具

实现绕组组装的主要设备有组装升降台（或梯子）、组装干燥烘房、行车、压床、组装绕组压板及吊具、线圈吊具、压装盘、M30×2500 的螺杆及螺母、插刀、5 m 钢卷尺、压块、收紧工具、横梁夹具、C 形铁夹和水平尺等。

（1）组装升降台。

组装升降台随一个埋入地下的液压式升降装置升降。组装升降台由工作台、油缸和伸缩脚踏板组成，其升降靠液压装置推动油缸来实现。组装的绕组置于升降台上，操作者始终站在与地面相平的脚踏板上工作，脚踏板由 4 块活动拼板组成，工作时可随绕组组装直径的改变而任意调整。组装的绕组在油缸的作用下可以自由升降，从而可以保证操作者有一个良好的工作位置。

组装绕组时可将三相绕组同时在 3 个组装升降台上进行。

（2）组装干燥烘房（变压法恒压干燥罐）。

①结构特征。组装干燥烘房由房体、蒸汽排管、热风循环装置、恒压干燥动力接线端和平车等构成。烘房为绕组组装过程提供随时进炉烘干和保温的条件，必须随时将组装好的部件送入烘房干燥，以达到绝缘的最大收缩效果，确保绕组的组装质量。

②设备技术参数。干燥罐有效容积为 60 m³，机组最大抽速为 600 L/s，装机容量为 60 kW，冷凝器换热面积为 2×40 m²，冷却水压力不小于 0.1 MPa，压缩空气压力为 0.4~0.6 MPa，蒸汽压力不小于 0.4 MPa，保温层外表面温度不高于室温+25 ℃。

（3）线圈压床。

①结构特征。为四柱下压式单缸传动油压机，手工送料。每次加压一个绕组或一个组装绕组。

②设备技术参数。最大开口距为 3 200 mm，最小开口距为 1 500 mm，活塞最大行程为 800 mm，活塞直径为 450 mm，小车台面面积为 2 360 mm×2 360 mm，总力为 1 000 kN，叶片油泵型号为 YB1-100，加压速度为 10 mm/s。

③工艺范围。工作压力为 0~6.3 MPa，活塞允许上升行程为 100 mm，最大加压直径为 2 350 mm，最小加压直径为 800 mm。工艺范围示意图如图 4-19 所示。

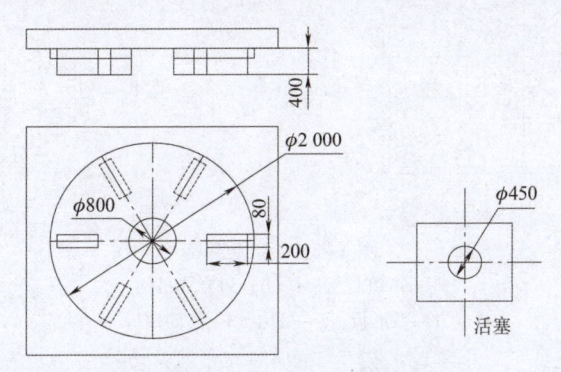

图 4-19 工艺范围示意图

(4) 恒压装置。

①结构特征。液压系统通过 8 个小油缸传动，对绕组沿圆周同步加压，每个小油缸最大压力为 196 kN。恒压装置结构如图 4-20 所示。

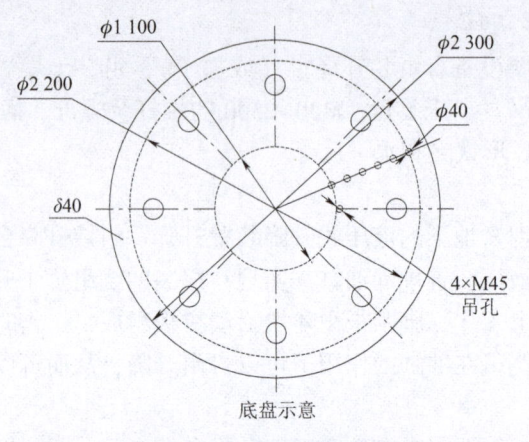

图 4-20 恒压装置结构

②设备技术参数。活塞最大行程为 150 mm，活塞直径为 89 mm，总压力为 0~160×9 800 N，压盘外径为 2 300 mm，最高工作温度为 130 ℃，系统流量为 10 L/min。

③工艺范围。对可压装绕组最大直径无限制，可压装绕组最大高度小于 3 000 mm。

(5) 组装工具。

绕组组装常用工具主要有组装压板（图 4-21 (a)），呈正方形，对角线开长槽孔，以增大使用范围。绕组吊架通常为"十"字形，但考虑到组装绕组的重量，为防止绕组变形，采取组合式吊钩（16 点起吊），这样可最大限度地减小组装绕组的变形，其结构形式如图 4-21 (b) 所示，它由一块弧形板和 4 个吊钩组成，弧形板上固定吊钩处开有 4 个长槽孔，以方便不同直径绕组的起吊调节。

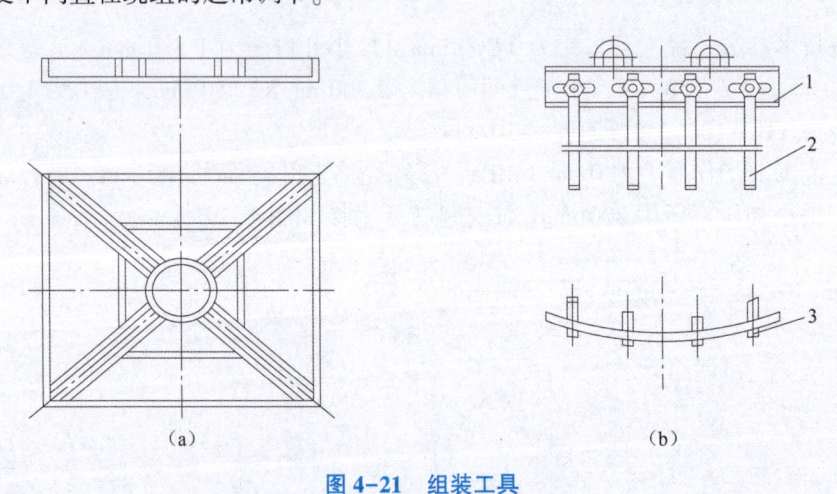

图 4-21 组装工具
(a) 组装压板；(b) 组合式吊钩
1—弧形板；2—吊钩；3—紧固螺母

2）组装前的准备

（1）准备设备。准备工业吸尘器，清理吸尘器确保清洁无异物，检查吸尘器电气接头，确保安全无漏电。准备行车，检查行车电气回路和机械传动装置，确保电路安全无漏电，确保机械传动无故障。准备压床或恒压装置，检查设备电气回路和机械传动系统及仪器仪表，确保安全不漏电、机械传动无故障，仪器仪表准确可靠。使用行车进行吊运操作时应佩戴安全帽。

（2）准备工装。准备线圈吊具、压盘、螺杆、插刀、木块、吊线锤、横梁夹具、吊钩压具、收紧器、尼龙手锤、水平尺、止推垫圈等，检查工装，确保无裂纹、无变形且清洁无异物，确保安全可靠。检查吊具焊接缝确保无裂纹，检查吊装工具确保无弯曲、无变形，以排除安全隐患。检查工装工具可活动部分，确保工装状况良好，无金属粉尘。使用工装时应对线圈进行防护，防止金属粉尘落入线圈内部。

（3）准备工艺辅材。准备 PVA 胶、石蜡、电工收缩带、三木皱纹纸、金属化皱纹纸、铝箔、绝缘纸板、干净大布、塑料薄膜等，检查工艺辅材规格型号和清洁度，确保符合图纸和工艺要求。化学品的存放和使用应符合要求。

（4）仔细阅读图样，明确图样的技术要求和工艺说明及所需的绝缘材料。

①检查绝缘件，确保无尖角毛刺、无金属异物、无灰尘颗粒。绝缘件的数量和尺寸应与图纸一致。组装存放层压绝缘件，24 h 内存放时，现场应覆盖保存。若存放时间超过 24 h，则应将绝缘件存放至干燥间。按器身绝缘及准备组装的各绕组图样进行检查，核对各零部件的质量与数量是否符合图样要求，有无上一道工序的合格证。

②准备装配的绝缘纸筒要事先成形。先将上、下辊间距调至较大位置，对纸板进行预滚圆；然后逐渐缩小间距，使纸板逐渐滚圆成形，不允许一次滚到位。对于厚度不大于 2 mm 的纸板，滚圆前无须进行湿水处理，可直接送滚圆机滚圆，一般需滚圆 2~3 次才能成形。对于厚度大于 2 mm 的纸板，要先铣出搭接斜面后滚圆成形。纸板滚圆后，用白布带扎牢，根据器身绝缘图样，用红蓝铅笔做好记号，并按从里到外的顺序分别放置。

③生产现场作业区域应干净整洁且作业空间无挡碍。操作人员应穿着干净整洁工装，不能携带无关物品，不能佩戴首饰。

（5）线圈套装前处理。

①錾撑条处理。用环氧板垫在绝缘筒与撑条之间，防止刀具损伤绝缘筒。一人用木块抵住绝缘筒内侧，另一人用錾刀将线圈撑条的余量部分沿断口处截断，将撑条截断时应仔细小心，以防损伤线圈和绝缘件或者碰伤他人。撑条的上端不能超过上端圈（或静电板）厚度的 1/2，且撑条断口处无尖角、毛刺，防止顶伤端部绝缘件。常规电压等级产品的撑条，可以直接在端口处用手折断。如撑条上端断口绝缘纸毛边高度大于 5 mm，应用剪刀做修边处理。

②锁条装配。将锁条贴放在油隙垫块外侧槽口处，先用 3 条收紧器将锁条收紧，再用电工收缩带沿圆周方向绑扎 3 周，轴向绑扎 4~5 道（或按照锁条开槽口的数量绑扎）。

③线圈套装前检查。对于线圈绝缘筒（组装过程中在最内侧的绝缘筒），在线圈绕制或组装前，对绝缘筒下端面直径尺寸进行测量并记录。将绝缘筒直径尺寸小的一端，放在距离出头档左右 45°角位置上，同时绝缘筒搭接缝隙距离出头档不小于 300 mm。对靠铁芯的内线圈绝缘筒的下端面直径尺寸进行测量，绝缘筒最大直径和最小直径偏差不大于 5 mm，否则

用撑紧工装对短轴侧进行撑制，满足尺寸要求后再进行组装。组装时内绝缘筒内侧不能伸入压圈内径侧（结构上的除外），否则应进行撑制或刨削处理。

3）绕组组装工艺流程

（1）放置托盘和铁轭绝缘。

根据线圈档位放置垫块，要按圆周均布对称且不小于8档放置木块，然后摆放线圈托盘。

①按图4-22先放置横梁夹具，并按线圈档位隔档放置相应的木块。调整横梁位置，向外不得超出托板外径侧，向内不得伸入托板内径侧。

②层压件分瓣托盘摆放时，在两个横梁之间再支撑两处木块，使其高度和横梁高度一致，偏差不大于2 mm。辐向尺寸和托盘辐向尺寸也应一致。

③按图4-22测量托盘内径尺寸（尺寸 AB 和尺寸 CD），调整定位木块使尺寸符合图纸后，用收紧器将定位木垫块与分瓣托盘固定成一个整体。采用C形铁夹将分瓣托盘和纸圈固定为一体（纸圈与托盘外径要重合）。

④用水平尺检测托盘的水平度，确保托盘和临时定位木垫块在同一水平面内，否则用纸板调节。托盘在横梁正中，横梁左右长度应对应一致，以防止起吊时重心偏斜。

⑤在下铁轭上均匀涂抹PVA胶4~6处，然后将下铁轭绝缘点粘在下托盘或纸圈上，注意与托盘相配合，下铁轭绝缘的出线位置应与托盘的出线位置相对应。

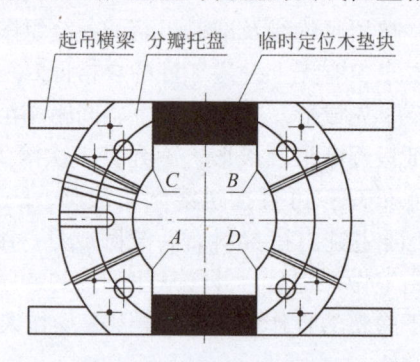

图4-22 组装工件的放置

（2）放置内线圈。

①内线圈下部出头屏蔽和绝缘包扎完毕后，将内线圈吊放在托盘正中。用激光水平仪校准出头位置，保证出头位置偏差小于5 mm。吊放内线圈时，如果需要将线圈下部出头穿过托盘，需要防止损伤出头绝缘。

②起吊线圈时吊钩必须放在垫块中心线上，但不能超出线圈内径，起吊前要用收紧器在线圈轴向绑扎收紧2~3处，吊钩下部必须绑扎一处，收紧器与线圈之间要加铁粉收集纸盒。

③拆除线圈吊具后，测量线圈垂直度和同心度。同心度偏差应小于4 mm，垂直度偏差应小于4 mm。内线圈的放置如图4-23所示。

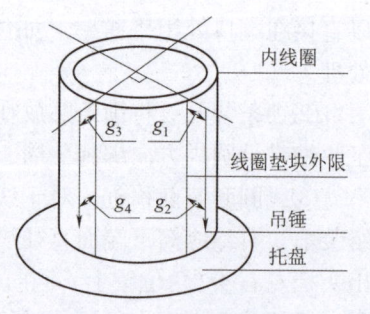

图4-23 内线圈的放置

(3) 撑条装配。

①将撑条垂直放在档位上，调整好撑条的垂直度和档距后，在撑条长度方向安装两道收紧器，收紧器距离线圈端部 300~500 mm 时，将收紧器收紧。在铁轭垫块中心位置画线，撑条装配时，需要将撑条垂直放在铁轭垫块上，调整撑条垂直度和档距，保证撑条中心和铁轭垫块中心对齐。内层撑条与外层撑条应对正，位置偏差应小于 1/2 撑条宽度。用激光水平仪校准撑条垂直度，垂直度偏差应小于 4 mm。

②使用三木皱纹纸在距撑条上下端部 200~500 mm 处各绑扎一道，每道沿圆周缠绕 2~3 层，纸带端头使用胶黏结牢固。

③紧靠外侧绝缘筒的撑条做点胶黏结处理，沿撑条长度方向 200~300 mm 处涂 PVA 胶，每处涂胶长度为 20~30 mm，将撑条垂直放在档位上，然后用收紧带将撑条与围板黏结牢固。

(4) 围板装配。

①用 2~3 条干净收紧器沿轴向均匀地收紧围板，在收紧带收紧时可用手锤均匀敲击，以保证围板围紧实，收紧带的收紧方向与围板的收紧方向相同。收紧器金属部分不能与线圈直接接触，用防尘盒防尘后方可操作。

②用 0.5 mm 绝缘纸板上涂适量的 PVA 胶黏结围板搭接缝，并将封片压在收紧带下方，10~15 min 后确认黏结牢固后再松开收紧器。围板搭接方向应一致，均按照收紧方向搭接。在进行外围屏绑扎时，要用电工收缩带绑扎且不少于两道，每道间距 300~400 mm，每道缠绕 3 层，首尾端打死结，点 PVA 胶压在电工带层间。注意三相线圈绑扎位置偏差应不大于 10 mm。

③松开收紧器后将封片边缘的多余 PVA 胶擦干净。与撑条直接接触的围板，围板搭接缝处应放在撑条上，并避开线圈出头处，其他围板的接缝处放在撑条之间并相互错开。线圈高度不小于 1 500 mm 时封片沿轴向黏结 3 处。

④调整围板直径。若围板直径偏负，可以加放纸板条进行调节。对于 330 kV 及以下的变压器，纸板条用 PVA 胶点粘 4 处，固定在撑条内径侧，用撑条压实，防止纸板条偏移脱落。对于 500 kV 及以上的变压器，纸板条用 35HC 皱纹纸绑扎固定，绑扎两道，且绑扎在撑条内径侧，绑扎位置距离撑条两端 300~500 mm 处，纸带头要点胶固定，绑扎牢固，防止纸板条偏移脱落。

(5) 线圈套装。

①线圈套装前用 π 尺测量围板的直径，并与设计值相比较，若实际尺寸比设计值大 2~3 mm 时，可以进行线圈套装。套装余量不足需要剥除撑条厚度时，先检查线圈内、外径及其他相关零部件是否符合图样要求。确认无问题时，需经设计同意，方可进行撑条厚度调整。根据绝缘筒和撑条间隙使用纸板条进行调节，圆周调节最大尺寸和最小尺寸偏差不大于 2 mm。为防止线圈套装时将纸板条蹭坏，应用 PVA 胶将纸板条点粘在撑条内径侧，胶点间距为 200~300 mm，胶点长度为 20~30 mm。如线圈套装松动，允许加垫纸筒或加纸板条进行调整（宽度不小于组装撑条），以撑紧线圈为止。操作时应在圆周方向均匀进行，避免局部进行而造成线圈不圆整、偏心。

②为保证线圈顺利套装，应在撑条外侧和线圈绝缘筒上涂抹适量的石蜡。

③用激光水平仪校准线圈出头位置，进行试套装，线圈试套 1/3 高度，检查线圈绝缘筒

和撑条间的间隙，撑条局部间隙应小于 2 mm，否则需用纸板条进行调整。若套装过紧应剥除撑条厚度后重新套装。

④当高压线圈中部或端部出头影响套装时，允许将线圈出头弯折成卷，妥善放置在出头处围板的空隙中后再进行套装。绝缘厚度不小于 3 mm 的出头不得进行弯折。当出头导线较大，将出头弯折成卷仍然无法套装时，可缓慢将出头沿轴向 90° 扭转，待线圈套装后再缓慢将该出头复位。操作过程中，避免出头导线扭曲变形和损伤绝缘。为防止出头刮伤绝缘筒，应用 0.5 mm 纸板制作一张引片并涂抹适量石蜡搭在出头上，然后进行线圈套装。套装完毕后将引片取出来。将出头导线复位并检查出头根部导线绝缘情况。

⑤套装时，在满足撑条对齐度和出头在档距居中情况下，保证出头偏差不大于 10 mm。

(6) 绝缘件装配。

①器身成形角环装配。装配下部成形角环时，将楔形板插在铁轭绝缘垫块中支撑出角环操作空间。首先安装出头处的成形角环，按照同一个方向进行角环搭接，后一个角环搭接前一个角环，形成一个完整闭环。安装上部成形件时可以用 0.5 mm 纸板做引片引导角环的装配。为方便楔形板的插入，可以在套装前将楔形板插在对应铁轭上，进行角环装配时将对应的楔形板抽出来即可。成形件搭接长度不小于 60 mm（图样有规定的除外），对于 1.5 mm 和 2.0 mm 厚成形角环，搭接处要避开铁轭垫块。对于 1.0 mm 厚成形角环，应搭接在垫块上或空挡处。对于上下半相的调压线圈，其成形角环应搭接在垫块上。

②铁轭绝缘装配。必须按纸圈的纤维方向及垫块对正的标识进行组装。铁轭垫块应与线圈档位对应一致，位置偏差应小于 10 mm。

③器身软角环装配，须先用 0.5 mm 纸板作为引导纸板，然后放在插角环的纸板筒内、外径侧。软角环插入一半后，抽出引导纸板，再将软角环插到底，并用木锤敲打紧实。

④封油绝缘件装配。封油绝缘件采用搭接方式，用三木皱纹纸沿圆周绑扎一道，每道绑扎两层，皱纹纸首尾端用 PVA 胶粘牢。封油绝缘件应错缝搭接在一起，防止累加高度。为保证封油效果，三木皱纹纸必须绑扎紧实。

⑤线圈出头成形件与油道绝缘件装配。将成形件扣在出头上，用三木皱纹纸将成形件压边包扎一层并固定牢固。与成形件配合的油道绝缘件，需在弯折处配开缺口，用三木皱纹纸压边包扎一层并固定牢固，将油道绝缘件与成形件对齐。成形件必须绑扎牢固，不允许出现"八"字口，成形件搭接长度不小于 30 mm（图样有规定的除外）。瓦楞采用对接，对接缝与成形件接缝错开。包扎瓦楞时不允许堵塞瓦楞油隙。

⑥压板装配。将压板轻轻扣在线圈上部。在装配压圈时应注意观察线圈出头的成形与包扎，以及出头的二次包扎。压板装配后应提前检查线圈结构是否与压板干涉，防止损坏线圈绝缘件。应检查线圈出头与压板之间的油隙，不能满足要求时应及时修整。

(7) 绝缘包扎和油隙控制。

①压板放置后，确保出头在压板孔为居中状态，圆周油隙不小于 5 mm。局部油隙小于 10 mm 位置应加放纸板条进行临时支撑，引线工序在引线加持固定后，再去除临时加放的垫条。

②对于先进行轴向伸出压板再从压板槽口辐向引出的线圈出头，应先将出头弯折成形后再将绝缘包扎完毕。

③对于 220 kV 三相绕组，弯折整理中压线圈上部出头，包扎上部出头根部绝缘，放置

压圈后再弯折使其辐向引出，然后续包出头绝缘。出头绝缘包扎完毕后应与线圈相邻结构留有足够的油隙。需要二次包扎绝缘的出头，绝缘斜梢长度应为 10~12 倍的单边绝缘厚度。包扎采用半叠包扎，纸带包扎前预拉伸 50%~60%，用前 3 mm 绝缘厚度纸带进行逐层包扎，不允许同时重叠两层包扎，3 mm 以后可采用两层纸带重叠包扎。

出头为轴向出线，出头的压接结构采用带成形件的产品。完成出头绝缘包扎后，用 F 形夹具夹在压板上，用电工带把出头和 F 形夹具固定在一起，保证出头及成形件在后道工序生产中不位移。

（8）组装线圈压装。

①线圈组装完毕后，用行车吊至线圈压床上进行修整压装。特殊情况如需上压装盘及拉紧螺杆、止推垫圈时，对拉紧螺杆均匀上紧。在压装之前要测量线圈整体高度并做好记录，在上端按压床档位放置同样数量的铝垫块。托盘下部垫铝垫块，其中托盘为分瓣结构时，按线圈档位放置铝垫块；托盘为整体结构时，按线圈档位隔档放置。铝垫块与线圈之间垫电缆纸或点胶纸。压装之后测试其通断路情况及线圈高度，并做好记录，如不符合要求应进行技术评审。

②在压装线圈前，如果其中某个线圈的高度比其他线圈高出 20 mm 以上，而不是整体超高，应适当调整该线圈高度（采取减小铁轭绝缘垫块厚度或将铁轭绝缘垫块错开），但该线圈调整高度后必须受力，不得使单个线圈受力。

（9）组装线圈高度调整。

①组装线圈修整压装完毕后，上好线圈压紧工具。

②如果无法用压紧工具压紧，线圈相间自然高度不得大于设计高度+插片余量，能够满足插片则允许转序，线圈自然高度超高而无法插片时，则将组装线圈入炉进行干燥。

③需要二次干燥的线圈，则上好压缩盘入炉干燥。

（10）二次压装及整形。

①二次干燥后的线圈，拧紧螺帽后吊出干燥罐，修整后按图样压力压装，在 100% 压力下用 500 V 摇表测试其通断路情况及线圈高度，并做好记录。符合要求后转序。

②如果组装线圈高度与图样不符，可报技术人员评审。

③二次干燥后的组装线圈，从出炉开始计时，应在 8 h 内转序。

4）绕组组装的工艺要求

（1）组装直径的控制。

大型变压器每相都由几个绕组组成，且绕相之间的纸筒层数很多。如 220 kV 绕组对其他绕组之间一般要用 5 层纸筒和 4 道撑条构成主绝缘层。为了保证每个绕组都能在有一定摩擦力的情况下套进，就必须很准确地控制套装直径的配合间隙。

（2）内、外绕组的高度平衡及端绝缘的安装。

组装大型变压器绕组时，要求高、中、低压绕组高度一致，使安匝平衡。实际操作时，经常遇到的是各绕组高度不一致，造成的主要原因有：一是绕组本身高度不一致；二是由于高压绕组端绝缘增多。如果这些端绝缘的尺寸误差较大，将引起高压绕组偏高或偏低，造成高压绕组对低压绕组或中压绕组的高度不平衡。组装过程中，应对上述两种情况进行调整。

（3）组装绕组压紧力的确定。

绕组组装后要保持各绕组（包括低压、中压、高压和调压绕组）的高度一致，不采取压紧是做不到的。组装绕组在压紧时通常采用弹簧装置和油压千斤顶（双套中空式），以确保组装绕组在干燥过程中处于受力状态，有利于绕组高度的稳定。

组装绕组的压紧力（N）是按单个绕组的压应力（Pa，即 N/m²）方法确定的，即
$$总压紧力 = 9.8 \times 10^5 \times 总面积$$
式中：总面积为各绕组面积之和（m²）。

组装绕组在压紧时不允许先压紧一边后再压另一边，造成压紧高度不一致。在压紧时应先用总压紧力10%的力进行压紧，然后检查每档垫块的松紧程度是否一致。压紧可分多次完成。

（4）绕组组装过程中的恒压干燥处理。

绕组组装的最大难点莫过于对套装过程松紧程度的控制。要想达到组装中各绕组与主绝缘纸板筒油道的间隙大小适度，不采取过程干燥处理是很难奏效的。即便组装时不出现问题，当起身干燥后同样会出现松动现象，这将给变压器正常运行带来潜在危险。因为存在变压器轴向漏磁，绕组在辐向短路力的作用下会产生变形损坏。因此，在组装过程中，必须随时对绕组进行干燥处理。原则是：对先套装的绕组（一般为低压绕组）预烘，让其绝缘收缩。套完中、低压绕组间的所有纸筒油道后再进行干燥，即每次套装前必须对已套装完的工件进行干燥，而待套绕组不必干燥。这样做的目的是可以确保组装绕组的紧度，提高绕组的抗短路能力。

（5）不同接法线圈组装位置的确定。

对于 Y 接的线圈，将直流电阻值最大的线圈组装在离中性点最近的一相处，电阻最小的线圈组装在离中性点最远的一相处。

对于正角接的线圈（图4-24），直流电阻值最小的线圈组装在 a 相处；对于反角接的线圈（图4-25），直流电阻值最小的线圈组装在 c 相处。

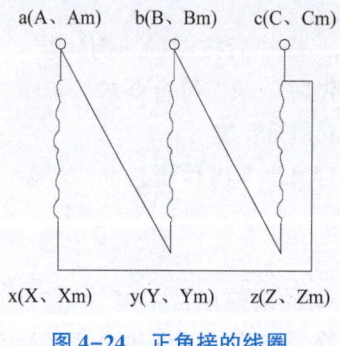

图 4-24　正角接的线圈　　　　图 4-25　反角接的线圈

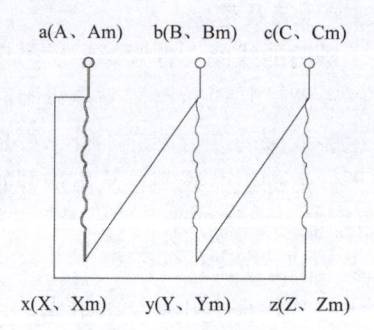

（6）组装过程中带漆膜导线的处理。

线圈采用换位导线等带漆膜的导线时，组装前须按以下长度去除漆膜：对线圈下端出头，去除伸出托盘外径侧部分出头的漆膜；对线圈上端出头，如压圈上有水平出线槽口时，线圈出头从压圈外径侧 100 mm 处去除漆膜，对于压圈没有水平出线槽口时，线圈出头从压圈上表面 200 mm 处去除漆膜。对线圈调压分接出头，去除距离出头根部 100 mm 以外部分的出头漆膜。去除线圈导线漆膜时，要使用砂纸、清水和抹布将出头清理干净，做好防护工作，防止漆膜落入线圈中。

(7) 线圈出头的电气屏蔽与绝缘包扎。

对于纸包扁铜导线或组合导线,应将线圈出头导线的匝绝缘剥去,使剩余匝绝缘长度为自出头根部向外 20 mm,再按图样煨弯成形并排列整齐。屏蔽出头时须使用铝箔填充屏蔽出头,使其呈圆柱形,呈圆柱形的屏蔽外径应大于规定值 ϕ_d。将铝箔叠成宽度为 20~40 mm 的铝箔条,贴放在导线四周,使其为圆形,外部再用铝箔条半叠缠紧,并用白布带半叠扎紧一次后取下白布带,使铝箔表面平滑无明显皱褶。用金属化皱纹纸带半叠包扎一层,金属面朝向铝箔,在靠近线段侧要用金属化皱纹纸带将填充的铝箔覆盖 50~60 mm,且与线圈出头裸导线可靠接触。屏蔽包扎后,在金属化皱纹纸外,用普通皱纹纸带半叠进行包扎,应该将皱纹纸带先拉长 50%~60% 后再包扎,包扎至图样规定尺寸。出头端应包扎出绝缘斜梢,其长度为单边绝缘厚度的 8~12 倍,将靠近引线端填充的铝箔裸露出 15~20 mm,金属化皱纹纸带要留出一小卷包扎在完头处,以便于引线装配工序接着屏蔽。包扎完成后在最外层再包一层临时保护用皱纹纸,待引线装配工序时再去除。屏蔽铝箔外径的选择如表 4-3 所示。

表 4-3 屏蔽铝箔外径的选择

线圈电压等级/kV	330	220	110	60	35
屏蔽铝箔外径 ϕ_d/mm	≥40	≥20	≥15	≥12	≥12

(8) 换位导线出头的屏蔽。

如果换位导线的出头需要进行屏蔽,应先将换位导线按图 4-26 所示去除 a、b 两侧面的导线漆膜及 c、d "S" 弯处正表面导线漆膜,并砂光使出头不得出现尖角。去除漆膜过程中要做好防护工作,防止漆膜落入线圈中,并使用砂纸、清水和干净抹布将出头清理干净。首先要用铝箔填充,填充应紧实,铝箔填充后截面应为圆形。填充铝箔后外包铝箔,在用铝箔包扎时,将铝箔裁成铝箔带,沿长度方向将两边折起使两边沿对齐,然后对折,折成 20~30 mm 的铝箔条,注意应将铝箔纸辗平后再使用。包扎完铝箔后再包扎一层金属皱纹纸,金属皱纹纸的金属面应与铝箔层接触。金属皱纹纸的搭接接头要使金属皱纹纸搭接处折叠 30 mm 以上。金属化皱纹纸包扎后出头 ϕ_d 要符合表 4-3 的要求,然后包扎绝缘皱纹纸。

换位导线出头屏蔽示意图如图 4-26 所示。

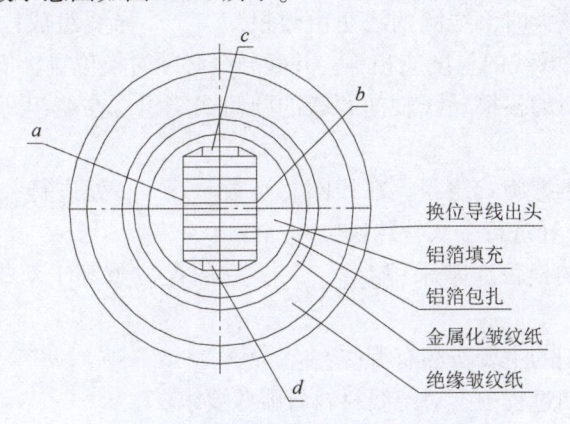

图 4-26 换位导线出头屏蔽示意图

（9）组装时间的控制。

以最先出炉的线圈为计时基准，在单个线圈出炉后 36 h 内必须组装完毕转序，否则由此造成线圈超高无法插片时，需重新干燥处理，方可转序。

5）绕组组装的优点

（1）为操作者提供了方便、适宜的工作条件，可以提高工作效率，保证产品质量。

（2）有利于平衡生产，缩短生产周期。因为该作业可以与铁芯叠装同步进行，而不受铁芯叠装的影响，这比传统装配工艺速度提高了数倍。

（3）有助于避免因绕组受潮弹高而影响上铁轭硅钢片的穿插。组装绕组在套装前都进行了恒压干燥处理，其高度基本稳定，同时向铁芯上套装组装绕组的时间短，且在绕组尚未弹高时就可进行插片。

（4）由于绕组高度的收缩而引起的引线受力现象，通过绕组组装可以得到彻底解决。

（5）绕组组装有助于缩小铁窗裕度，降低铁芯高度，缩小变压器体积，进而可以节约大量硅钢片、变压器油和钢板，有明显的经济效益。

（6）容易保证产品的清洁度。工作环境和工作条件的改善对产品清洁与否起着非常重要的作用，同时可避免操作者经常登上器身高空作业。

（7）可以大大缩短器身干燥后的整理时间，减少产品受潮机会，有助于提高变压器产品的电气性能。

课后习题

1. 绕组导线的缠绕方向分为_____和_____，绕向是由其起始头来确定的。因绕向不同，其中电流方向和由此产生的磁场方向以及磁场变化时绕组_____方向都不同。

2. 根据绕组感应电动势的方向，将绕组的端子进行正负方向区分，同时正极性的端子称为_____，否则为异极性端。同极性端用_____表示。

3. 绕向与极性有密切联系，如两个绕组的绕向相同，则其上端子为_____。若两个绕组绕向不同，则其上端子互为_____。

4. 当变压器电流较大时，线圈的线匝由数根_____导线组成，为了保证并联导线间电流的分布均匀，并联导线的长度应相等，并联导线必须对换位置，简称_____。

5. 辐向为两根并绕的多根导线轴向并联的圆筒式绕组，在绕组每一层匝数_____的地方换一次位。

6. 单螺旋式和单半螺旋式绕组，在线圈总匝数_____处进行一次标准换位，在总匝数_____和_____处进行一次特殊换位。

7. 双螺旋式绕组的换位通常采用_____。它的换位数等于双螺旋的并联导线根数，而与匝数无关。

8. 变压器线圈绕制的主要步骤有哪些？

9. 变压器线圈绕制过程中，对绕线材料有哪些要求？

10. 为什么变压器线圈绕制时要保持匝间绝缘？

11. 变压器线圈的绕制方向对变压器性能有何影响？

12. 在变压器线圈绕制过程中，如何控制绕线的松紧度？

13. 简述变压器线圈的并绕和分层绕制方法。
14. 变压器线圈绕制完成后，需要进行哪些测试？
15. 为什么变压器线圈绕制过程中要特别注意线圈的散热问题？
16. 变压器线圈绕制中的"密绕"和"均绕"分别指什么？
17. 在变压器线圈绕制过程中，如何避免导线间的短路？

学习情景 18　变压器器身绝缘与装配

学习任务

- 了解变压器器身绝缘件的结构。
- 熟悉绕组和变压器器身绝缘的紧固方式。
- 了解变压器绕组引出线的绝缘。
- 了解变压器器身装配工艺。

变压器装配或复装时首先是器身绝缘的装配，也就是线圈和绝缘的装配。因此，知道绝缘尺寸的要求、结构的作用、紧固方式以及冷却油隙的保证才能得到优良的装配质量。

1. 变压器器身绝缘的结构

变压器器身绝缘的布置与变压器的电压等级有关，并随线圈结构（圆筒式或饼式）、线圈个数（双绕组或三绕组）、出线方式（端部或中部出线）、压紧方式（拉螺杆或压板压紧）、调压方式（无励磁或有载调压）的不同而不同。现简述各种变压器器身绝缘的一般结构。

1）高压为 40 kV 级及以下的变压器器身绝缘

高压为 40 kV 级及以下的变压器为双绕组变压器，两侧各只有一个绕组，绕组排列为单同心式。低压绕组在内，高压绕组在外，以符合绝缘逐渐递增的要求，减小绝缘距离。采用以上介绍的绝缘件和紧固件，就可以装配成变压器器身绝缘。

这种变压器器身绝缘分为拉螺杆压紧结构和压板压紧结构两种，均为全绝缘，上下结构对称。小容量的铁轭垫块和铁轭绝缘不分开，35 kV 级才有铁轭隔板，压板紧固时还具有相间垫块。当绕组具有硬纸筒时，硬纸筒厚为 3～5 mm。绝缘装配时除保证必要的绝缘距离外，还要保证必要的冷却距离。这种器身绝缘采用真空干燥、一般浸油的工艺。

高、低压线圈中心必须在同一水平线上，要求 200 kV·A 以下 10 kV 线圈出头均为轴向出头。

2）高压为 220 kV 级的变压器器身绝缘

高压为 220 kV 级变压器器身绝缘多为中部出线结构，也和 110 kV 级的一样，有双绕组和三绕组之分。在三绕组中中压有 63 kV 和 110 kV 级两种，且双绕组中还有高-低-高结构；

与 110 kV 级相比除了绝缘尺寸、油隙纸筒个数不同外，基本结构相似，但需增设围屏和地屏。

2. 绕组和变压器器身绝缘的紧固

绕组紧固分为辐向紧固和轴向紧固两种，在绕组紧固的同时变压器器身绝缘也就紧固了。

1）辐向紧固

绕组辐向紧固是绕组对铁芯、绕组对绕组保持同心位置的手段。另外，内部绕组在承受辐向短路电磁机械力时受的是压力，需有牢固的支点，因此大容量内部绕组的辐向紧固甚为重要。

内部绕组借助绝缘纸筒、圆形木撑条和矩形木撑板紧固。双层圆筒式绕组内部没有硬纸筒，一般用 0.5 mm 厚纸板在铁芯柱表面围两圈形成纸筒，圆筒式绕组直接套于其上，然后用撑板条楔入铁芯柱和纸筒间进行紧固。中小型饼式绕组有硬纸筒作骨架，则在铁芯最小级上各放置一木撑板撑紧，大型饼式绕组是直接在各级有圆撑条的铁芯柱表面上围以软纸筒，然后套上内绕组而不再加撑条。

小型变压器常在绕组绕制或套装时，借助瓦楞纸板、木质和纸质撑条紧固。在变压器器身装配紧固时，35 kV 级及以下的外绕组有硬纸筒，则由内绕组的垫块角卡住该硬纸筒即可，并允许有空隙。垫块到该硬纸筒内表面的间隙可取 3 mm 左右。110（63）kV 级及以上变压器绕组间有软纸筒，采用油隙撑条紧固。油隙撑条与绕组撑条相对应，一般也为 4 的倍数，如 8、12、16、24 根等。

2）轴向紧固

变压器制造质量的可靠性在很大程度上取决于绕组的轴向紧固。它可以抵御短路轴向电磁机械力的作用，消除绕组的松动。况且，绕组辐向不对称，电磁辐向力总会增大这种不对称性。因此，采用正确的轴向紧固尤为重要。轴向紧固结构参见下面的内容。

小容量绕组，尤其是圆筒式绕组，其绝缘厚度不大，干燥后收缩也不大，而轴向力又小，采用连接上下铁轭夹件的垂直拉螺杆就可消除松动现象；大容量绕组则需在绕组端部采用压板，以压钉或直接作拉板进行轴向紧固。这时，铁芯柱表面的纸筒应引伸至压板上端面进行绝缘，并留有油隙作内部油的出口。若采用的压板为钢压板，虽然其上开有缺口，但是还有局部涡流损耗存在，因此应采用热压绝缘纸板的压板（均是公用压板）。钢压板的开口向着变压器低压侧，可在其间引出内绕组，所以其开口应倒圆角，压板圆周也应倒圆角，且要包以护槽加强绝缘。

用压板紧固时，110 kV 级及以下的变压器采用"轴向共同压紧"的公用压板，220 kV 级及以上的变压器则往往采用"轴向单独压紧"的绕组各自的单独压板，或者兼而有之（三绕组时）。共同压紧时，压板宽度等于绕组辐向及其间油道的宽度；单独压紧时，各压板宽度等于各绕组的辐向宽度。由于共同压紧时要兼顾绕组的收缩量，而内绕组的收缩量（绝缘厚度小）总是小于外绕组，因此，临时补偿外绕组垫块可以达到共同压紧的目的。单独压紧可适应各绕组的不同收缩量，但结构复杂，强度要求高（每个压板要按最大短路力考虑），压钉数量也多。

3）紧固件

（1）辐向紧固件主要是撑条。木撑板用于铁芯柱表面，木撑条用于铁芯柱表面或铁芯柱纸筒表面，油隙撑条即软纸筒间撑条（厚度为软纸筒间距减 1 mm，无角环时不开 170 mm 或 220 mm 缺口）。以上的撑条长度 L 比纸筒高度小 10 mm，相间隔板用撑条，长度 L 等于相间隔板宽度。

（2）轴向紧固件除拉螺杆外主要是压钉和压板。压钉分为正、反压钉。正压钉拧在夹件上，反压钉拧在夹件和压板间，以压紧压板从而压紧绕组。反压钉因在铁轭下，故尽量少用。压钉端头均放置酚醛玻璃塑料压钉垫圈以作绝缘，如不绝缘则会在压板缺口处通过压钉—夹件—压钉而短路。目前，大型变压器还采用油压钉，以随时补偿绝缘的收缩。

4）内部绕组引出线的引出

电力变压器一般为同心式绕组，内部绕组端部引出线和中压绕组的分接线要绕过外部绕组的端部，经铁轭垫块、铁轭绝缘或压板由水平油道引到外面。双绕组变压器只在绕组的上、下端面引出一根引出线，三绕组变压器则需从上端或下端引出多根引出线，即多引一根绕组始端或末端引线以及 2~3 根分接线。

（1）内部绕组端部引出。

内部端部引出线的垂直部分到高压绕组的电气强度，主要由绕组的端部绝缘保证，引出线的弯折部分取决于与高压绕组的外边绝缘和接地部分间的电气强度，以所包绝缘（皱纹纸）保证。与此同时，要注意弯折部分到铁芯柱的距离，但通常是能保证的，引出线的水平部分的绝缘与弯折部分相同。

内部绕组引出线的形状应适合端部零件的引出间隔。内部绕组的上下引出线从变压器低压侧每相的中央引出，或向内侧偏离一撑条间隔引出。内部绕组引出线的冷却条件较差，外包绝缘厚度时可以适当增加引线的截面。

110 kV 级内部绕组引出线可垂直引出，以得到更紧凑的结构，引线也短了。上端引出线是通过铁轭夹件，正对着铁芯柱的中央引出；下端引出线也可这样引出，但由于目前 220 kV 级变压器的下节油箱做成槽形，所以只能弯折、水平引出。

（2）内部中压绕组分接引出线。

内部绕组分接线从变压器器身的内部，沿着绕组本身的内表面（中压为中间绕组）或外表面（中压为内绕组）向上和向下引出。通常在垫块间隔中要有两根引出线，这是由于引出线水平部分只能在铁芯窗厚以外，即在铁轭范围之外的中低压侧的几个相邻间隔中引出的缘故。

内部分接线的垂直部分，即绕组绕制时的中压分接线，由裸扁线外包绝缘加纸板槽以保证电气强度。分接线的截面应稍大些，以降低引出线的温升。为了减少引出线的膨胀，最好把包好的绝缘预先压实。

3. 变压器器身的装配

1）准备设备、工具及工装

（1）设备。

其包括变压器器身装配架、行车、气垫车、电动线圈吊具、液压油缸。

（2）工具及工装。

其包括吸尘器、四方吊架、收紧带、C 形夹具、活动扳手、木锤、门形卡子、撬棒、定位棒、尼龙敲板、卡钳、分片器、水平仪、2 500 V 兆欧表、千斤顶、套装用撑紧器、夹具式吊钩、四爪吊具、钢丝绳、压垫块、卸扣、磁力棒、磁力车、插刀、横梁夹具。

(3) 辅助材料。

其包括皱纹纸、石蜡、PVA胶、红蓝铅笔、防护纸板、R-407绝缘漆、电工收缩带。

(4) 加工流程。

拆上夹件→地屏、铁轭垫块装配→吊运线圈→线圈套装→插装上铁轭→铁轭夹紧、夹紧件装配→电阻测量→器身压紧→清理防护。

(5) 准备工作。

①按图样检查组装线圈的轴向高度及线圈出头，线圈高度应满足插片要求，线圈出头根部绝缘件完好。

②对夹件所有螺纹孔用丝锥套扣，用吸尘器吸净铁屑。

③当铁芯就位于套装场地后，检查铁芯高低压侧摆放是否正确，铁芯绝缘电阻是否符合要求。检查铁芯直径、倾斜度是否符合标准要求。

④检查零部件（夹紧件、地屏、磁屏蔽等）的接地片装配接触的部位（接地孔、接地座）表面，不得有油污、漆膜、绝缘漆、胶、铁锈等异物，以保证接地可靠。

⑤铁芯夹件及各金属结构件（含无单独接地线引出的磁屏蔽等）之间通过金属接触保持电气连接的结构，电气连接处装配表面不得有油污、漆膜、绝缘漆、胶、铁锈等异物，以保证接地可靠。

2) 拆上夹件

(1) 铁芯起立后吊入装配架，放置在已调平的钢地坪或钢垫梁上，垫脚与钢地坪接触部位加垫纸板防护。下铁轭油道缝隙及下夹件绝缘缝隙用美纹纸带防护。

(2) 拆上夹件前，需在上夹件各处紧固件正下方放置接尘盒，用胶带黏结在夹件上。将下铁轭上端面、油道缝隙使用塑料布或大布整体覆盖，然后拆除夹件。

(3) 松开夹件与上梁、侧梁的连接螺栓，用吊带（钢丝绳）将夹件与行车相连，拆卸拉板销轴，将夹件吊放在夹件放置区。然后用吸尘器逐一清洁接尘盒、防护大布（塑料布）。最后撤除防护物，用吸尘器将铁芯清洁一遍，用酒精布将夹件上的胶带胶渍擦拭干净。测量窗宽尺寸，确保符合要求。

(4) 若由于场地限制，铁芯需在装配架区域外进行器身绝缘件装配作业时，上夹件及侧梁不得拆除。按要求装配地屏等器身绝缘件后，转入器身装配架。用大布将地屏、围板与铁芯上部级次缝隙塞实防护，然后按上述要求拆除夹件及紧固件，清洁铁芯。

3) 地屏、铁轭垫块装配

(1) 裹地屏时，地屏纸板朝内，铜箔朝外。每层裹制时用收紧器收紧，然后用电工收缩带缠绕收紧。

(2) 地屏、围板裹制可按顺时针（搭接部分为右压左）或逆时针方向（搭接部分为左压右）裹制，以便地屏、围板裹制紧实。

(3) 铁轭垫块（平衡垫块）装配后，将垫块上表面调平。为避免器身干燥后垫块松动，应加放收缩补偿调节纸板。若高度不足，应使用调节纸板点PVA胶后，垫在铁轭垫块（平衡垫块）与下夹件肢板之间进行调整。加放调节纸板后再次检查铁轭垫块，平面度应符合要求。

(4) 旁柱围屏、围板裹制时，图纸有明确要求的按图纸执行。图纸无要求时，可使用规格为电工收缩带或PET带进行绑扎，绑扎档距应符合图样。

(5) 配置撑条时，以铁芯柱高压侧第一级中心线为基准，按图纸要求放置撑条并调整档位，撑条用收紧器收紧。

4) 吊运线圈

(1) 组装线圈托板为整体结构时，用四爪吊具或电动线圈吊具进行起吊。用收紧带将吊具与线圈沿圆周方向上下各绑扎一道，将吊具与线圈可靠绑扎，防止起吊过程中脱钩。吊具吊板（吊钩）与线圈接触部位应放置纸板或垫块进行防护。

(2) 组装线圈托盘为分瓣结构时，用线圈自带的横梁夹具进行起吊。用收紧带将横梁夹具与线圈沿圆周方向上下各绑扎一道，将吊具与线圈可靠绑扎。使用钢丝绳或吊绳将上横梁与四方吊架连接起来，然后通过四方吊架起吊。

(3) 使用带钩板的线圈吊具起吊时，将线圈吊起，以气垫车表面或平整的地面为基准，使用钢板尺测量4个钩板位置的高度差，通过在钩板上加绝缘纸板调节最高点与最低点的高度差，使其小于5 mm。

5) 线圈套装

(1) 在变压器器身撑条外表面及线圈硬纸筒内壁打一层石蜡，用吸尘器除净线圈上的灰尘。

(2) 先套B相，再套A、C两相，由专人指挥行车落线圈操作。

(3) 线圈套装前，应安装撑紧器，沿圆周方向均布2~4处顶住低压硬纸筒上端面，再向下套装。

(4) 线圈邻近芯柱上端时，可采用纸板将线圈引入铁芯柱。

(5) 线圈试套前允许将撑条点胶粘在铁芯围板上。将线圈试套芯柱300~400 mm时，检查撑条与线圈之间的套装间隙是否符合要求。如果套装过紧卡住时，将线圈拔出，检查线圈绝缘筒内壁，将套装间隙调节合格后，使用PVA胶在上、中、下3个位置将撑条点胶黏结在围板上，点胶处用收紧器收紧粘牢，调节套装间隙使之符合要求。

(6) 托盘为分瓣结构时，在线圈即将落到底部时，用4个垫块对称放置在线圈底部，撤下横梁吊具，安装四爪吊具或电动线圈吊具使线圈落实。

(7) 落线圈过程中避免磕碰、挤压、拉扯线圈出头，防止线圈出头及绝缘损伤。

(8) 线圈脱钩操作时，需在夹件肢板上布置木垫块，在线圈托盘底部进行支撑。所有垫块厚度应一致。然后调整吊钩位置以便顺利脱钩。

(9) 铁轭垫块（平衡垫块）装配后表面应平整，整个器身套入铁芯后可根据装配情况用纸板调节，确保铁轭垫块（平衡垫块）装配紧实，器身可靠支撑。

(10) 线圈套装完毕后，检查铁芯窗宽，使A（C）柱到B柱窗宽偏差符合要求。

其余未涉及的内容按常规产品套装执行。

6) 插装上铁轭

(1) 将钢拉带提前放在铁轭下方，插片由主级开始，向两边各级插片，为防止铁芯各级下沉，根据铁轭片与线圈压板间的高度，在其下部垫相应厚度的绝缘纸板，将铁轭级次垫实。插片时上轭接缝处不准许有搭接、参差不齐现象，应使之符合质量标准。

(2) 插片插到厚度大于140 mm时打上门形卡子固定，间距200~300 mm插片过程中，应勤敲、勤穿孔、勤用门形卡子修正，修片时应使用环氧垫块或尼龙敲板。

(3) 直径大于1 000 mm的铁芯，当铁轭片插到油道位置处时，在油道位置处打聚酯带。

（4）铁芯插上铁轭时，允许使用角钢辅助插片。当铁芯主级插至 100~200 mm 时，在主级沿长度方向用插刀及分片器将上铁轭分开 2~4 mm 间隙，将辅助角钢以"呈"字形放入上铁轭，角钢装配后水平方向钢板表面需紧贴铁轭上端面，不得影响聚酯带绑扎操作。当铁轭片插到油道位置处时，按要求绑扎聚酯带。角钢在装配完上夹件后便拆除。

（5）器身插板打聚酯带时，聚酯带通过油道间距绑扎，聚酯带需穿直打紧，与油道干涉时，将干涉处油道调整至邻近位置点胶黏结。避免聚酯带收紧时与油道干涉，影响油道条位置。打完聚酯带后，两油道之间的门形卡子应拆除。当聚酯带干涉上梁、拉带装配及辅助角钢拆除时，需将干涉处的聚酯带拆除。聚酯带拆除后，使用吸尘器将碎屑、粉尘等异物清洁干净。

（6）对于上夹件安装 L 形磁屏蔽的产品，若装好磁屏蔽的夹件与线圈上部出头干涉无法装配时，先将装有 L 形磁屏蔽的夹件安装完毕后，再插后四级铁轭片，避免 L 形磁屏蔽在安装过程中压坏线圈出头及出头绝缘。

7）铁轭夹紧、夹紧件装配

（1）插片完毕后，装配上夹件。然后在 C 形夹与夹件之间加垫纸板或垫块进行防护，每处窗口各布置一道 C 形夹具夹紧上铁轭，去除门形卡子，在夹紧的状态下装配侧梁、拉带，上铁轭拉带装配至半夹紧状态时，去除上铁轭下方调节纸板，将铁轭片修整到位，接缝修整到合格。

（2）如果图样对上铁轭刷绝缘漆未做要求时，需将上铁轭上表面及铁轭、旁柱片尖及边柱上部未涂 HH 胶的区域均匀涂刷绝缘清漆。

（3）装配铁芯上铁轭木垫块时，垫块被上梁压紧后，上梁与夹件上表面之间应留出 3~6 mm 间隙。

（4）按图样插装铁芯接地引线，如图样无要求，应插装在铁芯主级偏高压或低压侧 20 mm 位置，插入深度应大于 200 mm，连接片不得超出上铁轭下端面。

（5）插装接地片时，接地片应放在油道撑条档位处，不得放在油道撑条两档之间，以保证接地片能被夹紧。

（6）铁轭夹紧。在 C 形夹夹紧铁轭的状态下将侧梁、拉带紧固件紧固到位。

（7）紧固件装配时，侧梁、拉带等紧固件使用力矩扳手按要求力矩紧固（上梁紧固件除外）。

（8）装配上梁、侧梁及拉板销时，当孔位不正、螺栓别劲时不准硬拧，以免产生铁屑。调整装配间隙及角度，仍无法解决时需将零部件转出现场配修孔后再装配。

（9）装配上梁、侧梁等紧固件时，其下方 200 mm 内应放置接尘盒（可用胶带粘在夹件上），防止螺栓旋拧产生的金属粉末落入器身内。螺杆装配完毕后用吸尘器吸一遍接尘盒及器身。拆除胶带及接尘盒后，用酒精布将夹件上的残余胶渍擦拭干净。

8）电阻测量

上夹件夹紧之后，用 2 500 V 摇表测量铁芯对夹件、铁芯各油道之间的绝缘电阻是否符合要求，电阻不合格时需要及时处理。

9）器身压紧

按器身装配图样进行器身压紧，放置液压地雷时需避开压盘及纸圈绝缘件空腔位置，在邻近位置加压时分别按规定压力的 40%、70%、100% 分 3 次加压到位，每次间隔时间为 1~3 min。器身压紧力按液压油缸压力计算公式进行计算。

课后习题

1. 高压为 40 kV 级及以下的变压器为双绕组变压器，两侧各只有一个绕组，绕组排列为单同心式。低压绕组在_____、高压绕组在_____，这种器身绝缘分为_____和_____两种，均为全绝缘，上下结构对称。
2. 绕组紧固分为_____紧固和_____紧固两种，在绕组紧固的同时器身绝缘也就紧固了。
3. 绕组辐向紧固是将_____、_____保持同心位置的手段，内部绕组是借助于_____、_____和矩形木撑板紧固的。
4. 变压器制造质量的可靠性在很大程度上取决于绕组的_____向紧固。它可以抵御短路轴向电磁机械力的作用，消除绕组的松动。
5. 内部端部引线的垂直部分到高压绕组的电气强度，主要由_____绝缘保证，引出线的弯折部分取决于与高压绕组的外边绝缘和接地部分间的电气强度，以所包绝缘（皱纹纸）保证。
6. 变压器器身的主要组成部件有哪些？
7. 变压器铁芯的作用是什么？
8. 变压器线圈的绝缘材料有哪些要求？
9. 变压器油的主要作用是什么？
10. 变压器铁芯的叠装工艺有哪些注意事项？
11. 变压器线圈的绕制工艺有哪些要求？
12. 变压器器身装配时需要注意哪些绝缘问题？
13. 变压器器身装配中的接地处理有哪些要求？

学习情景 19　变压器的引线结构

学习任务

- 了解变压器的引线形式。
- 了解变压器引线截面的选择。
- 熟知变压器引线绝缘的距离。

1. 引线的形式

在变压器线圈外部连接线圈各引出端的导线称为引线,它将外部电源电能输入变压器,又将传输电能输出变压器。

引线一般分为3种,即线圈线端与套管连接的引线、线圈端头间的连接引线以及线圈分接与开关相连的分接引线。

引线也有3个要求,即电气性能、机械强度和温升要求。引线在尽量减小变压器身尺寸的前提下,应保证足够的电气强度;为承受运输的颠簸、长期运行的震动和短路电动力的冲击,引线应具有足够的机械强度;对长期运行的温升和大电流引线的局部温升,不应超过规定的限值。

电力变压器的引线有裸圆铜线、纸包圆铜线、裸母线铜排、电缆和铜管等形式,其特点和用途如表4-4所示。

表4-4 变压器的引线形式及其特点

引线形式	特点	使用范围
裸圆铜线	弯制方便,直径过大时不易弯曲,且由集肤效应引起的附加损耗大	用于10 kV或6.3 kV及以下变压器中
纸包圆铜线	电压较高时采用	10~35 kV及以上小容量变压器
裸母线铜排	大电流时采用,价格低,冷却表面比电缆大,且各部温升一致,但包扎绝缘困难,因此采用裸母线铜排	常用于10 kV及以下低压线圈引线
电缆(软铜线)	绝缘强度高,制造方便,绝缘距离易保证,可多根并联	用于各电压等级,尤其是110 kV及以上引线
铜管	有良好的电气和力学性能,且电场强度易于保证,又可减小集肤效应引起的附加损耗	用于220 kV及以上变压器中、低压引线

2. 引线截面选择

根据引线中的电流和各种状态下的温升,可以选择引线的截面。应当指出,在相同条件下引线的冷却条件比线圈好,因此其电流密度可选较大。

一般地,在三相变压器YN(yn)和zn连接中,线圈始末端的引线为线电流(即相电流),中性点引线为1/4线电流,但是YN自耦连接的中性点引线仍为线电流。三相变压器D(d)连接中,线圈端头间连接引线仍为相电流,而引出线为线电流。

1) 按电场强度和机械强度选取(圆引线)

引线的曲率半径小(尤其是扁线的棱角),表面电荷密度大,电场强度高,易产生局部放电。所以,高压引线直径不宜过小,不得用铜排。另外,从机械强度来选取,引线直径也不宜过小。

2) 套管和分接开关引线的选取

(1) 穿缆式套管的引出电缆。

穿缆式套管中通过的电缆引线,由于瓷套内散热条件较差,因此必须满足引线温升的要求。对于 20 kV 级及以下的套管，还要考虑电缆直径对电场均匀强度的影响。

（2）分接开关的分接引线。

分接引线的直径和电压等级与通过的电流有关，也与分接开关的定触头结构有关。对于 630 kV·A 及以下的小型变压器，由于电流小，分接引线一般采用纸包绝缘圆铜线。800 kV·A 及以上变压器的分接引线则视电压和电流而定。

3. 引线的绝缘距离

变压器的引线绝缘与其主绝缘、纵绝缘一样，取决于引线所连接线圈的电压等级及其试验电压的种类、大小和分布。当然，它也与绝缘材料的电气强度、电极形状、电场强度和绝缘组合方式有关。由于引线的电场强度较复杂，因此引线的绝缘距离一般根据试验确定。

应该指出，引线绝缘的种类不仅限于与引线有关的绝缘，还包括变压器器身整体布置的各个部分的绝缘。具体如下：

（1）引线对地、引线之间、引线对线圈的绝缘。

（2）套管下端对地和线圈的绝缘。

（3）分接开关对地和线圈的绝缘。

（4）线圈到箱壁（拉螺杆）和器身到箱壁的绝缘。

上已叙及，除低电压采用裸圆线和裸铜排外，引线大多采用较厚绝缘层形式的纸包圆引线，以降低绝缘层表面处油中最大电场强度，从而提高击穿电压。但绝缘层也不可太厚，一般不大于 20 mm。覆盖绝缘形式在引线上不采用；隔板绝缘形式在电极不易包绝缘时采用。

1）引线间和引线到其他部分的绝缘距离

电压不大于 40 kV 级的引线可以采用铜排，但 154 kV 级以上的线圈区域不允许有裸铜排通过。

2）套管下端到其他部分的绝缘距离

套管下端的带电部分位于油箱盖下面，所以带电部分到其他部分之间必须具有一定的绝缘距离，它主要由试验电压确定。

套管到其他部分的距离也与其下端带电部分的结构和接地部分的形状有关。35 kV 级及以下的套管带电部分是裸露的，而且一般带有尖角的边缘；66 kV 级及以上套管下端装有边缘倒圆角的均压球，有些在均压球外又有绝缘覆盖，有的还有绝缘套和绝缘成形件等。接地部分的形状也直接影响绝缘距离，有的是接地平面，有的是接地尖角。为了减小绝缘距离，有时在接地部分加设绝缘护板，有时还在油间距中加设绝缘隔板。

课后习题

1. 在变压器线圈外部连接线圈各引出端的导线称为引线，它将_____电源电能输入变压器，又将_____输出变压器。

2. 引线一般分为三种：_____的引线、_____的连接引线以及_____相连的分接引线。

3. 一般在三相变压器 YN（yn）和 zn 连接中，线圈始末端的引线为_____，中性点引线为_____线电流，但是 YN 自耦连接的中性点引线仍为线电流。三相变压器 D（d）连接中线圈端头间连接引线仍为_____，而引出线为_____。

4. 除低电压采用裸圆线和裸铜排外，引线大多采用较厚绝缘层形式的纸包圆引线，以降低绝缘层表面处油中最大电场强度，从而提高_____。

5. 变压器低压绕组引线常采用哪些结构形式？简述其中一种结构的特点。

6. 变压器引线的材料通常有哪些要求？

7. 简述变压器引线安装时的注意事项。

8. 变压器引线结构对变压器性能有何影响？

9. 分析变压器引线结构中可能存在的安全隐患，并提出改进措施。

学习情景 20　变压器的引线装配

学习任务

> 了解变压器引线的装配工艺。

1. 准备设备、工装及工具

（1）设备：气焊设备（全套）、引线包扎机、铜焊机、行车、冷压设备（全套）、电烙铁、氢氧焊机。

（2）工装及工具：断线钳、活动扳手、铁锤、木锤、剪刀、水盒、毛刷、手钳、锉刀、力矩扳手、电工刀、游标卡尺、钢卷尺、钢丝刷。

（3）工艺材料：皱纹纸、白布带、电工收缩带、磷铜焊条、焊剂、细砂纸、滤油纸、锡铅纤料、焊锡膏、三合焊丝。

（4）工艺准备：熟悉图样，明确产品的接线方式、所用各类导线的种类（铜棒、铜绞线、铜排）及规格等。

（5）按产品的种类及大小选择满足生产需求的工作场地，对生产现场进行清洁，确保地面、装配架、工装、工具表面清洁无异物，使用白布擦拭 3 遍无变色。生产现场隔离防护按要求执行。

（6）准备好所用的设备（如铜焊机、引线装配架等）、工装和工具，并检查设备是否完好可靠。

（7）引线：装配前检查整个器身，确保完好、绝缘无损伤，各种引线、木件等零部件的质量可靠和数量齐全，检查分接开关触点表面、开关本体，确保无损伤，紧固件无松动。

（8）引线装配前，必须先用大布或塑料布覆盖器身，特别是器身绝缘油道、线圈出线等位置的间隙，注意防止异物落入下节油箱或器身内部。

（9）引线装配前，根据图纸尺寸对开关托架进行安装及调整，使用水平尺进行测量，确保开关托架水平。根据图纸开关位置，在开关托架支撑点 200 mm 范围内的托板上包裹

2~3层厚度为0.5 mm的纸板，使用电工带半叠包一层绑扎固定。在包裹位置上方垫放工艺垫块，垫放高度为在开关图纸高度的基础上再向上提升15~30 mm。使用电工带（或皱纹纸）将工艺垫块花绑固定。最后按图纸位置放置开关。

2. 工艺流程

引线配置→引线布置→引线连接→引线绝缘包扎和引线夹持→中试→试箱。

3. 引线配置

（1）用铜绞线引线时，根据图样尺寸计算出每根引线的长度，在计算引线长度时应考虑留出裕度后再下料。

（2）高压调压引线焊接前将电缆线按图样编号，与线圈出线标号一一对应，焊接前做好线圈的防护工作，防止异物掉落在线圈内部。

（3）进行磷铜焊接的引线端部或焊接部位，先用细铜丝紧密地扎牢，再用铁锤打扁，打扁处应平整，打扁厚度为原厚度的1/2~2/3铜绞线直径。然后进行渗磷铜，渗过磷铜的表面应平整，并且使磷铜渗透、饱满、无熔蚀。

（4）用铜排或铜棒作为引线时，按图样尺寸下料、折弯、焊接。铜棒焊接时，焊接部位均应打扁，无明确要求时，则按打扁长度为铜绞线直径的1.5~2倍的要求执行，打扁后厚度约为原厚度的1/2~2/3铜棒直径，焊接完成后，焊接部位应打磨光滑。

（5）引线与分接开关接线端子的焊接采用冷压焊的方式，引线截取好后，先将接线端子焊在引线上。

（6）引线下料后，不影响引线装配及焊接的部分应预先包扎绝缘，电缆引线的外包绝缘在引线包扎机上包扎。采用绝缘皱纹纸单张半叠包扎法，皱纹纸包扎到规定绝缘厚度后，放置到引线放置架上，使用干净塑料布防护好，确保引线上无异物及灰尘，使用时现取现用。

（7）按要求对开关装配进行复测，确保开关水平方向符合图纸要求，垂直方向高度高于图纸高度15~30 mm。将调压引线穿入导线夹并拉至开关侧与开关接线端子连接，然后从开关侧向线圈侧进行排线，引线弯折半径不得小于引线直径的5倍，保证调压引线自然过渡留有余量。排线后在线圈出头与调压引线重叠的区域选择焊接点并画线配剪。将所确定引线的长度做好记录，以便同图号的产品可直接借用此数据。

（8）套管引出线测量时，应认真核算引出线长度，下料时留100~150 mm的余量，以方便出炉时根据实际长度进行截取焊接。

4. 引线布置

（1）引线布置应遵守以下原则。

①引线正确，开关各接线端子与绕组分接头一一对应。

②引线排列合理、整齐、美观，低压铜排、铜棒要求横平竖直。

③根据图样尺寸确定引线的绝缘距离。

④以相邻引线之间的电位差最小为原则。

（2）在放置高压调压引线、中压调压引线时，由下到上依次放置。穿线时按照皱纹纸包扎时相反的方向穿入导线夹，放置好后先将引线与开关连接，连接时根据开关接线端的位置，在满足周围绝缘距离的情况下，将引线端部打弯整形后引出，然后把爬坡的两导线夹间的引线依次打成"S"形。引线布置整形后，进行掐线、焊接、屏蔽焊接头、包皱纹纸。在引线被导线夹夹持的部分应按图样要求加附绝缘。图样要求引线需绑扎在木件上，绑扎部位必须包裹附绝缘。

（3）排列分接引线时，若结构上不可避免引线交叉，则必须可靠夹持绑扎，保证绝缘距离。

（4）低压引线的布置，首先将已加工好的低压引线按次序装在支架上。引线为铜棒时将引线布置好后再截断线圈出头多余部分；引线为铜排时应先配装铜排，根据实际情况再截断线圈出头多余铜线。焊接前必须按图样确认出头尺寸及绝缘距离，然后再进行焊接。

（5）绝缘距离应按以下要求保证。

①对于中性点绝缘水平为 110 kV 电压等级的绝缘距离要求如下：引线对地（夹件、压钉、磁屏蔽）的爬电距离，纸板件不小于 300 mm，层压木件不小于 400 mm，两者混合结构进行折算时引线对地的纯油隙距离不小于 140 mm。

折算公式系数：对于层压纸板件，爬距折算成油隙乘以 0.6 的系数；对于层压木件，爬距折算成油隙乘以 0.4 的系数即可。

②220 kV、330 kV 电压等级产品的高压 K 线调压线根部（或高压线圈末端出线）绝缘水平为 110 kV 等级时的引线对地（夹件、压钉、磁屏蔽）的爬电距离：纸板件不小于 300 mm，层压木件不小于 400 mm，两者混合结构进行折算时引线对地的纯油隙距离不小于 140 mm。

③电压为 63 kV 以下的线圈轴向出头，应保证出头与托板压圈的槽口或开孔间距不少于 3 mm。电压为 63 kV 及以上的线圈轴向出头，应保证出头与托板压圈的槽口或开孔间距不少于 10 mm，否则需带垫块撑紧入炉。总装人员在出炉后应去除引线与托板压圈之间的垫块。

5. 引线连接

按图样进行引线连接。

6. 引线绝缘包扎和引线夹持

（1）引线绝缘包扎时，首先要看清图样，明确图样要求的电压等级及绝缘包扎厚度。

（2）各焊接处在包扎绝缘前，焊接处应平整、干净、无尖角和毛刺等，若发现焊接处附近的绝缘有烧焦现象，必须将其剥去，方能包扎绝缘。

（3）引线屏蔽及绝缘包扎均按照要求执行。

（4）引线接头包扎绝缘有效厚度应符合图样要求。接头处包扎必须保证其绝缘根部一定锥度，调压引线锥度长度要求为单边绝缘厚度的 8~12 倍，首端出线的锥度长度要求为单边绝缘厚度的 10~12 倍。

（5）绕组出头与高压引线焊接处的绝缘包扎，必须从绕组出线已包绝缘部分锥度的最大直径处，包至引线已包绝缘部分锥度的最大直径处为止。

（6）外包绝缘引线弯折要求。

①所有引线外包绝缘进行弯折时，引线打弯半径不得小于引线直径的 5 倍，且应采取缓慢过渡的方式弯折。

②所有引线弯折后若有断裂、脱层现象，需将绝缘完全剥除后重新包扎，剥除部位应按引线接头包扎要求留有相应锥度。

③当引线外包绝缘单边厚度小于 6 mm 时可直接进行弯折。

④当引线外包绝缘单边厚度大于 6 mm 时，弯折后应检查绝缘情况，若引线绝缘有明显褶皱，需将皱纹纸剥除至无褶皱后重新包扎。

（7）若产品采用穿缆式套管，引出的软铜绞线根部绝缘应严格按图样要求进行包扎，对于 60 kV 及以上的引出线套管内部的引线，一律用皱纹纸半叠包一层，然后再半叠外包一层电工收缩带；对于两根及两根以上的引线，再在外部用电工收缩带半叠包扎一层，将引线绑扎在一起，再在电工收缩带外部用皱纹纸半叠包扎一层护层，吊心时拆除。对于 60 kV 以下的套管引出线，在套管尾部位置必须绑扎纸圈，并保证纸圈进入套管尾部 60 mm。

（8）对于高压中部出线用撑条固定的产品，要求在安装撑条前，在高压引线及撑条间增加 0.5 mm 附绝缘 2~3 层，附绝缘宽度按照撑条长度配剪，包扎完后使用皱纹纸将附绝缘固定起来，要求附绝缘与撑条端面平齐或超出撑条 0.5 mm。

（9）所有引线支架、开关及引线夹持等均应紧固，如使用绝缘螺杆严格按照图样上要求的规格及长度进行紧固，以保证绝缘距离；所有引线用绝缘螺杆露丝扣长度不超过 5 mm，对于长出的螺杆需截断处理，并将端部打磨圆滑、平整。所有用锁紧螺母或蝶形弹簧垫圈的地方应全面紧固至无松动。

（10）所有引线装配完后，对于多根引线，每相邻引线间用白布带绑扎结实，并在打结处根部涂抹 PVA 胶，引线通过的两支架间如有"S"形爬坡，则用内垫纸板条的白布带绑扎两道，并绑扎于打弯处，纸板条不得有尖角和毛刺；要是引线通过两支架间是平直的，若引线的跨距大于 700 mm 时，用白布带绑扎两道，引线的跨距在 400~700 mm 时绑扎一道；支架与开关之间引线视强度及绝缘情况用白布带绑扎。

（11）对于引线夹持件无法装配或未设计夹持处，需用电工带进行绑扎。引线绑扎时需依据设计要求先将附绝缘绑扎在立木上，然后再将引线绑扎到有附绝缘的立木上，确保绑扎紧实、可靠。

7. 中试

引线装配完毕后，由试验站人员进行中试试验。

8. 试箱

（1）中试试验结束后，将器身下箱并罩箱，检查开关与上节油箱安装法兰及开关法兰是否对正。确定开关位置正确以后，根据产品升高座、测量装置及套管长度测算高、中压引线长度。

（2）确定器身上定位是否合适，对于楔板结构，应能保证楔板被打入。同时检查枕木与上节油箱配合是否合适。

（3）套管引出线按确定好的引线长度进行焊接，导电杆根据结构采取冷压焊接或磷铜焊接。焊接完后将油箱移出。

（4）检查各个位置绝缘距离，确定都符合要求。

（5）将器身放置在平板车或气垫车托架前，需对铁芯片尖进行防护，防止损伤片尖。

（6）将器身放置在平板车或气垫车托架后拆除吊具，吊具不得随身一同入炉。

课后习题

1. 引线装配工艺包括引线配置→引线布置→_____→引线绝缘包扎和引线夹持→中

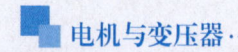

试→试箱。

2. 套管引出线测量时，应认真核算引出线长度，下料时留_____的余量，以方便出炉时根据实际长度进行截取焊接。

3. 所有引线外包绝缘进行弯折时，引线打弯半径不得小于引线直径的_____倍，且应采取缓慢过渡的方式弯折。

4. 变压器引线常用的铜材料有哪些？请列举并简述其特点。

5. 简述变压器引线绝缘加工的主要步骤和注意事项。

6. 变压器引线压熔套管的作用是什么？在选择和使用时有哪些注意事项？

7. 变压器引线在弯曲时需要注意哪些事项？

8. 变压器引线焊接时的主要步骤和质量控制要点是什么？

9. 变压器引线装配完成后，需要进行哪些方面的质量检验？

10. 简述变压器引线装配过程中可能遇到的常见问题及解决方法。

11. 变压器引线装配过程中，如何确保引线与接线端子的可靠连接？

12. 在变压器引线装配过程中，如何防止灰尘和杂质进入引线内部？

13. 变压器引线装配完成后，如何进行有效的绝缘保护？

学习情景 21　变压器的外部结构

学习任务

> 熟悉变压器的外部结构。

变压器总装 1

变压器的外部结构除油箱和冷却装置外，其余结构大同小异。它按电压等级的高低、容量等级的大小，可以分为以下 4 种结构。

（1）容量在 2 500（或 5 000）kV·A、电压在 35 kV 及以下的变压器外部结构，如图 4-27 所示。其油箱多兼冷却装置用，为桶式油箱带扁管结构，也有用可拆卸的片式散热器，较小容量的变压器也有用波纹油箱的。保护装置中的储油柜与安全气道配合使用，也有用压力释放阀代替安全气道的。

变压器总装 2

（2）容量在 6 300~40 000 kV·A、电压在 110 kV 及以下的变压器外部典型结构。这是 110 kV 级变压器用得最广泛的结构，其油箱为槽形下节油箱的钟罩式结构，冷却装置多为风冷式扁管散热器，也有用片式散热器的。

（3）容量在 50 000 kV·A 及以上、电压在 63~110 kV 级及部分 220 kV 级的变压器典型外部结构。63~110 kV 级时多用于三绕组变压器。其油箱为大底盘形结构的钟罩式油箱，冷却装置为强迫油循环风冷冷却器。

变压器总装 3

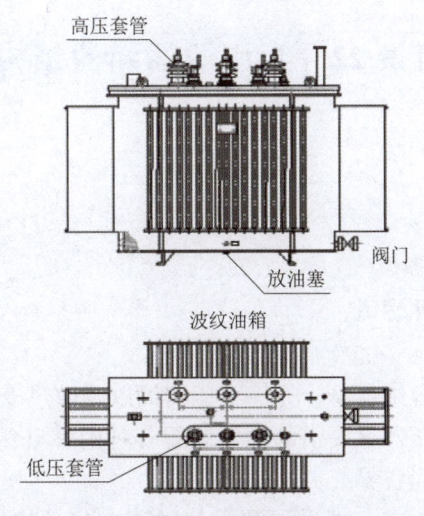

图 4-27　10 kV 级变压器

（4）容量在 63 000 kV·A 及以下、63~110 kV 的有载变压器外部典型结构。这种结构除长度方向一端装置有载分接开关外，油箱和冷却装置均按以上两种情况而定。

油浸式变压器外部结构采用的附属装置，即主要的组件/部件与变压器容量的大小有关。变压器组件的种类较多，且结构各异，本书以统一设计的为主。

课后习题

1. 容量在 2 500（或 5 000）kV·A、电压在 35 kV 以下的变压器油箱多兼冷却装置用，为_____油箱带扁管结构，较小容量的变压器也有用_____油箱的。

2. 容量在 6 300~40 000 kV·A、电压在 110 kV 级及以下的变压器油箱为_____下节油箱的钟罩式结构，冷却装置多为_____扁管散热器，也有用片式散热器的。

3. 容量在 50 000 kV·A 及以上、电压在 63~110 kV 级及部分 220 kV 级的变压器油箱为大底盘形结构的_____式油箱，冷却装置_____冷却器。

4. 变压器外部结构中，铁芯的主要作用是什么？

5. 简述变压器绕组的结构及其功能。

6. 油箱在变压器外部结构中的作用是什么？

7. 储油罐（辅助油罐）与油箱之间是如何连接的？其作用是什么？

8. 呼吸器在变压器外部结构中的功能是什么？

9. 防爆管在变压器中的作用及其工作原理是什么？

10. 变压器温度计的安装位置及其作用是什么？

11. 套管在变压器中的作用是什么？

12. 简述变压器冷却装置的类型及其作用。

13. 变压器外部结构中，哪些部分需要定期检查和维护？

学习情景 22　变压器油箱的结构

学习任务

- 熟悉变压器油箱的结构。
- 了解各类油箱的散热方式。

油浸式变压器油箱具有容纳器身、充注变压器油以及散热冷却的作用,因此油箱结构随变压器容量的大小而异。变压器又要借助油箱装置各种附件(组件),因此油箱局部结构又随其附件种类的多少、大小而各异。

变压器油箱有两种基本形式,即平顶油箱和拱顶(包括梯形顶)油箱。平顶油箱为桶式结构,下部主体为油桶形,顶部为平面箱盖,而在其间用一钢环——箱沿和胶条结合成整体;拱顶油箱为钟罩式结构,下底为盘形或槽形(下节油箱),上部为钟形箱罩(上节油箱),其间也用箱沿和胶条结合成整体,使油箱结合成整体的密封条是一个很重要的元件,除与其本身的质量有关外,装配时的装配方法和压缩量切不可忽视。当胶条按长度配置后,用削斜端头的方法将胶条的端头搭接起来形成环形密封圈,搭接处用橡胶液黏合,最好经局部热压"硫化"处理。以前曾采用钉绳接合的方法,降低了胶条的接合强度,并不可取。黏合好的胶条放入箱沿护框内,装配时为了不使胶条移动可用临时夹子夹住,并擦净箱沿的密封面。拧紧螺栓时必须对角均匀拧紧。

钟罩式油箱机械强度好,检查器身只需起吊上节油箱,吊高尺寸也有所降低。拱形、梯形箱顶又与器身端部形状相适,可节省变压器油,也适合铁路山洞的运输尺寸。

油箱最主要的要求是应具有足够的机械强度,尤其是真空强度,电压等级越高,要求也越高。油箱必须承受的真空强度是指在此强度下油箱应在弹性变形范围内,解除真空后无残余变形。

1. 桶式油箱

桶式油箱多用于 6 300 kV·A 及以下的变压器上,截面多为椭圆形,也有为长方形的。除 100 kV·A 以下的变压器为平滑箱壁外,100~2 500 kV·A 是常用管式油箱。管子的排数随着容量的增加,可由 1 排增至 3 排,以增加散热。

变压器的容量再增大时就需采用散热器。如果是片式散热器,在 200 kV·A 及以上即可采用。这时取消焊接的散热管,而采用上下管接头,以连接散热器。桶式箱壁上焊有箱沿、箱底、散热器、吊攀、定位钉、接地螺栓、地字牌、油样活门座等;箱壁上还需焊有装设各种组件的管接头(散热器管接头、放油活门管接头和静油器管接头等)和各种底板(铭牌底板、温度计底板等)。

箱盖应有一定的厚度,其外限尺寸一般伸出箱沿 5~10 mm。箱盖上焊有许多结构件(点焊螺栓、法兰、塞座和吊铁等),当套管电流超过 800 A 时要焊有隔磁垫板(即无磁钢板)。箱盖上还必须开有许多孔用于装设组件,如高低压套管、分接开关、储油柜、安全气道、温度计座等。

桶式油箱还有一种波纹油箱,即油箱壁由薄钢板压成波纹板后焊接而成。它便于机械化生产,并能减轻变压器重量,但机械强度较差,一般只用于 630 kV·A 及以下的小型变压器上。

2. 钟罩式油箱

钟罩式拱顶油箱常用于 110 kV 级变压器(6 300 kV·A 及以上),钟罩梯形顶油箱则常用于 220 kV 级以上变压器。但是,由于上部定位的需要,拱顶油箱形式现在也常采用梯形顶油箱,且拱顶上组件的布置比较复杂,梯形顶比较简单。钟罩式上节油箱拱顶上焊有类似于桶式油箱箱盖的结构件,箱壁上有类似于桶式箱壁的结构件。所不同的是,由于拱顶上布置的要求,一般以升高座(大管接头)装设各种组件,如高、中、低压套管升高座,高、中压分接开关升高座等。如果采用风冷散热器,需有风扇支持件和配线底板(采用冷却器时有进线底板)。如果有套管电流互感器,还要有端子箱底板,16 000 kV·A 及以上变压器还有接地套管升高座(内有挡气圈)等。当容量为 8 000 kV·A 及以上时,有可拆式导气管。支导气管应装在油箱升高座的最高处,而且通向气体继电器的主导气管须倾斜 2°~3°,以便于气体集中在气体继电器内。

220 kV·A 级大型变压器以往采用盘形下节油箱,目前为了节省油量也采用槽形下节油箱。下节油箱底板下有 4 块(或 8 块)千斤顶底板,借助它可以用千斤顶均匀顶起变压器。

3. 油箱用吊攀

变压器的吊攀位置应保证起吊时吊绳与套管和储油柜等不磕碰,且油箱不变形。桶式油箱箱盖上采用吊环或吊板(只吊器身)。桶式油箱箱沿下的吊攀是用来吊总重的。

钟罩式油箱的上节油箱吊攀(上吊攀)只吊上节油箱,此吊攀在水平加强铁上。下节油箱吊攀焊在箱底槽钢上,这样吊攀才能承受变压器本体总重。而且,上、下节油箱吊攀除了起吊时不碰到套管等外,它们的相互位置还必须配合。

课后习题

1. 油浸式变压器油箱具有容纳器身、充注变压器油以及_____的作用。
2. 变压器油箱有两种基本形式,即_____和_____油箱。_____为桶式结构,_____为钟罩结构。
3. 桶式油箱多用于_____及以下的变压器上,截面多为椭圆形,也有为长方形的。
4. 钟罩式拱顶油箱常用于_____变压器,钟罩梯形顶油箱则常用于_____以上变压器。
5. 变压器油箱主要由哪几部分组成?
6. 简述变压器油箱本体的结构特点。
7. 储油柜装置在变压器油箱中的作用是什么?
8. 变压器油箱中的油如何起到冷却作用?
9. 油箱焊缝渗油的原因及处理方法有哪些?
10. 变压器油箱的密封性对变压器运行有何影响?
11. 变压器油箱的防腐措施有哪些?

12. 储油柜中的油位如何调节？
13. 变压器油箱的承力附件包括哪些部件？
14. 变压器油箱的散热方式有哪些？

学习情景 23　变压器总装配

学习任务

- 熟悉变压器总装配加工过程。
- 熟知变压器装配过程中的注意事项。
- 熟知变压器装配过程中的试验。

1. 设备和工具

其包括总装装配架、行车、气垫车及托架、专用吊具吊绳、手电筒、定位棒、电动扳手、力矩扳手、丝锥、铁锤、各种手动扳手、清理用硅钢片或腻子刀、强力吸尘器、卷尺、器身压紧设备、2 500 V 摇表。

2. 工艺材料

其包括定位胶、螺纹锁固剂、瞬干胶、酒精、绝缘漆、绝缘皱纹纸、绝缘纸板、PVB 胶、立时得、木砂纸、清洁用大布等。

3. 准备工作

（1）熟悉图样、技术条件、相关标准、相关组配件说明书及工艺文件。

（2）按要求做好各项清理及防护工作。

（3）按图样验收零部件并检查其质量，应有合格标志且数量准确，然后备齐密封垫和各类标准件，并且在使用前彻底清洁。

（4）根据产品大小选择适当的工作位置，清理工作场地、装配架，确保打扫清洁，无灰尘、油污。

（5）根据器身调整好总装配架位置，所有参与干燥罐工作的人员身上不得佩戴任何物品。

（6）对于新产品，器身入炉前须将变压器组配件进行试装。试装结束后，可将主联管、蝶阀、升高座、中低压套管等留在油箱上不必拆去，以便器身出炉后快速安装，所安装的蝶阀应根据冷却装置确定手柄方向开关一次，确保正常使用。蝶阀安装前应清理干净，安装完毕后的蝶阀外部需用盖板密封，经检验合格后方可转序。

（7）各密封面使用的胶制品在紧固后应检查其压缩量。胶制品压缩量如下：丁腈橡胶及氟橡胶为 30%～35%；丙烯酸酯橡胶为 35%～40%；氟橡胶为 28%～30%。

4. 油箱磁屏蔽装配（带油箱磁屏蔽的产品）

（1）用吸尘器、干净大布清理油箱壁，油箱内部不得有灰尘、焊渣等异物。检查磁屏蔽接地片与油箱接地座间，确保无异物、无漆膜。检查磁屏蔽安装部位的箱壁表面，确保无凸点、尖角。

（2）安装钟罩式油箱磁屏蔽时，先用转运小车将磁屏蔽转运至合适位置，然后将上节油箱吊至磁屏蔽上方。

（3）磁屏蔽安装应符合图样要求，用铁锤对称打弯卡子。捶打卡子时，应两人配合，一人用长纸板条一端垫在卡子上，另一人用铁锤捶打垫纸板的卡子，不得用铁锤直接捶打卡子和磁屏蔽，防止损伤和产生尖角及铁屑。卡子弯折后下端面应与磁屏蔽贴合，并确保卡子下端面与磁屏蔽间隙小于 2 mm。

（4）接地片配孔时，将接地片打平并与接地座接触对齐，用打孔器冲孔，打冲出的异物不得落入产品内，并将异物放到油箱以外的容器内，如有异物要用吸尘器清理干净。

（5）油箱磁屏蔽安装完成后，必须用吸尘器、抹布等对磁屏蔽、箱壁内壁进行全面清理，磁屏蔽卡子、磁屏蔽周围要用吸尘器吸尘，确保无异物。

（6）磁屏蔽装配完成后，检查卡板焊缝是否开裂，若裂纹长度超过卡板宽度 25% 时，需要补焊。最后用毛刷将磁屏蔽卡子表面刷一层绝缘漆。

（7）磁屏蔽接地片与接地座连接前应测量绝缘电阻。将接地片折弯或与接地座之间垫绝缘纸板，用 2 500 V 兆欧表进行测量，正常情况下绝缘电阻应大于 0.5 MΩ。接地片孔与接地座螺孔要对正，将接地螺栓安装拧紧。接地片固定后应平整，用万用表测量接地片与接地座的电阻，短接电阻应为零。

5. 升高座（互感器）装配

（1）互感器及其附属绝缘件在装配到升高座前须入干燥罐干燥，干燥温度不低于 105 ℃，干燥时间不少于 18 h。出罐时须在交接单上注明出罐时间，要求从出罐至装配到主体控制在 24 h 以内，否则须放在合格油中常温浸泡不少于 8 h，装配前取出并用干净大布擦拭至不滴油后再行装配。

（2）测量装置装配按要求执行。

6. 油箱准备

（1）装配不影响上节油箱平稳起吊的主联管、升高座、盖板等组附件，下节油箱应选择平整的地面放置，并安装清洁处理过的阀门和密封垫。

（2）箱沿密封胶排装配。

①车间使用箱沿胶排前，需对胶排外观进行仔细检查，若发现有损伤和龟裂及污染现象，应立即更换合格的胶排。

②自制密封胶排长度按下节油箱密封槽的周长实际配割，搭接面制作时需使用专用工装进行切割，保证切割面平整，黏结时保证两搭接面外侧平整且黏结牢靠，黏结斜面为其厚度的 2~3 倍，不得出现搭接面参差不齐的情况。黏结完的胶排与油箱接触面不得有胶溢出，并且需单独放置与防护，禁止将胶排直接放置于地面上；对于外购成形胶排，应提前放入油箱密封槽试装，且试装无异常。

③放置箱沿胶排前，需严格检查箱沿油漆是否干透，若油漆未干透则禁止放置箱沿胶排，同时仔细检查密封面内有无刀痕、漆瘤、焊渣等异物，如有异物则立即清理或反馈至外

协厂待处理合格后方可进行胶排放置。

④在装配箱沿胶排时，胶排应避开箱沿护框内焊接位置。

⑤双道密封胶排结构的胶条接头分别放在油箱高、低压侧中部的两螺栓之间，胶排黏合面应平放。单道密封胶排或胶排接头，应放在油箱低压侧中部的两螺栓之间，装配时在胶排与箱沿间可点涂立时得，禁止点涂瞬干胶。

(3) 清理下节油箱时，用硅钢片或腻子刀刮去下节油箱毛刺，用吸尘器整体清理，用大布蘸上酒精擦拭干净。

(4) 有导油盒的油箱，需将导油盒盖板打开，检查并使用吸尘器对导油盒内部进行清理，并用大布蘸上酒精擦拭干净，保证导油盒内部清洁无异物。

7. 器身整理

(1) 器身出炉前操作人员需佩戴防烫手套及长袖工作服（或袖套），并准备好装配所用的各种标准件和专用工具，所有工具、吊具及材料等物品应做好专项登记和点检，完工后及时进行清点和确定并进行签字存档。

(2) 器身出炉后，检查绝缘件应无损伤，零部件应无遗漏，然后用摇表检查铁芯与夹件的绝缘情况，要求绝缘电阻符合检验要求。将器身下托盘支撑件拆除。

(3) 器身整理前将器身与线圈的所有缝隙用干净大布塞紧塞实。紧固引线支架绝缘螺杆，使引线在支架中不松动，要求引线走向横平竖直、折弯美观、排列整齐。对于所有夹持引出线位置的绝缘螺杆应先不紧固，在器身压装完毕后再行紧固。所有绝缘螺杆紧固后在螺母外侧端部与螺栓缝隙处点绝缘胶防松。

(4) 修正铁轭垫块，上、下铁轭垫块需在一条直线上，上、下垫块的对齐度偏差符合检验标准规定。在修正调节垫块时应防止将线圈匝绝缘损伤。

(5) 对于电抗器产品，应先压装铁芯饼及拉杆，并按要求执行。

(6) 夹件螺栓紧固。

①依次从下铁轭中部向两侧对称紧固铁芯内窗拉带螺栓、外窗拉带螺栓、垫脚螺栓、拉带接地线螺栓、下夹件螺栓和拉板轴盖。

②依次从上铁轭中部向两侧对称紧固铁芯内窗拉带螺栓、外窗拉带螺栓、垫脚螺栓、拉带接地线螺栓、上夹件螺栓和拉板轴盖。

③器身上所有金属螺杆紧固后在螺母外侧端部与螺栓缝隙间处点乐泰243防松。

8. 器身压装

(1) 总装工序压力要求。器身总压力及调压压力按电力变压器图纸上给定的压力值及液压缸的吨位、数量加压。

(2) 液压缸放置。将压钉调节端正，然后将液压缸对称放置在高、低压侧夹件的腹板或肢板下，检查液压缸端面到腹板或肢板的距离，距离过大时用调节垫块进行填充，保证在压紧过程中油缸有足够的行程，调节用的垫块应放置在液压缸与线圈压板之间，垫块面积应大于液压缸下表面，避免损伤线圈压板。同时对于辐向尺寸较大的线圈，在液压缸与线圈压板之间应放置面积大的盖板，以增大压板的受力面积。

(3) 不同结构的压装装配。对于压装常规结构（有压钉或无压钉垫块结构）产品时，缓慢开动油泵进行加压。器身压紧力按要求执行，即按工艺压力的50%、70%、90%、100%进行压紧（每次偏差不超过5%）。当压到100%压力后保压30 min，保压过程中检查各绕组的压紧状况，如有垫块松动，应卸掉压力，重新调整铁轭垫块，添加垫块时，在垫块上点涂 PVB 胶，然后再进行压紧，保证所有垫块都不松动。

（4）对于拉板式铁芯结构且低压线圈为箔绕结构的产品，在进行器身压紧时，必须保证箔绕线圈不受力且存在 1~5 mm 间隙，器身压紧力按工艺压力 50%、70%、90%、100% 进行压紧（每次偏差不超过 5%），当压到 100% 压力后保压 30 min。压装过程中每一步压紧过程中要仔细检查箔绕线圈是否受力，如低压线圈上部间隙小于 1 mm 时，但还未达到 100% 的压力情况下，则必须对压圈下部部件的铁轭绝缘垫块（除低压上部的部分）按照实际情况进行整体加厚调节，确保除低压线圈以外的线圈压装可靠，在不撤液压缸的情况下拧紧压钉。

（5）对圆筒式线圈结构的产品调压，在进行器身加压时将调压调节垫块去除，器身压紧力按工艺压力 50%、70%、90%、100% 进行压紧（每次偏差不超过 5%）。此时压力值为图纸中给出的总体压力减去调压线圈的压力，当压到规定压力值时停止加压，检查各绕组的压紧状况，测量此时调压线圈的间隙值，在此间隙值上将调节垫块的厚度增加 4~6 mm，垫块添加完毕后，按工艺压力（此时为总压力）的 50%、70%、90%、100% 进行压紧（每次偏差不超过 5%），当压到 100% 压力后进行保压。对于相间个别松动的垫块需另行调节紧固，然后在不撤液压缸的情况下拧紧压钉。

（6）器身保压过程按以下操作进行。

①对于免吊心产品，当器身压到 100% 压力后保压 30 min，期间每隔 8~10 min 用力矩扳手同步将高、低压侧从内到外对称地按照规定力矩拉紧，并于 30 min 后在继续保压的情况下，按照规定力矩再次从内向外对称均匀紧固 2~3 遍，直至器身受力均匀，压装紧实，然后打紧楔板。液压地雷泄压取出后，再次按照规定力矩对高、低压侧对称从内至外拉紧压钉不少于 4 遍。所有不吊心产品应在器身压装记录和试验完工后的检查记录的上部边角注明"不吊心"字样。

②对于吊心产品，当器身压到 100% 压力后保压 15 min，压钉紧固要求同免吊心产品一致。力矩紧固注意事项如下。

a. 螺栓、螺母标准件及其他有力矩紧固要求的紧固件，允许使用普通扳手先将紧固件轻微带紧，然后使用力矩扳手紧固到规定力矩值。

b. 为避免使用普通扳手紧固时超出规定力矩，力矩扳手紧固时必须旋拧半圈（180°）以上，达到设置的规定力矩值并发出响声后，方满足紧固要求。

c. 严禁使用普通扳手野蛮紧固紧固件，力矩扳手旋拧半圈以内便发出响声的（检验员检测行为除外），均视为未按力矩紧固。

9. 开关连线检查

（1）分接开关放置应正确。

（2）分接开关紧固后，引线应无松动。

（3）开关的接触应良好。

（4）开关上的均压帽应全部盖好。

（5）引线长度的裕度应留够。

（6）引线接法应正确。

（7）开关放油螺栓应紧固无松动。

器身整理工作全部结束后，再次对器身做一次全面检查。用摇表检查铁芯对地绝缘电阻应符合检验要求。用吸尘器仔细清洁器身，绝缘件表面不洁净处可使用木砂纸打磨干净，此过程中须对打磨部位四周进行防护，并在清理过程中持续使用吸尘器吸尘，然后取下所有防护物。

10. 器身下箱

（1）预先按图纸装配好器身与下节油箱之间的绝缘件和减震胶板。

（2）产品如果采用多台气垫车托架联动转运，器身下箱之前需用激光投线仪测量托架整体平面度，应不大于 2 mm。

（3）将器身缓慢落入下节油箱定位碗中后，测量油箱与器身的定位尺寸，需符合图纸要求。

11. 罩上节油箱

（1）用吸尘器、干净大布清洁上节油箱内部，若有不易清洁的油污可用干净大布蘸酒精反复擦拭清理，保证油箱内无焊渣、灰尘、油污等。对于安装有磁屏蔽的产品，应预先检查各磁屏蔽有无尖角、毛刺，确认接地良好可靠。

（2）罩箱。

①将楔板和吊心时用在器身上的绝缘件使用皱纹纸整体绑扎两道，整齐码放于下节油箱边角处，保证楔板随器身一同浸油，吊心时取出使用即可。

②应先注意，罩箱时箱沿与箱顶不允许有标准件、盖板、工具等物品，箱顶未封闭的法兰孔用干净大布覆盖防护，然后将上节油箱平稳吊起缓慢罩到器身上。操作时器身周围要有专人监控，防止油箱碰到引线、木件等器身上零部件。在上节油箱下降到离下节油箱 200 mm 左右时，在上、下箱沿对称孔内插入定位棒引导，确保上节油箱垂直对装。如能穿进一部分箱沿螺栓，则应在各个方向尽量多穿一些，防止上节油箱下落时使胶排受横向剪切力。上节油箱即将落到位时，再检查一次箱沿胶排，然后使上节油箱平稳地落到下节油箱上。若出现上、下节油箱的箱沿吻合不好的情况，切勿压着胶排调整上节油箱位置，而应吊起上节油箱重新调整定位，同时对黏结位置在箱沿上做好标记。

（3）箱沿螺栓的紧固。

①将所有箱沿螺栓穿入箱沿孔中，带好螺母。先用电动扳手将油箱长短轴 4 个中间部分的螺栓均匀预紧至检测力矩小于或接近于不同油箱结构对应的力矩，然后均匀预紧长短轴两侧与中间螺栓各间隔 1.5~2 m 处的螺栓，再沿顺时针或者逆时针方向隔一个预紧一个螺栓，沿箱沿预紧一周后，再采用力矩扳手按照不同油箱结构对应的力矩，沿圆周均匀紧固不少于两遍，直至所有螺栓紧固力矩符合要求为止。

②对于钟罩式油箱或顶盖为 T 形结构的桶式油箱，箱沿紧固力矩按要求紧固即可；对于平箱盖式无器身撑板结构油箱，箱沿紧固力矩要求紧固即可；对于平箱盖式有器身撑板结构油箱，箱沿紧固力矩可按要求紧固。免吊心产品需在出炉后将箱沿螺栓按紧固力矩均匀紧固到位。吊心产品在出厂前将箱沿螺栓按紧固力矩均匀紧固到位即可。

③对箱沿焊接结构的变压器箱沿安装 C 形卡子时，应先将防护罩挡圈安装在卡子螺栓端部，然后将卡子与箱沿进行装配，卡子防护罩挡圈下方依次加放 4~6 mm 胶板、0.5 mm 绝缘纸板进行防护，且纸板面积大于胶板。卡子的紧固方法同螺栓的紧固。其他按要求执行即可。

（4）当环境湿度小于40%时，产品罩箱后3 h开始向油箱持续充入露点小于-55 ℃的干燥空气。当环境湿度大于40%时，产品罩箱后立即对油箱持续充入露点小于-55 ℃的干燥空气。干燥空气发生器需提前开启，确保使用时露点满足要求。

12. 开关装配

按要求进行开关装配。

13. 套管安装

（1）检查套管均压球，应清洁无裂纹、无损伤、无尖角。

（2）检查均压球，确保无尖角、毛刺，如有尖角、毛刺，应及时联系厂家处理。

（3）检查套管瓷制部分有无破损，有破损者严禁使用。

（4）用2 500 V兆欧表检测，套管表面的半导体涂层对法兰应为通路，若不是通路，立刻联系厂家进行处理，合格后方能使用。同时，装配时应注意防止将半导体涂层损伤。

（5）对于35 kV穿缆式纯瓷套管，在装配时应保证引线到套管内壁的绝缘距离，同时在距35 kV套管瓷件下端沿以上50~60 mm处采用电工收缩带绑扎专用绝缘纸圈，纸圈绑扎后应与引线垂直，且与引线间无窜动和松动。

14. 引线接线片与导杆式套管的导电杆连接

（1）将引线接线片整形，使之易于装配。

（2）对于有垫板的连接应装配于接线片外侧。接线板与接线片连接应对正，不应受力过大。

（3）引线连接操作时，用布带一头绑在工具上，另一头绑在手上，按图纸进行接线片与导杆式套管的导电杆的连接。

（4）检查机械连接和引线绝缘距离应符合要求。

（5）紧固过程中应做好防护，防止标准件落入油箱内。

（6）安装视察窗盖板及其他管接头或法兰盖板时，应保证其密封良好。

15. 油箱接地线、接地排安装

（1）用专用剥线机剥除电缆线端部的聚氯乙烯绝缘外层，注意不应损伤软芯电缆线的电缆丝，聚氯乙烯外绝缘剥除长度大于15 mm，然后操作人员一只手抓紧电缆线绝缘部分，手抓的位置应尽可能靠近电缆线端部聚氯乙烯绝缘层根部，另一只手沿电缆丝扭绞方向捻搓电缆线，剥除外绝缘的铜芯，使电缆丝紧紧地扭绞在一起，保证冷压接时将所有铜丝都压接在接线端子中。

（2）开口接线片与电缆线连接时，将电缆线铜芯放入开口接线片连接位置并伸出连接端部3~6 mm，然后采用液压设备或小铁榔头先弯折开口连接面的一侧，使其紧压在电缆线上（电缆线压扁宽度不大于接线片开口位置一侧压合的宽度时，弯折后应整体压在电缆线上部；电缆线压扁宽度大于接线片开口位置一侧的宽度时，接线片开口一侧弯折后压在电缆线上部的宽度不少于电缆线宽度的1/2），并采用液压设备或小铁榔头敲平压紧。之后再弯折接线片开口位置的另一侧（电缆线压扁宽度不大于接线片开口位置一侧压合的宽度时，弯折后应叠压在另一侧的上部且不少于电缆线宽度的2/3；电缆线压扁宽度大于接线片开口位置一侧的宽度时，弯折后应与另一侧叠压或对压且不少于电缆线宽度的1/2），同时使开口的两边在叠压后整体美观，最后再用专用液压设备进行压接。

（3）管式接线端子与电缆线连接时（电缆线规格与接线端子规格相匹配），将电缆线铜芯插入接线端子冷压孔，插入深度至冷压孔端部或插入至冷压孔同侧观察孔平齐位置，然后使用专用液压设备进行六方压接。

（4）接地线端子与电缆线连接后需对压接位置进行搪锡处理。搪锡时，将电缆压接头一端放入搪锡锅内，保证浸锡位置没过压接位置，但电缆绝缘层不可浸入搪锡锅内，待电缆及端子外锡完全熔化后，将接地线从搪锡锅内取出自然冷却即可，搪锡时，确保搪锡位置搪满锡，无气泡、锡瘤。

（5）接地线压接位置使用热缩套外包处理，热缩套长度控制在 30~40 mm，热缩套端部伸出接线片压接位置外侧端部 6~8 mm，同时热缩后紧致美观，且不影响接地线接触。

（6）接地线长度要求。

①接地线常用规格统一按 190 mm、220 mm、280 mm、330 mm 制作。

②散热器、电动机构、端子箱、爬梯、储油柜、升高座、手孔、人孔接地线统一使用 190 mm。

③带蝶阀的导油管法兰对装接地线统一使用 280 mm。

④不带蝶阀的导油管法兰对装接地线统一使用 220 mm。

⑤其他压力释放阀、托线槽、套管、开关等处接地线根据实际情况选用 190 mm、220 mm、280 mm 和 330 mm。带波纹管处的接地线按实际情况现配。

（7）接地线压接要牢靠，连接前应检查接地座连接表面，确保无漆膜、无杂质，连接时保证两端子同向。

（8）接地排装配时应检查支撑绝缘子底座，确保横平竖直，然后进行装配。

（9）接地排装配过程中不应局部受力，装配自然，接地套管不应受力。

16. 冷却装置安装

（1）安装冷却装置前应检查是否符合要求，确保焊接处无裂缝。

（2）冷却装置冲洗按要求执行。

（3）装配前清理冷却装置法兰面，确保无异物。上述各项检查、清洁工作符合要求后，在蝶阀正下方放置接油盒，用行车将冷却装置吊起，平稳安装到变压器上。

（4）冷却装置安装完毕后应保证整体高度一致，同时上、下导油管应保证无歪斜，安装完毕后整体统一、美观。

17. 储油柜安装

（1）确认储油柜支架的方向和位置，按图样将储油柜支架装配于油箱上。测量储油柜两支架与储油柜装配螺栓孔的间距，支架间距与储油柜装配螺栓孔上的间距应一致。待储油柜吊至柜脚上方 15~30 mm 处时，根据螺栓穿入螺栓孔的情况缓慢调整储油柜高度，待全部螺栓紧固完毕后，方可去掉吊绳。

（2）按图样装配注、放油管路和排气管路，各对应卡箍应紧固无松动，注、放油和排气管路高度应保证一致，球阀操作手柄和管路标识牌方向应一致，对波纹式储油柜应进行安装调试。

（3）对于返修变压器及储油柜未到货的产品，可安装临时储油柜进行各项操作。

18. 开关、电动操动机构安装

（1）注意开关挡位应与开关顶盖显示挡位一致。

（2）依据开关安装说明书进行安装，安装时轴头应与齿轮盒对正，注意传动轴的安装应横平竖直，安装好后检查各传动轴是否传动灵活，调挡是否灵活、准确。对于有防护罩的电动机构，防护罩长度应合适、卡固无松动。

（3）按照说明书调整电动操动机构对应挡位偏差，确保符合要求。

（4）开关滤油机进出油管路与开关出进油管路相对应，油流方向应相反。

19. 其他附件安装

所有附件装配需先清理密封面及密封垫，检查合格后，根据图纸进行安装，并均匀紧固所有螺栓。

（1）各接地座接触连接面应无漆膜。

（2）压力释放阀按图纸装配完毕后，相应的静压操作按照要求执行。

（3）气体继电器及主联管的装配。

①安装时先拆除绑扎带，检查内部所有紧固螺钉，确保无松动，浮子及挡板的运动应灵活，接点应可靠开闭，引线应无脱落。

②将气体继电器安装在变压器油箱与储油柜之间的连接管路中，安装时应特别注意，继电器上的箭头要指向储油柜。

③主联管、气体继电器、控流阀、电磁阀、波纹管应装配在同一直线上，主联管各连接处钢号需一一对应。

④连接气体继电器与取气盒，按预定走向固定导气管，导气管长出部分应盘成直径大于100 mm 的圆圈，并固定在适当位置。真空补油完毕后应将取气盒内气体排尽。

⑤气体继电器中的磁铁不能剧烈震动，也不能放在强磁场及温度超过 100 ℃ 和低于 −40 ℃ 的环境中。

⑥不要随意拆卸干簧接点，特别是根部引线不得任意弯折，以免损伤。

（4）温控器的装配。

①检查温控器外观及指示针位置是否正确。

②将温控器垂直固定在变压器壳体上。

③按预定走向固定毛细管，毛细管长出部分应盘成直径大于 100 mm 的圆圈，并固定在适当位置。

④安装温包前应清除温度计座内的积水及杂物，并加适量变压器油，保证探头完全浸入油中，然后将温包紧固到温度计座上。

⑤在任何情况下请勿逆时针方向拨动指示指针，否则会造成温控器的损坏。

（5）二次线及托线槽装配按要求执行。

（6）速动压力继电器的装配。

①按照图纸位置，将速动压力继电器装配于变压器壳体上，不应将其顶部与底部装反。

②装配完毕且真空注油完毕后，应将放气塞打开，待有油流出为止，然后将放气塞拧紧。

③速动压力继电器不能装在变压器上运输，必须拆下，单独包装运输，运输过程应避免继电器受到冲击。

（7）对于带光纤的产品，光纤绑扎装配按要求执行。

20. 吸湿器装配

（1）检查吸湿器表面有无破损，油杯应完好，保证呼吸畅通，吸湿器硅胶应无变色。
（2）将吸湿器与排气管紧固装配，保证密封。

21. 产品密封后的检查

产品密封后，注油前测量铁芯、夹件对地及铁芯对夹件的绝缘电阻，应符合检验标准。

22. 螺栓安装

螺栓安装方向的整体原则：竖直方向螺栓全部向下安装；水平方向螺栓朝向产品安装，即面向产品，螺帽在外侧，螺母在里侧；箱顶主联管、集气管螺栓安装方向，由储油柜指向升高座，即螺帽在储油柜侧，螺母在升高座侧；其他与产品平行的螺栓要求安装方向一致，超出油箱范围的要求朝向油箱安装。

23. 注油及补油

真空注油及真空补油。

24. 静压静放

按要求进行静压静放。需再次对箱沿螺栓紧固情况进行检查确认，如发现螺栓有松动情况应立即进行紧固处理，同时做好试漏情况的检查及记录。

25. 成品试验

（1）产品试验前应检查变压器外部所有紧固件（包括升高座、托线槽等），确认紧固无松动后方可进行试验。产品试验前将箱顶及箱沿所有物品清除，由检验人员确保试验前箱顶及箱沿无任何物品后方可进行试验。
（2）将装配完毕后且密封试验合格的产品送入试验站进行成品试验。

26. 二次吊心

（1）变压器放油阀门接上回油管路，打开储油柜顶部阀门或放气塞，由油箱下部放油阀门放出全部变压器油，二次吊心时不吊出器身，箱底残油应尽量放净。
（2）为缩短二次吊心时间，在变压器油放至升高座以下时即开始拆卸套管、储油柜、散热器、开关法兰等附件。在所有拆卸下的附件上做相应的标识，并将相应管接头处进行密封。
（3）产品提罩时，箱沿与箱顶不允许有标准件、盖板、工具等物品，箱顶未封闭的法兰孔用干净大布覆盖防护。
（4）产品提罩后，需全面检查器身所有紧固件，撑紧铁轭垫块，检查垫块对齐度，并对器身进行压装，器身压紧力按图纸给定压力的100%压装，其余操作参照器身出炉整理工序中器身压装方法执行。器身压装完毕后，整体对器身及下节油箱进行彻底清理，保证器身及下节油箱清洁无异物，同时将高压、中压导电杆绑在支架上，绑扎时应考虑到现场装配时能够解开并取出。将引出线连接螺栓成套装配到套管尾部，需确保发往现场螺杆应与设计要求规格一致，螺杆包扎前应做浸油处理，防止螺杆在发运和现场存放过程中发生锈蚀现象，后续包装按要求执行。
（5）将需要拆卸的低压软连接拆除并清洁后，先包裹两层保鲜膜，再包裹两层塑料布，包裹紧实后用胶带密封可靠并放入包装箱内固定牢靠。
（6）对于不需要拆卸的低压软连接，沿铜带向铜排硬连接部分弯折，弯折后用电工收缩带将铜带与硬连接绑扎接好，根据实际情况将铜带及接线片部位固定好，用电工收缩带可靠绑扎不少于两道。

（7）采用出线装置结构的产品，如果出线装置引线和线圈出线通过接线端子（螺纹孔）连接，在拆卸时，要求连接螺栓分别装配在相应的螺纹孔内，螺栓和蝶形弹簧的规格、数量正确，紧固到位。如果出线装置引线和线圈出线通过接线端子（光孔）连接，在拆卸时，则要求连接螺栓均安装在出线装置引线相应端部的孔中，螺栓、螺母和垫圈的规格、数量正确，紧固到位。拧紧后整体包扎绝缘不少于4层，同时在两端做好标识。

（8）产品罩箱前应对开关挡位再次确认，罩箱后进行变比与直流电阻测试试验。

（9）二次吊心结束后，应尽快罩上节油箱，允许暴露时间按前面器身出炉要求执行，并按图样要求紧固器身与上节油箱定位件，密封所有密封件。检查各阀门密封是否良好，并进行相应处理。

（10）在二次罩箱前，用大布蘸工业酒精将各密封面和密封件上的油擦干净，注意罩箱时箱沿与箱顶不允许有标准件、盖板、工具等物品，箱顶未封闭的法兰孔用干净大布覆盖防护。二次吊心后，用摇表测量铁芯及夹件绝缘电阻合格后，再装配上节油箱器身定位装置。

（11）对于器身上定位为灌胶结构的产品，在罩箱前上定位灌胶，定位胶深度严格按图纸要求控制，其他按要求执行。

（12）罩箱后，对于穿缆式套管，用皱纹纸对导电杆半叠包扎2~3 mm绝缘，再用白布带包扎两层，防止导电杆运输过程中螺纹受损。将导电杆及引出线绑扎在导线夹上并保证无松动、无窜动，引线绑扎在最外侧导线夹内侧。对于导杆式套管，运输时同样要求引线可靠绑扎在最外侧导线夹内。

27. 纸浆均压球运输方式

（1）对于充气运输的产品，带纸浆的均压球需绑扎固定在同一台变压器人孔附近横竖引线支架交叉部位处，绑扎固定牢靠，防止在变压器本体运输过程中均压球晃动、撞击、摩擦造成损坏。对于不带纸浆的均压球，用气垫膜包装好后放入包装箱或随套管直接发运。

（2）对于充油运输的产品，将纸浆均压球使用气垫膜包裹不少于5层并绑扎，防止运输过程中气垫膜松散，并放入对应升高座内进行运输。

28. 变压器内放物料要求

（1）变压器内放材料（包含现场用辅材及图纸要求）统一置于产品高压B相升高座内，若B相升高座放置不下，可增放于A、C相升高座内，同时核对材料数量无误后进行包装、固定，绑扎固定牢靠后密封升高座。

（2）对于需要拆卸的引线无法放置在升高座内的情况，要求将引线统一绑扎、固定在对应相器身上部木支架端部，方便现场安装时打开盖板就可将引线取出使用。

（3）现场用工艺辅材和备品绝缘螺杆用量以及图纸要求主材类，按照厂内装配实际用量执行。

（4）400 kV及以上产品由于结构特殊且种类较多而无法统一要求，各车间需根据单台产品实际用量配发内放材料。如果产品带出线装置，则要求每台产品内放一盘三木皱纹纸及一盘35HC进口皱纹纸，其他有特殊要求的按照特殊要求执行，放置要求按上述执行。

（5）试验完工后，对产品所有密封胶垫进行检查，若发现密封胶垫出现损伤情况，及时将损伤密封胶垫进行更换处理，更换后的密封胶垫材质及规格需与图纸要求一致，确保密封胶垫更换后密封面密封可靠。

（6）所有随本体运输的组配件在运输前应将连接的标准件紧固到位。

（7）图纸要求使用标准件为镀镉件时，出炉和附件装配用其他标准件代用，吊心时给予更换，并且更换时不允许使用电动扳手操作。

29. 标准件拆卸规范

（1）变压器油箱和附件之间连接的标准件应装配在油箱相应位置上。

（2）附件之间的标准件拆卸。

①套管与升高座之间的标准件全部留在升高座上，随盲板一起紧固密封。升高座另一端用临时盲板密封时，螺杆允许间隔一个进行安装紧固，但如果内部有绝缘件则要求全部安装紧固。

②支撑件与联管之间的标准件留在联管上。

③联管之间的标准件各留一半，临时盲板密封时，要求间隔一个进行安装紧固。

④储油柜与柜脚之间的标准件全部留在柜脚上。

⑤压力释放阀与导油管之间的标准件全部留在导油管上。

⑥散热器、冷却器与导油管之间的标准件全部留在导油管上，拆下的散热器、冷却器用临时盲板密封时，螺杆配齐并紧固。

⑦其余的只要是法兰连接的均要求在法兰上留一半标准件，临时盲板密封时，要求间隔一个安装紧固。

30. 短接线拆卸规范

（1）变压器油箱与附件之间的短接线全部固定在油箱上。

（2）附件之间的短接线拆卸。

①套管与升高座之间的短接线固定在升高座上。

②支撑件与联管之间的短接线固定在联管上。

③爬梯与门之间的短接线固定在爬梯上。

④联管之间的短接线固定在相对更长的联管上。

⑤储油柜与柜脚之间的短接线固定在储油柜上。

⑥压力释放阀与导油管之间的短接线固定在导油管上。

⑦散热器、冷却器与导油管之间的短接线固定在导油管上。

（3）短接线要求将两侧压接端子重合后固定。

（4）短接线固定侧要求将所有垫片、螺母等标准件配齐后紧固，另一侧断开侧也要求将所有标准件配齐后紧固好。

31. 组附件包装

组附件包装按照要求执行。

容量在 180 000 kV·A 及以上产品，拆完附件重新密封后用激光投线仪沿箱底长轴侧投线，采用钢板尺测量箱底与投线间的距离，每边不少于 5 个点，用最大值减去最小值，即为箱底的变形量，箱底变形量应符合油箱技术条件要求，并在专用表格中记录存档。

32. 充气（充油）运输

（1）本体密封后，按照要求进行试漏及充气或充油运输。

（2）产品试漏时，需再次对箱沿螺栓紧固情况进行检查确认，如发现螺栓有松动情况应立即进行紧固处理，同时质检部做好对试漏情况的检查及记录。

（3）产品发货前，对油箱外部接地座未涂漆表面和未安装螺栓的内螺纹、局部裸露金属等未涂漆部分进行涂抹黄油防锈处理。对于内螺纹，在螺纹内涂抹上黄油。

课后习题

1. 磁屏蔽接地片与接地座连接前应测量_____，将接地片折弯或与接地座之间垫绝缘纸板，用 2 500 V 兆欧表测量绝缘电阻，正常情况下应大于 0.5 MΩ。

2. 当环境湿度<40%时，产品罩箱后_____开始向油箱持续充入露点<-55 ℃的干燥空气。当环境湿度>40%时，产品罩箱后立即对油箱持续充入露点<-55 ℃的干燥空气。

3. 套管安装时应用_____兆欧表检测套管表面的半导体涂层对法兰是否为通路，若不是通路，立刻联系厂家进行处理合格后方能使用。

4. 接地线端子与电缆线连接后需对压接位置进行_____处理。

5. 将_____安装在变压器油箱与储油柜之间的连接管路中，安装时应特别注意，继电器上的箭头应指向储油柜。

6. 变压器总装配前需要进行哪些准备工作？

7. 简述变压器铁芯的组装过程。

8. 变压器线圈绕制时需要注意哪些事项？

9. 绝缘处理在变压器总装配中的重要性是什么？

10. 变压器总装配中的连线接头焊接有哪些要求？

11. 试运行检测在变压器总装配后的作用是什么？

12. 简述变压器总装配过程中可能出现的问题及解决方法。

13. 变压器总装配完成后，如何进行质量验收？

14. 变压器总装配中的安全注意事项有哪些？

15. 变压器总装配的工艺标准对产品质量有何影响？

模块 5

变压器试验

学习目标

知识目标
熟悉变压器绝缘电阻、吸收比和极化指数试验，变压器直流电阻试验，电力变压器的短路和空载试验等，以及变压器变比测试、变压器绕组变形测试、变压器微量水分测试等。

能力目标
能正确理解变压器各试验的原理，能正确完成变压器绝缘电阻、变比、绝缘油介质损耗等各项试验。

素质目标
提高学生对科学知识的掌握和应用，培养学生的科学探究能力、试验操作能力、科学思维和创新意识。

总任务
能够理解变压器各项试验的原理，完成各项试验操作，熟知各项试验中的注意事项。

学习情景 24　变压器试验基础知识

学习任务

- 了解变压器绝缘测试的周期及绝缘测试项目。
- 熟悉变压器绝缘电阻、吸收比和极化指数测量。
- 熟悉变压器泄漏电流测量。
- 熟悉变压器介质损耗角正切测量。

由于电力变压器内部结构复杂，电场、热场分布不均匀，因而事故率相对较高。因此，要认真地对变压器进行定期绝缘试验，根据状态检修规程，一般为 3~5 年进行一次停电试验。不同电压等级、不同容量、不同结构的变压器试验项目略有不同。

变压器绝缘电阻、泄漏电流和介质损耗等性能主要与绝缘材料和工艺质量有关，它们的变化反映了绝缘工艺质量或受潮情况,但是一般而言,其检测意义比电容器、电力电缆或电容套管要小得多,不做硬性指标要求。变压器绝缘主要是油和纸绝缘,最主要的是耐电强度。

对于电压等级为 220 kV 及以下的变压器,要进行 1 min 工频耐压试验和冲击电压试验以考核其绝缘强度;对于更高电压等级的变压器,还要进行冲击试验。

由于冲击试验比较复杂,所以 220 kV 以下的变压器只在形式试验中进行;但 220 kV 及以上电压等级的变压器的出厂试验也规定要进行全波冲击耐压试验。出厂试验中,常采用 2 倍以上额定电压进行耐压试验,这样可以同时考核主绝缘和纵绝缘。

测量绕组连同套管一起的绝缘电阻、吸收比和极化指数,对检查判断变压器整体的绝缘状况具有更好的效果,能有效地检查出变压器绝缘整体受潮、部件表面受潮或脏污以及贯穿性的集中缺陷。例如,各种贯穿性短路、瓷件破裂、引线接壳、器身内有铜线搭桥等现象引起的半贯通性或金属性短路。经验表明,变压器绝缘在干燥前后绝缘电阻的变化倍数比介质损失角正切值变化倍数大得多。

1. 绝缘电阻、吸收比和极化指数测量

测量绕组绝缘电阻时,应依次测量各绕组对地和其他绕组间的绝缘电阻值。被测绕组各引线端应短路,其余各非被测绕组都短路接地。以空闲绕组接地的方式可以测出被测部分对接地部分和不同电压部分间的绝缘状态,测量的顺序和具体部件如表 5-1 所示。

表 5-1 双绕组、三绕组不同电压下的接地部位

顺序	双绕组变压器		三绕组变压器	
	被测绕组	接地部位	被测绕组	接地部位
1	低压	外壳及高压	低压	外壳、高压及中压
2	高压	外壳及低压	中压	外壳、高压及低压
3	—	—	高压	外壳、中压及低压
4	(高压及低压)	(外壳)	(高压及中压)	(外壳及低压)
5	—	—	(高压、中压及低压)	(外壳)

工程简化公式为

$$R_2 = R_1 \times 1.5^{(t_1-t_2)/10}$$

在实际测量过程中,会出现绝缘电阻高、吸收比反而不合格的情况,其中原因比较复杂,这时可采用极化指数 PI 来进行判断,极化指数定义为加压 10 min 的绝缘电阻与加压 1 min 的绝缘电阻之比,即 $PI = P_{10}/P_1$。目前现场试验时,常规定 $PI \geq 1.5$。

2. 泄漏电流测量

测量泄漏电流比测量绝缘电阻有更高的灵敏度。运行检测经验表明,测量泄漏电流能有效地发现用其他试验项目所不能发现的变压器局部缺陷。

双绕组和三绕组变压器测量泄漏电流的顺序与部位如表 5-2 所示。测量泄漏电流时,绕组上所加的电压与绕组的额定电压有关。

表 5-2 变压器泄漏电流测量顺序和部位

顺序	双绕组变压器		三绕组变压器	
	加压绕组	接地部分	加压绕组	接地部分
1	高压	低压、外壳	高压	中压、低压、外壳
2	低压	高压、外壳	中压	高压、低压、外壳
3	—	—	低压	高压、中压、外壳

测量时，加压至试验电压，待 1 min 后读取的电流值即为所测得的泄漏电流值，为了使读数准确，应将微安表接在高电位处。

3. 介质损耗角正切测量

测量变压器的介质损耗角正切值 $\tan\delta$ 主要用来检查变压器整体受潮、釉质劣化、绕组上附着油泥及严重的局部缺陷等。测量变压器的介质损耗角正切值是将套管连同在一起测量的，但是为了提高测量的准确性和检出缺陷的灵敏度，必要时可进行分解试验，以判明缺陷所在位置。

表 5-3 给出了规定的 $\tan\delta$ 测量值，测量结果要求与历年数值进行比较后，变化应不大于 30%。

表 5-3 介质损耗角正切值规定

变压器电压等级/kV	330~500	66~220	35 及以下
$\tan\delta$	0.6%	0.8%	1.5%

由于变压器外壳均直接接地，故采用反接法进行测量。

图 5-1 所示为三绕组变压器测量 C 及 $\tan\delta$ 的接线图。

双绕组和三绕组变压器的测量部位如表 5-4 所示。

表 5-4 双绕组和三绕组变压器的测量部位

双绕组变压器		三绕组变压器		
序号	测量端	接地端	序号	测量端	接地端
1	高压	低压+铁芯	1	高压	中压、铁芯、低压
2	低压	高压+铁芯	2	中压	高压、铁芯、低压
3	高压+低压	铁芯	3	低压	高压、铁芯、中压
			4	高压+低压	中压、铁芯
			5	高压+中压	低压、铁芯
			6	低压+中压	高压、铁芯
			7	高压+中压+低压	铁芯

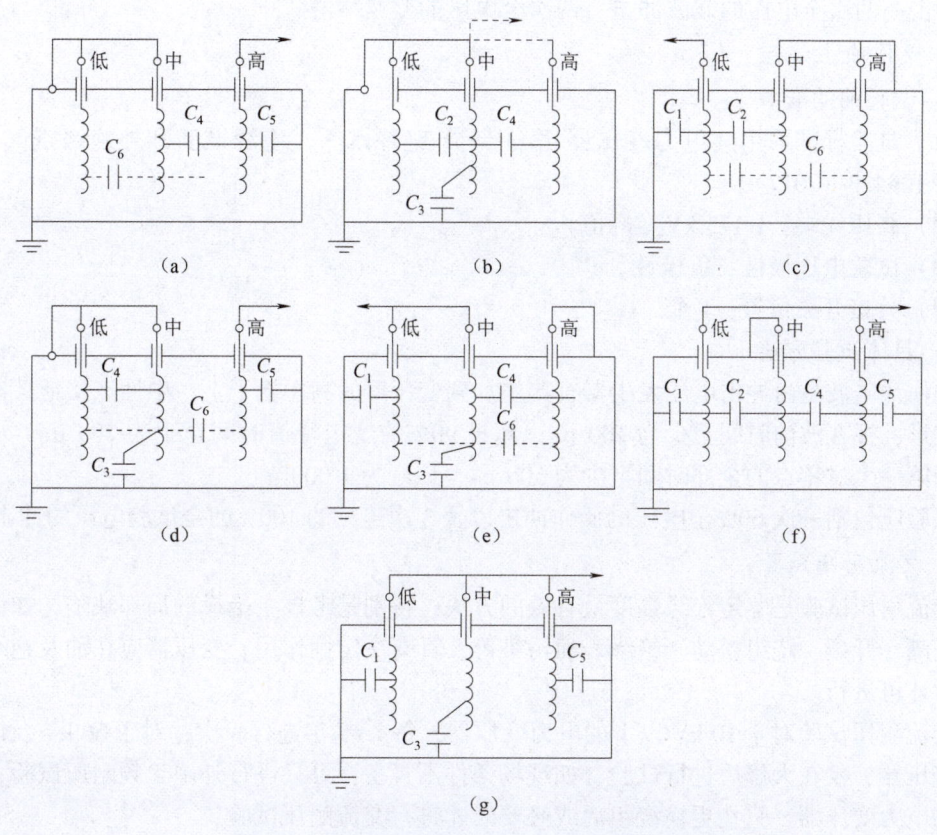

图 5-1　三绕组变压器测量 C 及 $\tan\delta$ 的接线图

(a) 高压-中、低压及地；(b) 中压-高、低压及地；
(c) 低压-高、中压及地；(d)（高+中）压-低压及地；
(e)（中+低）压-高压及地；(f)（高+低）压-中压及地；
(g)（高+中+低）压-地

4. 雷电冲击试验

雷电冲击试验标准采用《电力变压器 第 3 部分 绝缘水平、绝缘试验和外绝缘空气间隙》（GB/T 1094.3—2017）。

(1) 高压线端：雷电全波 1 550 kV（峰值）。
(2) 雷电截波：1 675 kV（峰值）。
(3) 中性点：雷电全波 325 kV（峰值）；雷电截波 325 kV（峰值）。
(4) 低压线端：雷电全波 125 kV（峰值）。
(5) 试验电压极性：负极性。
(6) 试验分接：分接范围为±5%时开关置于主分接位置，分接范围超过±5%时开关应分别置于最大、额定、最小 3 个位置试验。
(7) 全波波形：（1.2±30%）μs；（50±20%）μs。
(8) 截波截断时间：2~6 μs。
(9) 过零系数：$0<K_0<30\%$。
(10) 试验顺序：一次降低电压的全波冲击→一次全电压的全波冲击→一次降低电压的

截波冲击→两次全电压的截波冲击→两次全电压的全波冲击。

5. 操作冲击试验

1) 试验前的准备

（1）试验标准采用《电力变压器 第 3 部分 绝缘水平、绝缘试验和外绝缘空气间隙》（GB/T 1094.3—2017）。

（2）高压线端：1 175 kV（峰值）。

（3）试验电压极性：负极性。

（4）分接开关位置：1 个。

2) 具体试验方法

操作冲击波是由冲击电压发生器直接施加到变压器的高压端子上，中性点接地。冲击电压的波形，视在波前时间至少为 100 μs，超过 90%的规定峰值时间至少为 200 μs，从视在原点到第一个过零点的全部时间至少为 500 μs，最好为 1 000 μs。

试验应包括一次 60%全电压的操作冲击以及 3 次连续的 100%的全试验电压的冲击。

6. 交流耐压试验

交流耐压试验是鉴定绝缘强度最有效的方法，特别是考核主绝缘的局部缺陷，如绕组主绝缘受潮、开裂、绕组松动、绝缘表面污染等，具有决定性作用。变压器应在油及绝缘试验合格后才可进行。

交流耐压试验对于 10 kV 以下的电力变压器，每 1~5 年进行一次；对于 66 kV 及以下的电力变压器，仅在大修后进行试验，如现场条件不具备，可只进行外施工频耐压试验；对于其他的电力变压器，只在更换绕组后或必要时才进行交流耐压试验。

在变压器注油后进行试验时，需要静置一定时间。通常 500 kV 变压器静置时间大于 72 h；220 kV 变压器静置时间大于 48 h；110 kV 变压器静置时间大于 24 h。

错误接线一：双绕组均不短接，如图 5-2 所示。

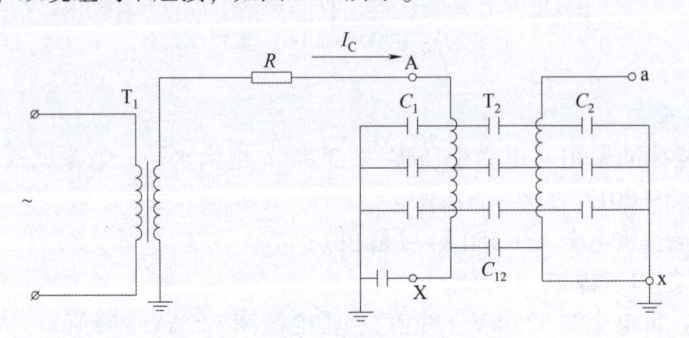

图 5-2　变压器交流耐压接线错误

错误接线二：双绕组均仅短接，如图 5-3 所示。

由于绕组中所流过的是电容电流，故靠近 X 端的电位比所加的高压高。又因为非被试绕组处于开路状态，被试绕组的电抗很大，由此将导致 X 端电位升高。显然，这种接线方式是不允许的，在试验中必须避免。

变压器交流耐压试验的正确接线方式如图 5-4 所示。

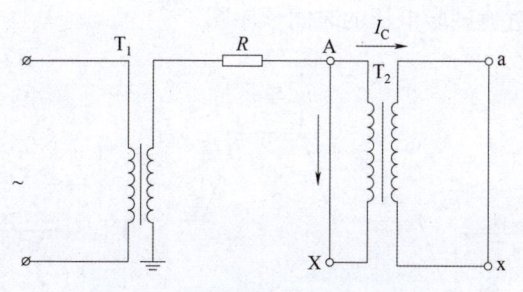

图 5-3　变压器交流耐压接线错误

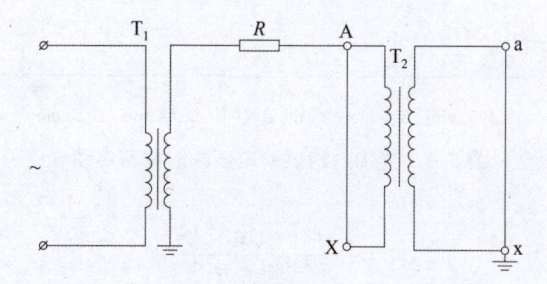

图 5-4　变压器交流耐压试验的正确接线方式
T_1—试验变压器；T_2—被试变压器

感应耐压试验由于采用自激法加压，若试验接线选择合理，变压器的主绝缘和纵绝缘可同时得到考验。考虑到变压器铁芯的磁饱和问题，感应耐压试验的电源常采用倍频电源，感应耐压因此也叫倍频感应耐压。试验电压为出厂试验值的80%。感应耐压试验接线如图5-5所示。感应耐压试验原理图如图5-6所示。

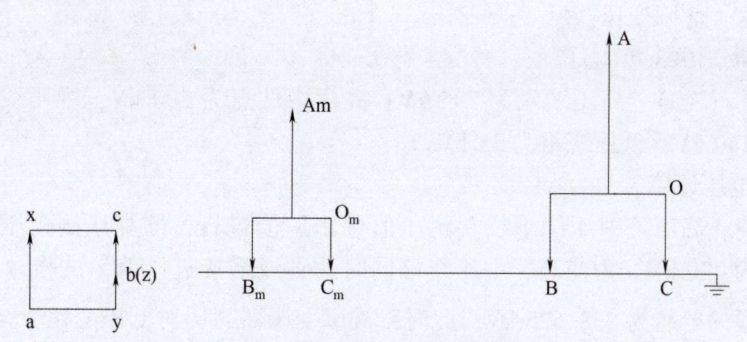

图 5-5　感应耐压试验接线

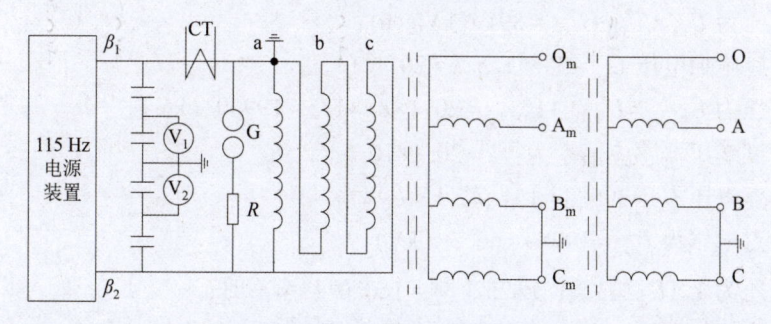

图 5-6　感应耐压试验原理图

图 5-7 所示为施加对地试验电压的时间顺序图。

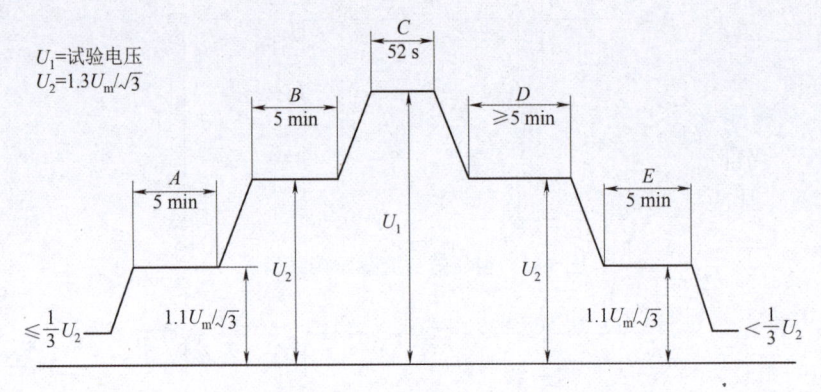

（A=5 min；B=5 min；C=试验时间；D≥5 min；E=5 min）

图 5-7　施加对地试验电压的时间顺序图

$$C = \frac{120 \times [额定频率]}{[试验频率]}$$

例如，益阳明山主变压器耐压试验。
（1）变压器参数。
①型号：SFPSZ7-120000/220。
②接线方式：YN，yn0，d11。
③电压：(230±8)×1.25%/121/10.5 kV。
④出厂序号：1ET.710.1378.20。
⑤生产厂家：沈阳变压器厂。
⑥投运日期：1993 年 4 月。
⑦绝缘水平（AC）：高压线端为 395 kV；高压中性点为 200 kV；中压线端为 200 kV；中压中性点为 140 kV；低压绕组为 35 kV。
（2）试验电压计算。
经多方协商，高压、中压绕组线端耐压值按出厂值进行，即高压侧耐压值为 395 kV，中压侧耐压值为 200 kV。为使高、中压线端同时达到或最接近该值，试验时，高压绕组处于第 6 分接位置的电压为 238.625 kV。此时，被试变压器高压对低压变比 $K_1 = 238.625/\sqrt{3}/10.5 = 13.1$，中压对低压变比 $K_2 = 121/\sqrt{3}/10.5 = 6.6$。

当高压电压为 $U_{BA} = U_{BO} + U_{OA} = 395$（kV）时，

低压绕组应施加电压 $U_{ac} = 395/1.5/k = 20.1$（kV），

中压侧电压为 $U_{B_mA_m} = U_{B_mO_m} + U_{O_mA_m} = 20.1 \times K_2 \times 1.5 = 199.0$（kV），

此时，被试变压器感应倍率为：$k = 20.1/10.5 = 1.9$，

高压中性点电压 $U_o = 395/3 = 131.7$（kV），

中压中性点电压为 $U_{om} = 199/3 = 66.3$（kV）。

当高压电压为 $1.1 U_m/\sqrt{3} = 1.1 \times 252/\sqrt{3} = 160.0$（kV）时，

低压绕组应施加电压 $U_{ac} = 160.0/1.5/k = 8.1$（kV）；

当高压电压为 $1.3U_m/\sqrt{3}=1.3\times252/\sqrt{3}=189.1$ （kV）时，
低压绕组应施加电压 $U_{ac}=189.1/1.5/k=9.6$ （kV）。
因此，中性点耐压值为 68 kV。

7. 局部放电测量

1）变压器局部放电特点

变压器放电脉冲是沿绕组传播的，起始放电脉冲是按分布电容分布的。中性点耐压接线如图 5-8 所示。经过一段时间后，放电脉冲通过分布电感和分布电容向绕组两端传播，行波分量达到测量端的检测阻抗后，有可能产生反射或振荡，所以纵绝缘放电信号在端子上的响应比对地绝缘放电要小得多，放电脉冲波沿绕组传播的衰减随测量频率的增加而增大。

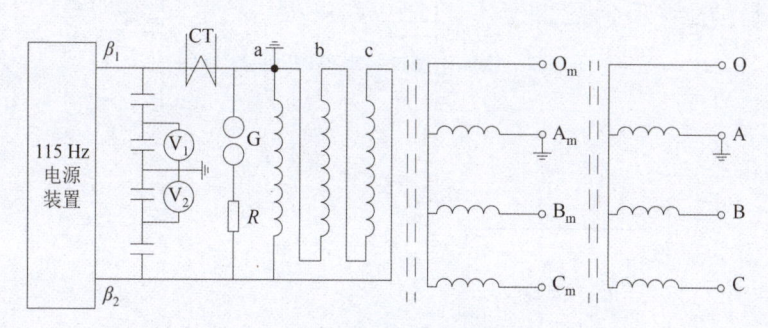

图 5-8 中性点耐压接线

电力变压器中局部放电可分为：
（1）绕组中部油-屏障绝缘中油道击穿。
（2）绕组端部油道击穿。
（3）接触绝缘导线和纸板（引线绝缘、搭接绝缘、相间绝缘）的油隙击穿。

引线、搭接纸等油纸绝缘中局部放电可分为：
（1）线圈间（纵绝缘）的油道击穿。
（2）匝间绝缘局部击穿。
（3）纸板沿面滑闪放电。

现场试验一般在以下几种情况下需要进行局部放电试验：
（1）新安装投运时（$1.5U_m/\sqrt{3}$ 下：≤500 pC）。
（2）返厂修理或现场大修后（$1.3U_m/\sqrt{3}$ 下：≤300 pC）。
（3）更换重要部件、滤油后。
（4）运行中必要时。

2）变压器局部放电测量

变压器局部放电测量主要包括 3 种情况，即单相励磁变压器、三相励磁变压器和变压器套管抽头的测量，它们测量的基本接线电路如图 5-9 所示。

3）变压器局部放电测量中的干扰抑制

消除变压器局部放电测试现场的干扰，对准确测量至关重要。变压器现场试验的干扰有以下两种情况。

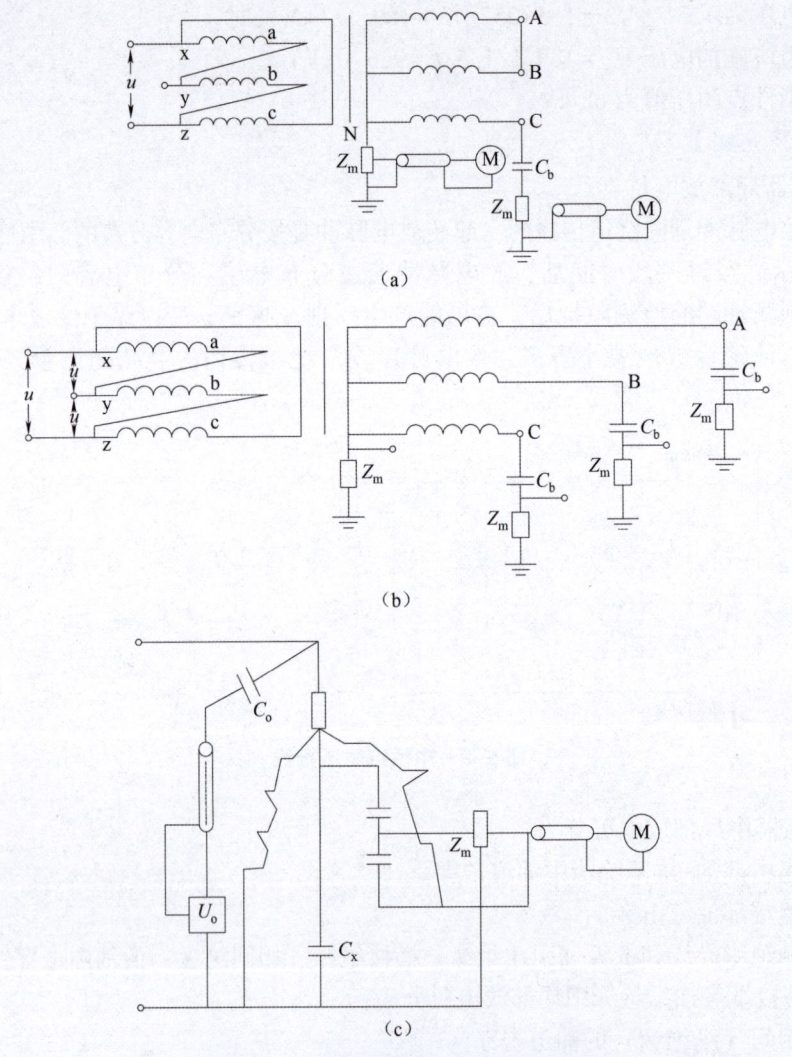

图 5-9 变压器局部放电测量基本原理
(a) 单相励磁变压器；(b) 三相励磁变压器；(c) 变压器套管抽头

（1）试验回路未通电前就存在干扰。其主要来源于试验回路以外的其他回路中的开关操作、附近高压电场、电机整流和无线电传输等，如图 5-10 所示。

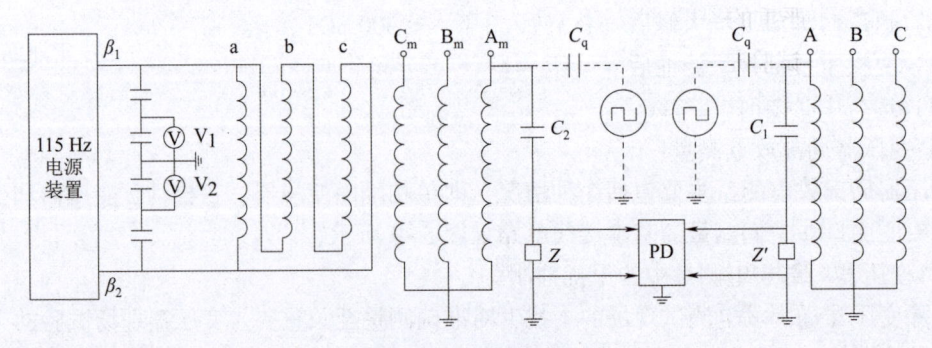

图 5-10 试验接线

(2) 在试验回路通电后产生的干扰。这种干扰包括试验变压器本身的局部放电、高压导体上的电晕由于接触不良放电，以及低压电源侧局部放电、通过试验变压器或其他连线耦合到测试回路中的干扰等。加压时序图如图 5-11 所示。

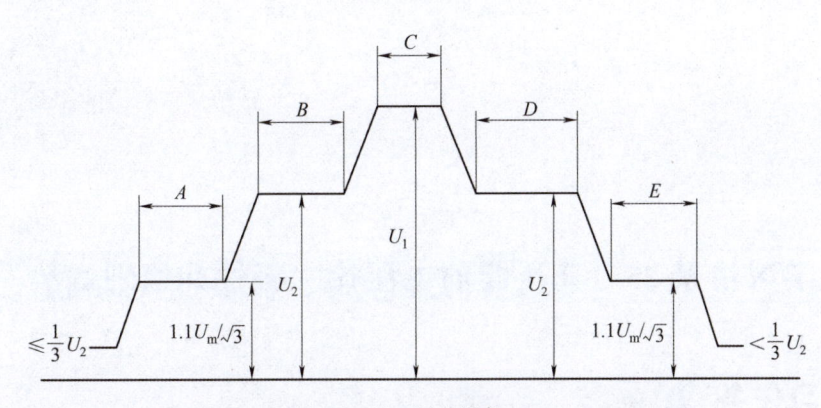

($A=B=E=5$ min，$C=6\,000/$试验频率$=52$ s，$D=30$ min）

图 5-11　加压时序图

课后习题

1. 变压器进行定期的绝缘试验，根据状态检修规程，一般为_____年进行一次停电试验。

2. 变压器_____、_____和介质损耗等性能主要与绝缘材料和工艺质量有关，它们的变化反映了绝缘工艺质量或受潮情况。

3. 对于电压等级为 220 kV 及以下的变压器，要进行_____和_____试验以考核其绝缘强度；对于更高电压等级的变压器，还要进行_____。

4. 220 kV 及以上电压等级的变压器的出厂试验规定要进行全波冲击耐压试验。出厂试验中，常采用_____倍以上额定电压进行耐压试验。

5. 测量绕组绝缘电阻时，应依次测量各绕组对地和其他绕组间的绝缘电阻值，被测绕组各引线端应_____，其余各非被测绕组都短路_____。

6. 测量变压器的介质损耗角正切值 $\tan\delta$ 主要用来检查变压器_____、釉质劣化、绕组上附着油泥及严重的局部缺陷等。

7. _____试验是鉴定绝缘强度最有效的方法，特别对考核主绝缘的局部缺陷，如绕组主绝缘受潮、开裂、绕组松动、绝缘表面污染等。

8. 变压器试验主要包括哪些类型？

9. 绝缘电阻试验的目的是什么？

10. 直流电阻试验中的不平衡率是如何计算的？

11. 空载试验和短路试验的主要区别是什么？

12. 什么是变压器的温升？温升试验的目的是什么？

13. 耐压试验中，为什么需要采用逐渐升压的方式？

14. 简述变压器局部放电试验的意义。

学习情景 25　变压器的电压比、极性和组别试验

学习任务

- 了解变压器极性组别和电压比试验的目的和意义。
- 熟悉变压器极性组别和电压比试验的原理。
- 熟悉变压器极性组别和电压比试验的接线。
- 熟悉变压器极性组别和电压比试验步骤。

1. 变压器极性组别和电压比试验的目的和意义

变压器线圈的一次侧和二次侧之间存在着极性关系，若有几个线圈或几个变压器进行组合，都需要知道其极性才可以正确运用。对于两线圈的变压器，若任意瞬间在其内感应的电动势都具有同方向，则称它为同极性或减极性，否则为加极性。

变压器连接组是变压器的重要参数之一，是变压器并联运行的重要条件，在很多情况下都需要进行测量。

在变压器空载运行条件下，高压绕组的电压和低压绕组的电压之比称为变压器的变压比，即

$$K = \frac{U_1}{U_2}$$

电压比一般按线电压计算，它是变压器的一个重要性能指标，测量变压器变压比的目的如下：

（1）保证绕组各个分接的电压比在技术允许范围内。
（2）检查绕组匝数的正确性。
（3）判定绕组各分接的引线和分接开关连接是否正确。

2. 变压器极性组别和电压比试验方法

测量变压器绕组极性的方法有直流法和交流法，这里介绍简单适用的直流法。用一节干电池接在变压器的高压端子上，在变压器的二次侧接上一毫安表或微安表，试验时观察当电池开关合上时表针的摆动方向，即可确定极性。

如图 5-12 所示，将干电池的正极接在变压器一次侧 A 端子上，负极接到 X 端子上，电流表的正极接在二次侧 a 端子上，负极接到 x 端子上，当合上电源的瞬间，若电流表的指针向零刻度的右方摆动，而拉开的瞬间指针向左方摆动，说明变压器是减极性的。图 5-13 所示为用直流法确定接线组别示意图。

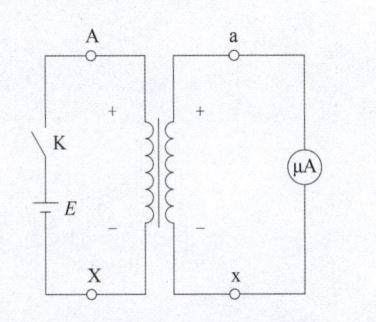

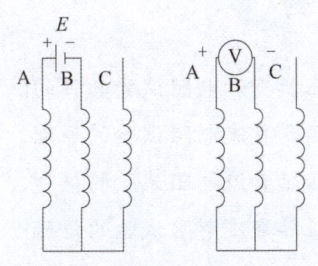

图 5-12　用直流法测量极性　　　图 5-13　用直流法确定接线组别

课后习题

1. 测量变压器绕组极性的方法有_____和_____，用一节干电池接在变压器的_____上，在变压器的_____接上一毫安表或微安表，实验时观察当电池开关合上时表针的摆动方向，即可确定极性。

2. 直流法测试变压器绕组极性试验中，若指针正偏，则接电池正极的线圈端与接电流表正极的线圈端是_____。

3. 变压器电压比试验的目的是什么？

4. 变压器电压比试验的允许偏差范围是多少？

5. 变压器极性试验的主要方法有哪些？

6. 简述变压器组别试验的意义。

7. 变压器组别试验中常用的测试方法是什么？

8. 为什么变压器在出厂前需要进行电压比、极性和组别试验？

9. 变压器电压比试验中使用的仪器设备有哪些？

10. 变压器极性试验中如何判断极性？

11. 变压器组别试验中需要注意哪些事项？

12. 简述变压器电压比、极性和组别试验在电力系统中的重要性。

学习情景 26　电力变压器的直流电阻试验

学习任务

- 了解变压器直流电阻试验的目的和意义。
- 熟悉变压器直流电阻试验的原理。
- 熟悉变压器直流电阻试验的接线。
- 熟悉变压器直流电阻试验的步骤。

规程规定，该试验是变压器大修时、无载开关调级后、变压器出口短路后和 3~5 年检测一次等的必试项目。

它在变压器的所有试验项目中是一项较为方便而有效的考核绕组纵绝缘和电流回路连接状况的试验。它能够反映绕组匝间短路、绕组断股、分接开关接触状态以及导线电阻的差异和接头接触不良等缺陷故障，也是判断各相绕组直流电阻是否平衡、调压开关挡位是否正确的有效手段。

1. 试验周期

变压器绕组直流电阻正常情况下 3~5 年检测一次。但有以下情况时必须检测：

（1）对无励磁调压变压器变换分接位置后，必须进行检测（对使用的分接锁定后检测）。

（2）有载调压变压器在分接开关检修后必须对所有分接进行检测。

（3）变压器大修后必须进行检测。

（4）必要时进行检测，如变压器经出口短路后必须进行检测。

2. 试验要求

（1）变压器容量在 1.6 MV·A 及以上时，相间互差不大于 2%（警示值），同相初值差不超过 ±2%（警示值）（绕组直流电阻相间差别不应大于 2%；无中性点引出的绕组线间差别不应大于三相平均值的 1%）。

（2）容量在 1.6 MV·A 以下时，相间差别一般不大于三相平均值的 4%；线间差别一般不大于三相平均值的 2%。

（3）与以前相同部位测得值比较，其变化不应大于 2%；如直流电阻相间差在变压器出厂时超过规定，制造厂已说明了这种偏差的原因，也以变化不大于 2% 考核。

（4）不同温度下的电阻值应换算到同一温度下进行比较，并按下式换算，即

$$R_2 = R_1 \left(\frac{T+t_2}{T+t_1} \right)$$

式中：R_1、R_2 分别为温度 t_1、t_2 时的电阻值；T 为常数，其中铜导线为 235，铝导线为 225。

状态检修试验规程要求，相绕组电阻互差不大于 2%，互差是指任意两相绕组电阻之差除以两者中的小者，再乘以 100% 所得到的结果。在 DL/T 596 中不是采用互差，而是采用与

三相平均值的比，这会降低"信噪比"。例如，假设 A、B、C 三相绕组电阻的初始值都为 1，因某种缺陷，A 相绕组电阻变化为 1.03，改变了 3%，应该是超标了，但按 DL/T 596 方法计算，变化了 1.98%，是合格的！首先"信噪比"从 3%降低为 1.98%，其次，判断结果也出现了差异。线间电阻要求换算到相绕组电阻的道理也一样。

3. 减少测量时间同时提高检测准确度的措施

1）助磁法

助磁法是迫使铁芯磁通迅速趋于饱和，从而降低自感效应。归纳起来，缩短时间常数大体有以下几种方法：

（1）用大容量蓄电池或稳流源通大电流进行测量。

（2）把高、低压绕组串联起来通电流进行测量，采用同相位和同极性的高压绕组助磁。

（3）采用恒压恒流源法的直阻测量仪。使用时可把高、低压绕组串联起来，应用双通道对高、低压绕组同时进行测量，较好地解决了三相五柱式大容量变压器直流电阻测试的困难。变压器绕组直流电阻测量接线如图 5-14 所示。

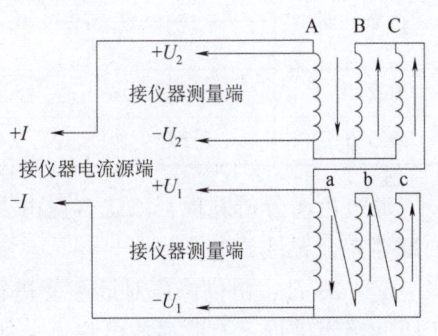

图 5-14 变压器绕组直流电阻测量接线

2）消磁法

消磁法与助磁法相反，力求使通过铁芯的磁通为零。使用方法有以下两种。

（1）零序阻抗法。该方法仅适用于三柱铁芯 YN 连接的变压器。它是将三相绕组并联起来同时通电，由于磁通需经气隙闭合，磁路的磁阻大大增加，绕组的电感随之减小，为此使测量电阻的时间缩短。

（2）磁通势抵消法。试验时除在被测绕组通电流外，还在非被测绕组中通电流，使两者产生的磁通势大小相等、方向相反而互相抵消，保持铁芯中磁通趋近于零，将绕组的电感降到最低限度，达到缩短测量时间的目的。磁通势抵消法测量接线如图 5-15 所示。

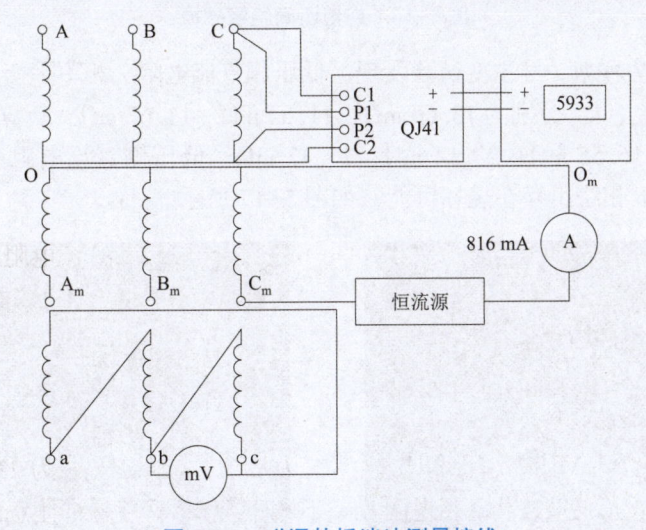

图 5-15 磁通势抵消法测量接线

4. 直流电阻检测与故障诊断实例

1) 绕组断股故障的诊断

实例 1：2003 年 6 月 12 日，由天津市电科院电气室对北孙庄站 1 号主变（110 kV）进行预防性试验过程中，发现 1 号主变 10 kV 侧直流电阻三相严重不平衡，三相不平衡率已达 8%。

2002 年至 2003 年 1 号主变 10 kV 线圈直流电阻测量数据如表 5-5 所示。

表 5-5　2002 年至 2003 年 1 号主变 10 kV 线圈直流电阻测量数据

测量日期	测量数据 ab	测量数据 bc	测量数据 ca	$\Delta R/\%$	温度/℃
2002.10.1	8.178	8.180	8.219	0.5	27
2003.6.12	8.627	9.337	8.625	1	30

通过色谱分析发现，乙炔含量由去年的 0.15 变化到 6.88。有明显增长，初步判断主变内部存在金属性放电。

6 月 23 日，由供修厂对该主变进行解体后发现，其 10 kV 线圈 C 相有 3 个断股，且由于匝间绝缘破损，有明显放电痕迹，如图 5-16 所示。

图 5-16　绕组匝间绝缘破损

实例 2：110 kV 坪塘 2 号主变试验发现，低压侧直流电阻三相不平衡率严重超标，低压侧直流电阻 R_{ab}、R_{bc}、R_{ca} 分别为 13.60 mΩ、11.62 mΩ、11.67 mΩ，折算成低压 a、b、c 三相直流电阻分别为 16.55 mΩ、23.14 mΩ、16.42 mΩ，低压侧直流电阻三相不平衡率达到 40.9%，判定低压 b 相绕组存在烧坏可能，如图 5-17 所示。

图 5-17　绕组损坏

图 5-17　绕组损坏（续）

2）有载调压切换开关故障的诊断

某变压器 110 kV 侧直流电阻不平衡，其中 C 相直流电阻和各个分接之间电阻值相差较大。A、B 相的每个分接之间直流电阻相差 10~11.7 μΩ，而 C 相每个分接之间直流电阻相差 4.9~6.4 μΩ 和 14.1~16.4 μΩ，初步判断 C 相回路不正常。

通过其直流电阻数据 CO（C 端到中性点 O 端）的直流回路进行分析，确定绕组本身缺陷的可能性小，有载调压装置的极性开关和选择开关缺陷的可能性也极小，所以，缺陷可能在切换开关上。经对切换开关吊盖检查发现，有一个固定切换开关的极性端到选择开关的固定螺钉被拧断，致使零点的接触电阻增大，而出现直流电阻规律性不正常的现象。

3）无载调压开关故障的诊断

在对某电力修造厂改造的变压器进行交接验收试验时，发现其中压绕组 Am、Bm、Cm 三相无载磁分接开关的直流电阻数据混乱、无规律，分接位置与所测直流电阻的数值不对应。

经吊罩检查发现，三相开关位置与指示位置不符，经重新调整组装后恢复正常。

5. 绕组引线连接不良故障的诊断

一台 35 kV 变压器侧直流电阻不平衡率远大于 2%，怀疑分接开关有问题。转动分接开关后复测，其不平衡率仍然很大，又分别测其他几个分接位置的直流电阻，其不平衡率都在 11% 以上，而且其规律都是 A 相直流电阻偏大，好似在 A 相绕组中已串入一个电阻，这一电阻的产生可能出现在 A 相绕组的首端或套管的引线连接处，怀疑是否为连接不良造成。于是停电打开 A 相套管下部的手孔门检查，发现引线与套管连接松动（螺钉连接），主要由于安装时未拧紧，且无垫圈而引起，经紧固后恢复正常。

通过上述案例可见，变压器绕组直流电阻的测量能发现回路中某些重大缺陷，判断的灵敏度和准确性也较高，但现场测试中应遵循以下相关要求才能得到准确的诊断效果。

(1) 通过对变压器直流电阻进行测量分析知，因其电感较大，一定要充电到位，将自感效应降低到最低程度，待仪表指针基本稳定后读取电阻值，提高一次回路直流电阻测量的正确性和准确性。

(2) 对测量的数据要进行横向和纵向比较，对温度、湿度、测量仪器、测量方法、测量过程和测量设备要进行分析。

(3) 分析数据时，要综合考虑相关因素和判据，不能单搬规程的标准数值，而要根据规程的思路、现场的具体情况，具体分析设备测量数据的发展和变化过程。

（4）要结合设备的具体结构，分析设备内部的具体情况，根据不同情况进行直流电阻的测量，以得到正确的判断结论。

（5）重视综合方法的分析判断与验证。如有些案例中通过绕组分接头电压比试验，能够有效验证分接开关的挡位，而且还能检验出变压器绕组的连接组别是否正确。

课后习题

1. 直流电阻试验是变压器较为方便而有效的考核绕组_____和电流回路连接状况的试验，它能够反映_____、_____、分接开关接触状态以及导线电阻的差异和接头接触不良等缺陷故障。
2. 变压器容量在 1.6 MV·A 及以上时，绝缘电阻相间互差不大于_____，同相初值差不超过_____。
3. 减少测量时间提高检测准确度的措施有_____、_____。
4. 电力变压器直流电阻试验的主要目的是什么？
5. 简述电力变压器直流电阻试验的基本步骤。
6. 电力变压器直流电阻试验的允许偏差范围是多少？
7. 直流电阻试验中选择测试电流的依据是什么？
8. 为什么直流电阻试验需要在油温稳定后进行？
9. 直流电阻试验中如何防止工作人员触电？
10. 简述直流电阻测试仪的工作原理。
11. 直流电阻试验中，为什么需要对测量结果进行温度换算？
12. 直流电阻试验中发现某相绕组电阻异常偏大，可能的原因有哪些？
13. 如何提高电力变压器直流电阻试验的准确性和效率？

学习情景 27　电力变压器的短路和空载试验

学习任务

- 了解变压器短路和空载试验的目的和意义。
- 熟悉变压器短路和空载试验的原理。
- 熟悉变压器短路和空载试验的接线。
- 熟悉变压器短路和空载试验的步骤。

1. 变压器空载试验和负载试验的目的和意义

变压器的损耗是变压器的重要性能参数，一方面表示变压器在运行过程中的效率，另一方面表明变压器设计制造的性能是否满足要求。变压器空载损耗和空载电流测量、负载损耗和短路阻抗测量都是变压器的例行试验。

进行空载试验的目的是：测量变压器的空载损耗和空载电流；验证变压器铁芯的设计计算、工艺制造是否满足技术条件和标准的要求；检查变压器铁芯是否存在缺陷，如局部过热、局部绝缘不良等。

变压器的空载试验就是从变压器任一组线圈施加额定电压，其他线圈开路的情况下，测量变压器的空载损耗和空载电流。空载电流用它与额定电流的百分数表示。

变压器的短路试验就是将变压器的一组线圈短路，在另一组线圈加上额定频率的交流电压，使变压器线圈内的电流为额定值，此时所测得的损耗为短路损耗，所加的电压为短路电压，短路电压是以被加电压线圈的额定电压百分数表示的，即

$$u_K = \left(\frac{U_K}{U_N}\right) \times 100\%$$

此时求得的阻抗为短路阻抗，同样以被加压线圈的额定阻抗百分数表示，即

$$Z_K = \left(\frac{Z_K}{Z_N}\right) \times 100\%$$

变压器的短路电压百分数和短路阻抗百分数是相等的，并且其有功分量和无功分量也对应相等。

进行负载试验的目的是：计算和确定变压器有无可能与其他变压器并联运行；试验变压器短路时的热稳定性和动稳定性；计算变压器的效率；计算变压器二次侧电压由于负载改变而产生的变化。

2. 变压器空载和负载试验的接线和试验方法

对于单相变压器，可采用图 5-18 所示的接线进行空载试验。对于三相变压器，可采用图 5-19 所示的两瓦特表法进行空载试验。

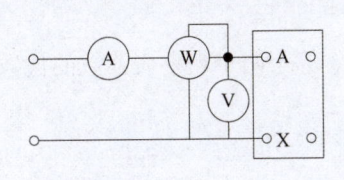

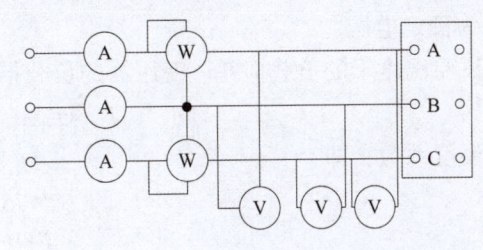

图 5-18　单相变压器空载试验接线　　图 5-19　三相变压器空载试验的直接测量

空载试验时，在变压器的一侧（可根据试验条件而定）施加额定电压，其余各绕组开路。

短路试验时，在变压器的一侧施加工频交流电压，调整施加电压，使线圈中的电流等于额定值；有时由于现场条件的限制，也可以在较低电流下进行试验，但不应低于额定电流的50%。三相变压器空载试验的间接测量原理如图 5-20 所示。

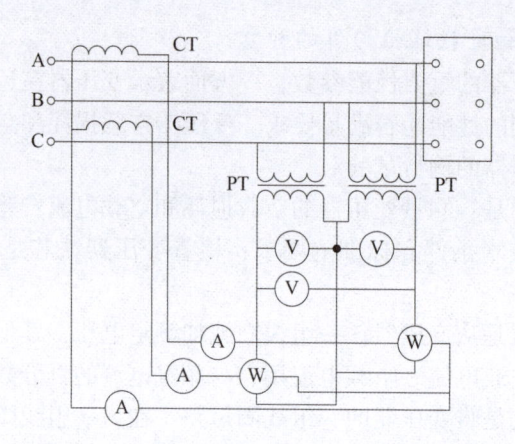

图 5-20 三相变压器空载试验的间接测量原理图

3. 试验要求和注意事项

（1）试验电压一般应为额定频率、正弦波形，并使用一定准确度等级的仪表和互感器。如果施加电压的线圈有分接，则应在额定分接位置测量。

（2）试验中所有接入系统的一次设备都要按要求试验合格，设备外壳和二次回路应可靠接地，与试验有关的保护应投入，对保护的动作电流与时间要进行校核。

（3）对于三相变压器，当试验用电源有足够容量时，在试验过程中应保持电压稳定。为实际上的三相对称正弦波形时，其电流和电压的数值应以三相仪表的平均值为准。

（4）连接短路用的导线必须有足够的截面，并尽可能短，连接处接触良好。

4. 试验结果的计算

（1）试验温度下的阻抗电压。阻抗电压以实测电压 U_K 占加压绕组额定电压的百分数表示，即

$$U_K\% = \frac{U_{KAB}+U_{KBC}+U_{KAC}}{3U_e}\times 100\%$$

式中：U_e 为额定电压。

（2）试验温度下的负载损耗。变压器的负载损耗 P_K 等于两个功率表读数的代数和，即

$$P_K = P_1 \pm P_2$$

（3）温度系数，即

$$K_Q = \frac{T+75}{T+Q}$$

式中：Q 为试验时变压器的温度；对于铜，$T=235$ ℃；对于铝，$T=225$ ℃。

（4）换算至 75 ℃下的负载损耗，即

$$P_{K75\,℃} = K_Q P_K$$

（5）换算至 75 ℃下的阻抗压降，即

$$U_{K75\,℃}\% = \sqrt{U_K^2+\left(\frac{P_K}{10S_e}\right)^2(K_Q^2-1)}$$

式中：S_e 为阻抗。

5. 测量结果的判断

（1）应与出厂值进行比较，不应有较大偏差。

（2）应与国标中规定的标准值进行比较，应符合国标所规定的范围（即把国标 $U_{K75℃}$ 增加为（1±10%）$U_{K75℃}$、$P_{K75℃}$ 增加为（1+15%）$P_{K75℃}$）。

课后习题

1. 变压器的损耗一方面表示变压器在运行过程中的_____，另一方面表明变压器在设计制造的性能是否满足要求。

2. 进行空载试验的目的是测量变压器的_____和_____，验证变压器铁芯的设计计算、工艺制造是否满足技术条件和标准的要求；检查变压器铁芯是否存在缺陷。

3. 变压器的短路试验就是将变压器的一组线圈_____，在另一线圈加上额定频率的交流电压，使变压器线圈内的电流为额定值，此时所测得的损耗为_____损耗。空载试验时，在变压器的一侧施加额定电压，其余各绕组_____。

4. 短路试验时，在变压器的一侧施加工频交流电压，调整施加电压，使线圈中的电流等于_____，试验中设备外壳和二次回路应可靠_____，与试验有关的保护应投入，保护的动作电流与时间要进行校核。

5. 电力变压器短路试验的主要目的是什么？
6. 简述电力变压器短路试验的基本步骤。
7. 电力变压器空载试验的主要目的是什么？
8. 简述电力变压器空载试验的基本步骤。
9. 进行电力变压器短路试验时，有哪些注意事项？
10. 进行电力变压器空载试验时，如何选择测量设备？
11. 电力变压器短路试验和空载试验在判断变压器故障方面有何不同？
12. 简述电力变压器短路阻抗对系统稳定性的影响。
13. 电力变压器空载损耗主要由哪些因素决定？
14. 如何根据电力变压器的短路和空载试验结果评估其性能？

学习情景 28　变压器变比测试

学习任务

- 了解变压器变比测试的目的和意义。
- 熟悉变压器变比测试的原理。
- 熟悉变压器变比测试的接线。
- 熟悉变压器变比测试的步骤。

1. 变压器变比测试的作用

在电力变压器的半成品、成品生产过程中，新安装的变压器投入运行之前及国家电力部的预防性试验规程，要求对运行的变压器进行匝数比或电压比测试，检查变压器匝数比的正确性、分接开关的状况、变压器是否匝间短路、变压器是否并列运行。

2. 变压器变比测试仪

变压器变比测试仪控制面板如图 5-21 所示。

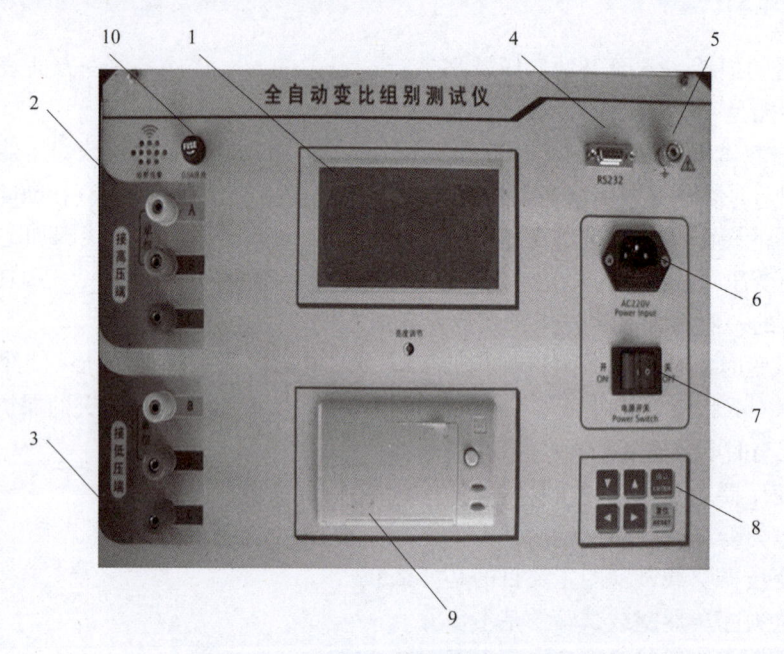

图 5-21　变压器变比测试仪控制面板

图中：

1 为显示屏，显示操作菜单和测试结果。

2 为高压端，接测试线接线柱，对应被测变压器高电压侧的各相。

3 为低压端，接测试低压端接线柱，对应被测变压器低电压侧的各相。

4 为通信串口 RS232。

5 为保护接地柱。

6 为整机电源输入口，接 AC 220 V 工频电源。

7 为电源开关。

8 为复位及确认按键。

9 为打印机，测量完成后打印测试结果。

10 为保险。

3. 操作步骤

（1）按图 5-22 所示接线。三相变压器为"Y, d11"接法、电压组合为（110±8）×1.25%/10.5 的变压器。

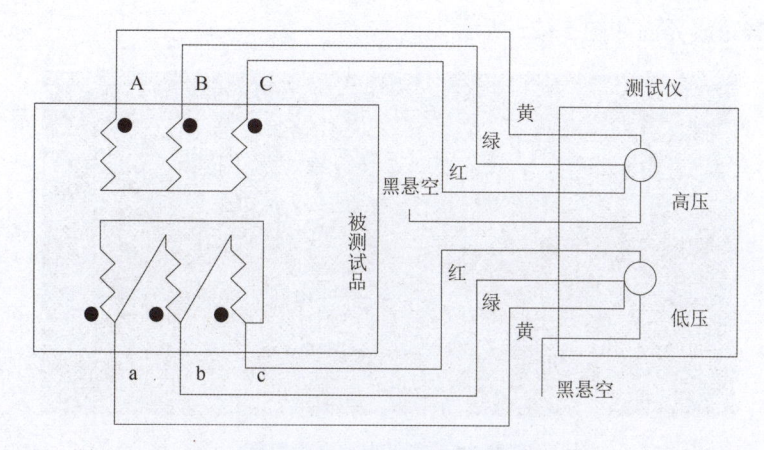

图 5-22　三相变压器的接线

（2）开机后界面如图 5-23 所示。

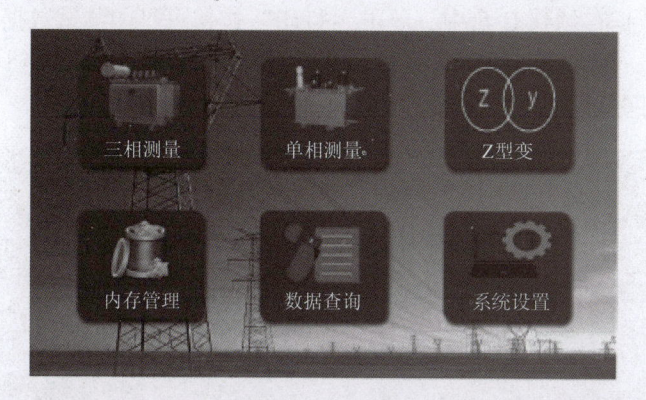

图 5-23　开机界面

开机界面共有 6 个功能选项，即"三相测量""单相测量""Z 型变""内存管理""数据查询""系统设置"，单击任意功能按钮均可进入设置。

（3）单击"三相测量"按钮，进入三相测量界面，如图 5-24 所示。

①从中可输入特殊值、标准值，单击右侧按钮可更改数值。

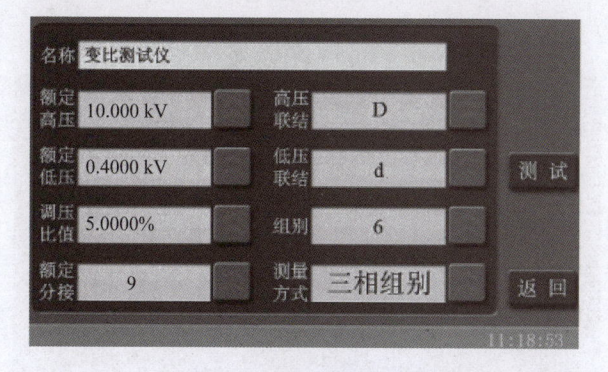

图 5-24　三相测量界面

②变比测试完成界面如图 5-25 所示。

图 5-25　变比测试完成界面

③测试完成后单击"返回"按钮回到开机界面，单击"测试"按钮可重新测试，单击"存储"按钮可将数据存储到 U 盘中，单击"打印"按钮可打印测试数据。

（4）匝比测试。在完成测试界面（图 5-25）中，单击"变比"按钮可自由切换成"匝比"，匝比数据即时更新，如图 5-26 所示。

图 5-26　匝比测试界面

（5）在开机界面中，单击"内存管理"按钮进入数据管理，显示"清除数据"和"取消"功能，如图 5-27 所示。

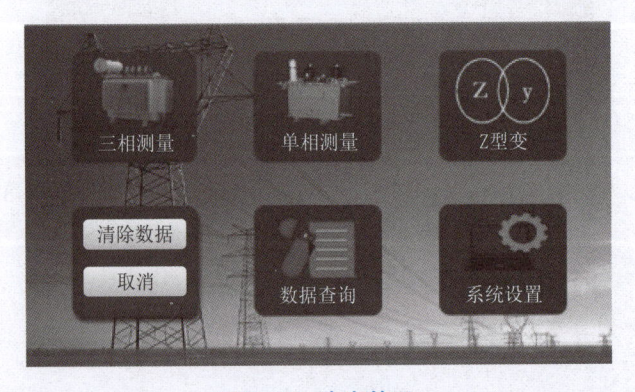

图 5-27　内存管理

(6) 单击"数据查询"按钮，进入查询界面，如图 5-28 所示。

图 5-28　查询界面

图 5-28 中主要按钮含义如下。

"变比"：单击后将切换成匝比数据。

"上一条""下一条"：查看和显示历史数据。

"转存"：将当前数据存储到 U 盘。

"打印"：打印当前测量数据。

(7) 单击"系统设置"按钮，弹出系统设置界面，如图 5-29 所示。

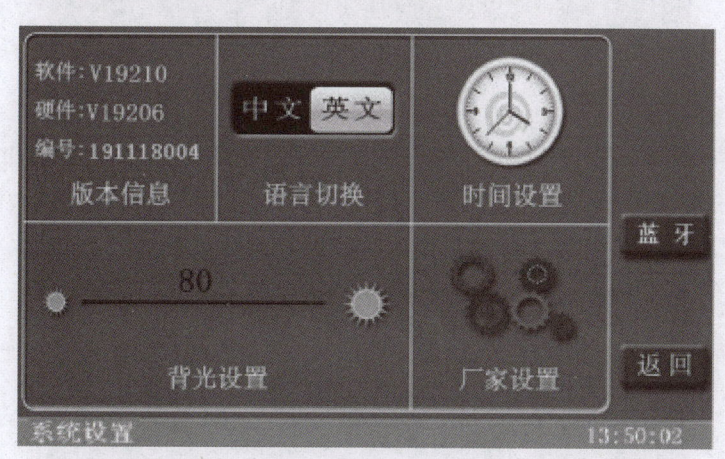

图 5-29　系统设置界面

①厂家设置：仪器内部参数设定，需要密码输入，使用者无须修改。

单击"蓝牙"按钮可弹出二维码（图 5-30），用手机下载的对应软件扫描二维码，可实现手机全程控制仪器。

②单击"时间设置"按钮，弹出界面如图 5-31 所示。

图 5-30 蓝牙连接界面

图 5-31 "时间设置"界面

③分别单击"年""月""日""时""分""秒",均会弹出可设置时间界面,输入数值后单击"Del"按钮,可删除已输入值,单击"Esc"按钮,不保存已输入值并退出键盘,单击"OK"按钮,可保存已输入值并退出键盘,如图 5-32 所示。

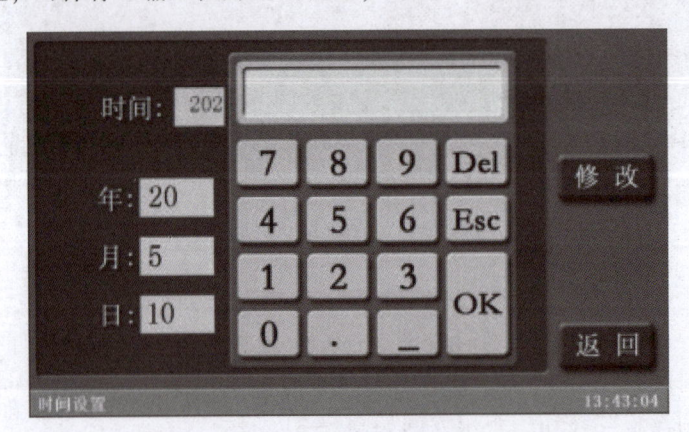

图 5-32 时间设置操作

④单击"修改"按钮,可更新修改时间。

课后习题

1. 变压器变比测试是检查变压器_____的正确性、分接开关的状况、变压器绕组是否_____等。
2. 什么是变压器的变比？
3. 变压器变比测试的主要目的是什么？
4. 简述变压器变比测试的基本步骤。
5. 变压器变比测试时，如何确保测试结果的准确性？
6. 变压器变比测试中，如果实际变比与设计值不符，可能的原因有哪些？
7. 如何判断变压器变比测试结果的合格性？
8. 变压器变比测试对于变压器的运行有何重要意义？
9. 在变压器变比测试中，如何避免操作失误对测试结果的影响？
10. 变压器变比测试中的误差来源有哪些？

学习情景 29　变压器直流电阻测试

学习任务

- 了解变压器直流电阻测试的目的和意义。
- 熟悉变压器直流电阻测试的原理。
- 熟悉变压器直流电阻测试的接线。
- 熟悉变压器直流电阻测试的步骤。

（1）变压器直流电阻测试的作用。该测试是变压器制造中半成品、成品出厂试验、安装、大修、改变分接开关后、交接试验及电力部门预防性试验的必测项目。可以检查绕组接头的焊接质量和绕组有无匝间短路，可以检测电压分接开关的各个位置接触是否良好以及分接开关实际位置与指示位置是否相符，引出线是否有断裂，多股导线并绕是否有断股等情况。

（2）直流电阻测试仪控制面板，如图 5-33 所示。

图 5-33 中各按钮功能如下：

AC 220 V 开关：工作电源交流 220 V；

接地柱：仪器整机接地点；

I+、I- 输出电流接线柱：I+为输出电流正端，I-为输出电流负端；

V+、V- 电压采样端：V+为电压线正端，V-为电压线负端；

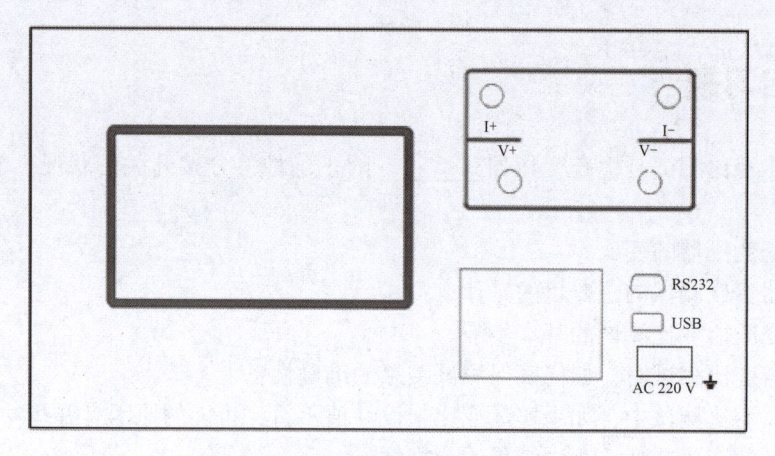

图 5-33　直流电阻测试仪控制面板

RS232 通用串行接口：可通过计算机控制仪器；
USB：向 U 盘输出测试结果。

（3）用电源线把直流电阻测试仪与外部 AC 220 V 电源连接起来，I+、I-、V+、V-端子与试品连接。使用配套的专用测试钳，被测试品通过专用线缆与本机的测试接线柱连接，确保连接牢固，接头无松动现象，将地线接好，如图 5-34 至图 5-36 所示。

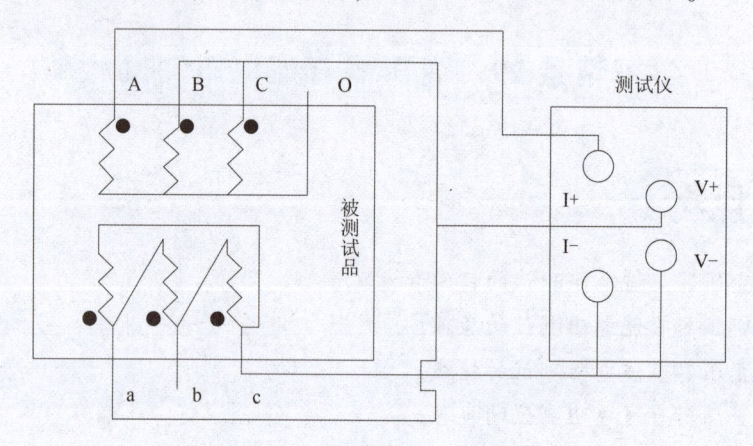

图 5-34　测量低压 R_{ac} 的接线

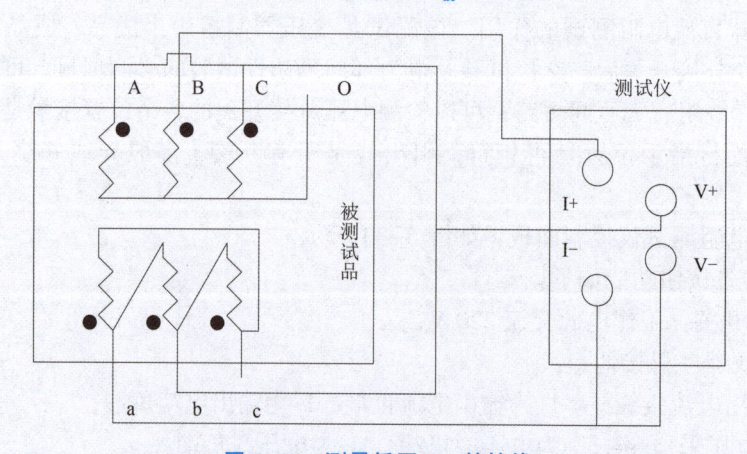

图 5-35　测量低压 R_{ba} 的接线

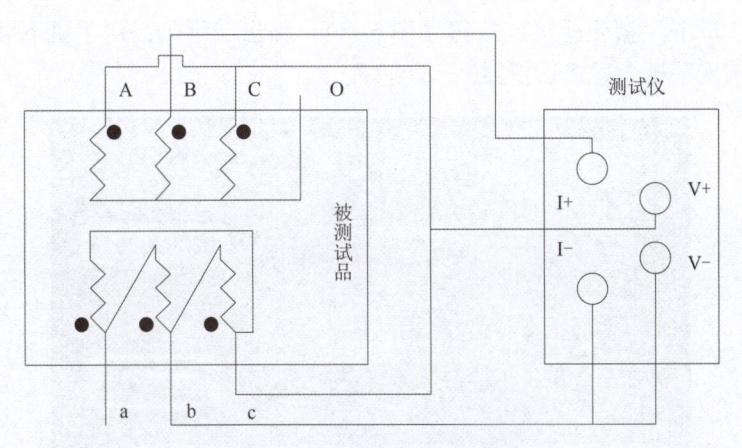

图 5-36　测量低压 R_{bc} 的接线

（4）打开电源开关，在开机面板中（图 5-23）单击"系统设置"按钮，进入系统设置界面，如图 5-37 所示。

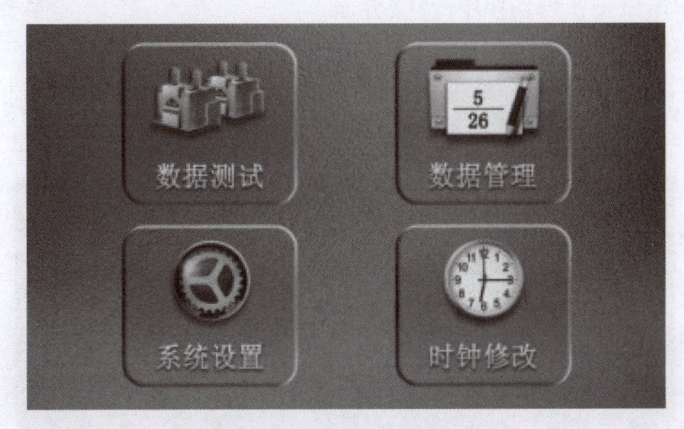

图 5-37　系统设置界面

亮度调节：可根据现场环境，拖动滑块调节屏幕亮度，如图 5-38 所示。

图 5-38　亮度调节界面

蓝牙连接：单击"蓝牙连接"按钮（图 5-39）弹出二维码，用手机下载的对应软件扫描二维码，可实现手机全程控制仪器。

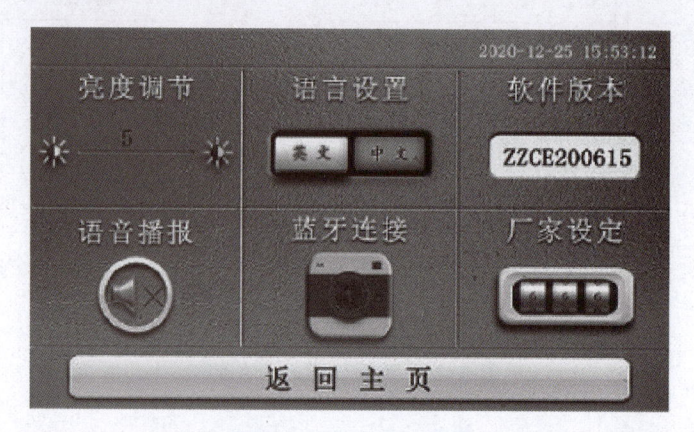

图 5-39　蓝牙连接界面

语言设置：单击该按钮可切换中/英文界面。

厂家设定：只有生产厂家可设置。

（5）设置好后返回主界面，单击"系统设置"界面中的"数据测试"按钮，弹出如图 5-40 所示界面。

图 5-40　系统"数据测试"界面

①各参数含义如下。

试品型号：单击输入框，在其中输入变压器试品型号名称（最长可输入 16 个汉字）。

绕组温度：单击该按钮会弹出相应设置界面，可以在其中设置绕组温度。单击 ← 按钮表示删除，单击 ↵ 按钮表示确认，单击 C 按钮表示返回。

折算温度：单击该按钮会弹出相应设置界面，可以在其中设置温度为 75 ℃，单击 ← 按钮表示删除，单击 ↵ 按钮表示确认，单击 C 按钮表示返回。

分接位置：单击该按钮会弹出设置界面，单击 ← 按钮表示删除，单击 ↵ 按钮表示确认，单击 C 按钮表示返回。

测试相别：单击 《 》 按钮可在 AB、BC、CA、AO、BO、CO、A_mB_m、B_mC_m、C_mA_m、A_mO_m、B_mO_m、C_mO_m、ab、bc、ca、ao、bo、co 之间循环。

绕组材质：单击 《 》 按钮选择绕组材质为铜。

测试电流：单击 《 》 按钮，电流会在 AUTO、<20 mA、40 mA、200 mA、1 A、5 A、10 A 之间循环。

②当选好电流后，单击"开始测试"按钮，显示"正在充电请稍候"字样，此时进入测试状态，几秒后就会显示出测试结果，如图 5-41 所示。

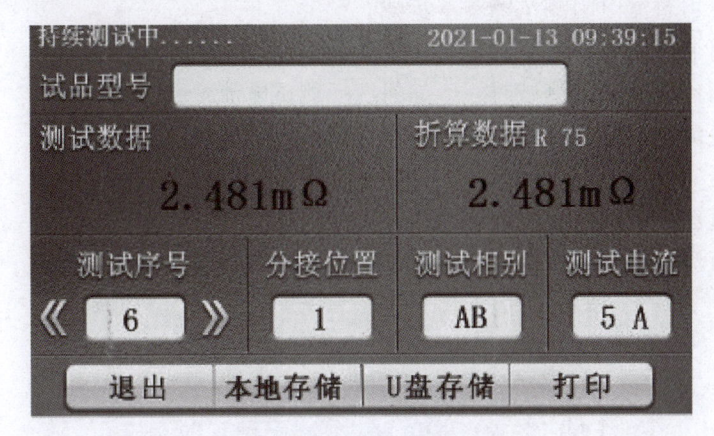

图 5-41　显示测试界面

③显示测试结果后，可单击"分接位置"按钮直接切换分接位置，不需要返回主界面，切换分接位置后耐心等待几秒便可显示测试结果，可单击"本地存储"按钮，存储到本机，单击"U 盘存储"按钮则会存储到 U 盘，单击"打印"按钮可打印测试数据；单击"退出"按钮，则退出测试界面。

④在图 5-37 中单击"数据管理"按钮，进入数据查询界面，如图 5-42 所示。

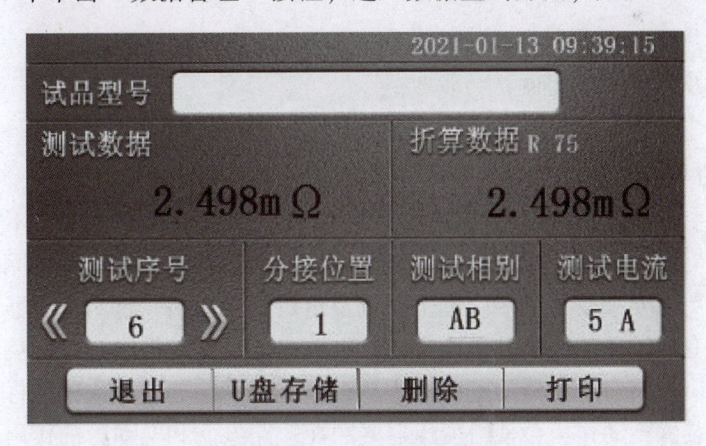

图 5-42　数据查询界面

单击 《 》 按钮可查询历史数据、删除数据，也可 U 盘存储、打印数据，单击"退出"按钮则返回主界面。

课后习题

1. 变压器直流电阻测试可以检查绕组接头的焊接质量和绕组有无_____，可以检测电压分接开关的各个位置接触是否良好以及分接开关实际位置与指示位置是否相符，引出线是否有断裂等情况。
2. 变压器直流电阻测试的主要目的是什么？
3. 简述变压器直流电阻测试的基本步骤。
4. 变压器直流电阻测试时，为什么需要进行温度修正？
5. 进行变压器直流电阻测试时，应如何选择测试电流？
6. 变压器直流电阻测试中的注意事项有哪些？
7. 根据变压器直流电阻测试结果如何判断绕组是否存在问题？
8. 变压器直流电阻测试中的误差来源有哪些？
9. 变压器直流电阻测试中的"放电"操作有何作用？

学习情景 30　变压器绕组变形测试

学习任务

- 了解变压器绕组变形测试的目的和意义。
- 熟悉变压器绕组变形测试的原理。
- 熟悉变压器绕组变形测试的接线。
- 熟悉变压器绕组变形测试的步骤。

1. 试验目的

变压器绕组变形是指绕组在机械和电力的作用下，其大小和形状发生不可逆的变化。它包括轴向和径向尺寸的变化、本体位移、绕组扭曲、鼓包和匝间短路等。原因是变压器在运行过程中不可避免地要承受各种短路冲击，以及出口处的短路，这对变压器尤其有害。

变压器绕组变形发生的原因及试验目的：电力变压器在运行中难以避免地要承受各种短路冲击，其中出口短路对变压器的危害尤为严重，尽管断路器能够快速地将短路故障从电路切除，如果自动装置不动作，会使得变压器线圈在短路电流和电动力的作用下，在很短时间内造成线圈变形，严重的甚至会导致相间短路，绕组烧毁。除此以外，变压器在运输安装过程中也可能受到碰撞冲击。

由于常规电气试验如电阻测量、变比测量及电容量测量等很难发现绕组的变形情况，变压器在运行时遇到过电压时，绕组会发生相间或匝间击穿，或者在长期工作电压的作用下，绝缘损伤逐渐扩大，最终导致线圈绕阻变形，绕组变形后，机械性能下降，再次遭受短路事故后，会承受不住巨大冲击力的作用而发生损坏事故。

频率响应法由绕组一端对地注入扫描信号源，测量绕组两端口特性参数的频域函数，通过分析端口参数的频域图谱特性判断绕组的结构特性，从而实现检查变压器是否发生绕组变形故障的目的。

2. 试验前准备

1）设备清单

绕组变形测试仪及配套试验接线一套、接地线、电源线、电工常用工具、试验临时安全遮栏、标示牌。

2）了解变压器绕组变形检测的时机

应在所有直流试验项目之前或者在交流类试验之后以及绕组充分放电以后进行。应根据接线要求和接线方式，逐一对变压器的各个绕组进行检测。

3）变压器绕组变形检测环境

应确认周边无大型用电设备干扰试验电源，测试地点周边若有电视、手机、广播发射基站也可能会严重影响测量结果。

4）测试仪器操作说明

测试仪器面板结构如图5-43所示。

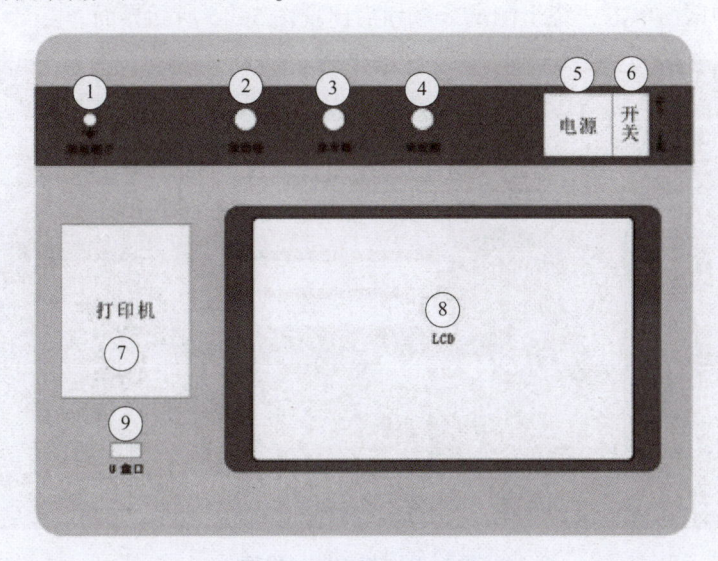

图5-43 测试仪器面板结构

①仪器接地端子。
②激励端——用于信号输出。
③参考端——用于激励信号回采。
④响应端——用于变压器频响输入。
⑤输入供电（AC 220 V/50 Hz）。
⑥电源开关。
⑦微型打印机。

⑧LCD 显示+触控。
⑨U 盘数据输出口。

（1）主菜单设置：连接好测试线后，插上仪器机箱上的交流 220 V 电源，打开面板上的电源开关，进入开机界面；开机界面持续大约 3 s 后自动进入主菜单界面，如图 5-44 所示。

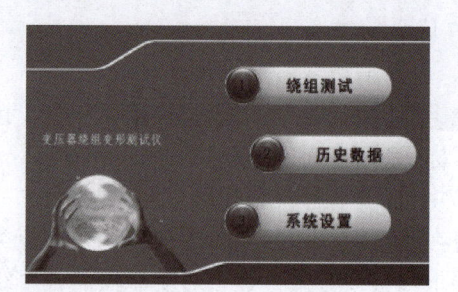

图 5-44　主菜单界面

①绕组测试：单击该按钮后设置变压器的基本参数进行试验。
②历史数据：单击该按钮后查看以往所保存的历史数据。
③系统设置：单击该按钮后设置系统时间和背景颜色等。

（2）绕组测试：单击"绕组测试"按钮后出现图 5-45 所示界面。

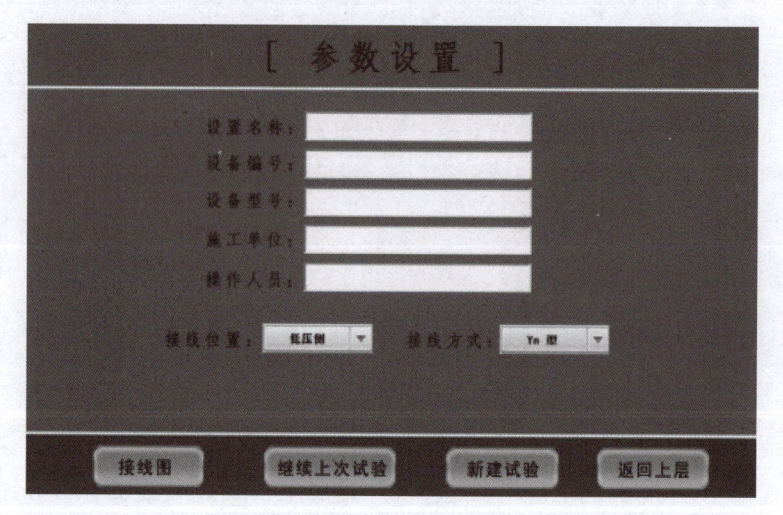

图 5-45　绕组测试界面

①设置名称：用来表示变压器名称，最大可以输入 20 个汉字或 40 个字符。
②设备编号：用来表示变压器编号，最大可以输入 10 个汉字或 20 个字符。
③设备型号：用来表示变压器型号，最大可以输入 10 个汉字或 20 个字符。
④施工单位：用来表示施工单位，最大可以输入 20 个汉字或 40 个字符。
⑤操作人员：用来表示操作员是谁，最大可以输入 10 个汉字或 20 个字符。
⑥接线位置：可选择低压侧、中压侧和高压侧。
⑦接线方式：可选择 Yn 型、△型、Y 型和分离型。

⑧接线图：单击该按钮后可出现 4 种接线方式的接线图。
⑨继续上次试验：单击该按钮后以继续上次未完成的试验。
⑩新建试验：单击该按钮后会根据设置信息开始新的测试。
（3）新建试验：单击"新建试验"按钮后出现图 5-46 所示界面。

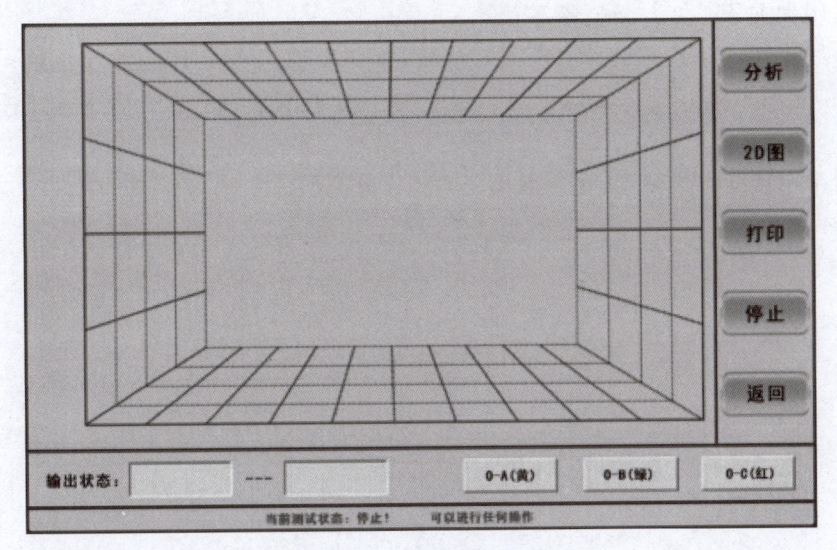

图 5-46　新建试验界面

绕组测试界面显示方式初始为 3D 模式。
①相位按钮：右下方的 3 个按钮，分别对应变压器的 3 个绕组。根据接线方式选择所要测试的绕组，测量哪一个绕组，就单击对应的相位按钮。
②文本框：左下方的 2 个文本框，在测试过程中，显示当前的输出频率值和响应值（dB）。
③状态栏：最下方的状态栏，显示了设备的当前状态，给操作人员提供基本帮助信息。
④分析：测试完成后，单击"分析"按钮，可以显示绕组的横向对比结果。
⑤2D：切换至 2D 显示模式，仅做显示用，没有其他操作权限。
⑥打印：测试完成后，打印三相绕组的横向对比结果。
⑦停止：测量过程中，唯一可以操作的按钮。可以中断试验进程。
⑧返回：退出试验，返回上层菜单。

3. 试验过程

1）接线方法

接线方法如图 5-47 所示。

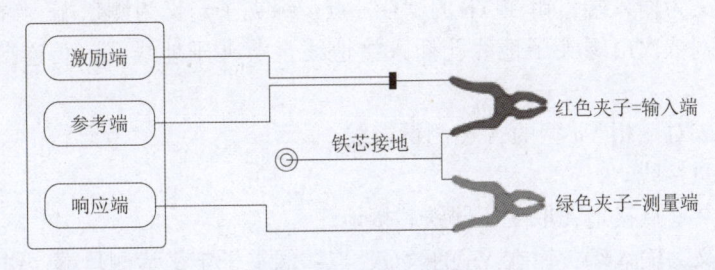

图 5-47　接线方法

变压器绕组变形测试仪主要是由以下部分组成：
①主测量单元（仪器）；
②3 根并行专用测量电缆（不分顺序）；
③转接器 1 个；
④测量用大夹子，红、绿色各一个；
⑤接地线。

按图 5-47 所示接好测试线后，红、绿色夹子参考图 5-48 中的接线方式连接变压器绕组。

变压器常用接线方式有 Yn 型、△型、Y 型、分离型。

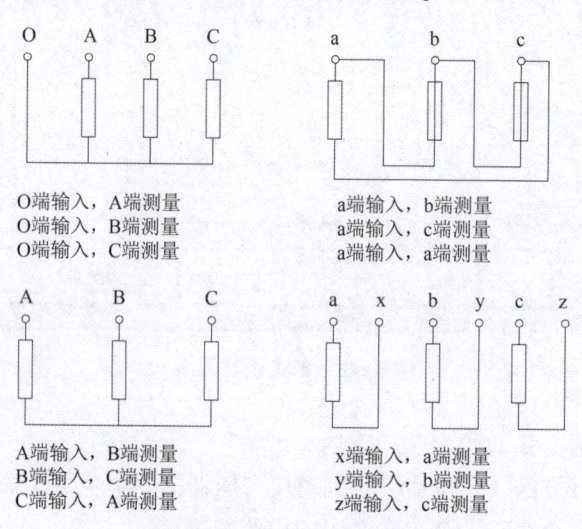

O 端输入，A 端测量
O 端输入，B 端测量
O 端输入，C 端测量

a 端输入，b 端测量
a 端输入，c 端测量
a 端输入，a 端测量

A 端输入，B 端测量
B 端输入，C 端测量
C 端输入，A 端测量

x 端输入，a 端测量
y 端输入，b 端测量
z 端输入，c 端测量

图 5-48　变压器常用检测接线

变压器常用检测接线方式如图 5-48 所示，变压器绕组变形测试仪主要由主测量单元和 3 根并行专用测量电缆以及测量夹子和接地线组成。被测试品外壳与测试电缆的屏蔽层必须可靠连接并接地，大型变压器一般以铁芯接地套管引出线与油箱的连接点作为公共接地点，变压器外壳点接地（红色大夹子接输入端，绿色大夹子接测量端）。变压器铁芯必须与外壳可靠接地。测试仪外壳必须与变压器外壳可靠接地。测试仪的接地没有连接正确前，不要开始绕组变形测试。

三相 Yn 形测量接线如下。

（1）A 相测量接线。
①测量系统共一点接地，取变压器铁芯接地。
②黄夹子定义为输入端，钳在 Yn 的"O"点；绿夹子定义为测量端，钳在 A 相上。
③地线连接网依次由绿夹子地线孔插入接地线至黄夹子地线孔，再连接一地线到铁芯接地。

以上接线完成对三相 Yn 型的 A 相测量接线。

（2）B 相测量接线。
①测量系统共一点接地，取变压器铁芯接地。
②黄夹子定义为输入端，钳在 Yn 的"O"点；绿夹子定义为测量端，钳在 B 相上。

③地线连接网依次由绿夹子地线孔插入接地线至黄夹子地线孔，再连接一地线到铁芯接地。

以上接线完成对三相 Yn 型的 B 相测量接线。

（3）C 相测量接线。

①测量系统共一点接地，取变压器铁芯接地。

②黄夹子定义为输入端，钳在 Yn 型的"O"点；绿夹子定义为测量端，钳在 C 相上。

③地线连接网依次由绿夹子地线孔插入接地线至黄夹子地线孔，再连接一地线到铁芯接地。

以上接线完成对三相 Yn 型的 C 相测量接线。

2）试验步骤

（1）断开变压器有载分接开关、风冷电源，退出变压器本体保护等，将变压器各绕组接地充分放电，拆除或断开对外的一切连线。

（2）在测试仪中建立本次测试数据存档路径并录入各种测量信息。测试时必须正确记录分接开关的位置。应尽可能将被测试变压器的分接开关放置在第 1 分接位置，特别对有载调压变压器，以获取较全面的绕组信息。对无载调压变压器，应保证每次测量在同一分接位置，以便于比较。

（3）建立测量数据的存放路径，应能够清晰反映被测试变压器的安装位置、运行编号、测试日期等信息，以便查找，防止数据丢失。

（4）建立测试数据库，录入试验性质、变压器挡位、铭牌信息、环境温湿度、试验日期等基本信息。

（5）对变压器的不同绕组，按表进行测量，按测试仪器要求搭接试验接线，对变压器每一相绕组进行测量。试验中如变压器三相频响特性不一致，应检查设备后测试，直至同一相两次试验结果一致。

（6）测试完毕后将所测得数据全部保存打印，以便后续进行分析。

4. 测试结果分析与报告编写

（1）试验结果分析，如图 5-49 所示。

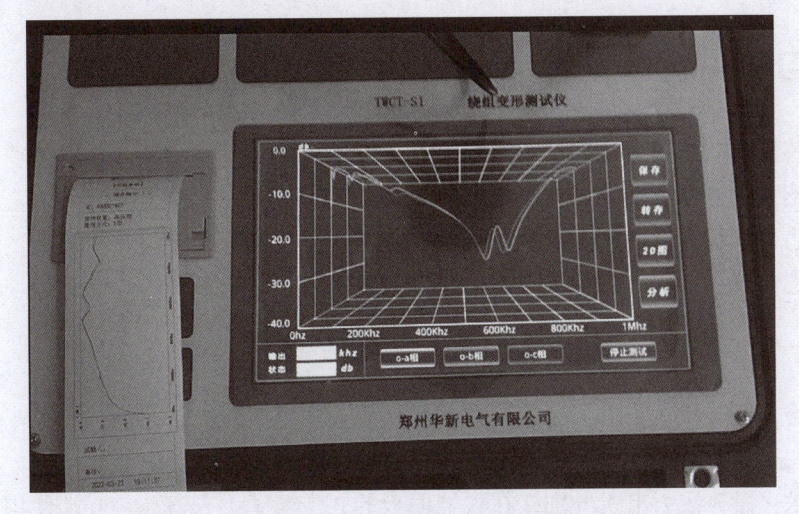

图 5-49　试验结果分析

（2）测试报告编写。

初次测量试验报告，应有变压器各相测试曲线图、变压器铭牌、测试时变压器挡位、温度、湿度、试验人员、试验日期等信息。非初次测量试验报告，应有变压器各相本次及上一次的测试曲线、两次测量曲线的相关系数值、试验结论、变压器铭牌、测试时变压器挡位、温度、湿度、试验人员、试验日期和特殊情况的说明。

课后习题

1. 变压器绕组变形检测应在所有_____试验项目之前或者在绕组充分放电以后进行。应根据接线要求和接线方式，逐一对变压器的各个绕组进行检测。
2. 试验中被测试品外壳与测试电缆的屏蔽层必须可靠连接并_____。
3. 变压器绕组变形测试的主要目的是什么？
4. 变压器绕组变形测试的基本方法有哪些？
5. 为什么变压器绕组变形后需要进行测试？
6. 简述频率响应分析法在变压器绕组变形测试中的应用原理。
7. 变压器绕组变形测试中的"相关系数"有何意义？
8. 变压器绕组变形测试中的"电容量变化"如何解释？
9. 变压器绕组变形测试对电力系统的安全运行有何意义？
10. 简述变压器绕组变形测试中的"吊检"过程。
11. 变压器绕组变形测试中的"电压传递函数"如何定义？
12. 如何根据变压器绕组变形测试结果制定维修方案？

学习情景 31　变压器吸收比、极化指数试验

学习任务

- 了解变压器吸收比、极化指数试验的目的和意义。
- 熟悉变压器吸收比、极化指数试验的原理。
- 熟悉变压器吸收比、极化指数试验的接线。
- 熟悉变压器吸收比、极化指数试验的步骤。

1. 准备

检查仪器，仪器应在关机状态，被测试品应脱离供电。

2. 接线

将红、绿、黑 3 根引出线分别接在仪器面板的 3 个端子上，其中：L 端使用红色引出线

接被测设备，如变压器线圈；G 端使用绿色引出线接屏蔽部件；E 端使用黑色引出线接到被测设备的地端，设备外壳、变压器铁芯等接地端。

3. 测试

（1）按住电源红色按钮，待显示屏亮后放开，弹出图 5-50 所示界面。

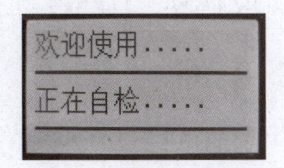

图 5-50 开机界面

如果电池电量低，仪器将以声响提示，并显示提示信息："电量不足，请充满电后再使用。"提示信息显示 10 s 后自动关机。

（2）显示选择菜单，根据测试要求进行选择，如图 5-51 所示。

图 5-51 选择菜单

按 ▉▉ 项目键，在"项目"处显示：吸收比、极化指数、快速测试、绝缘测试四种测试方式，选择其一即可。

（3）选择"吸收比"后进行测试，测试时间到达 60 s 后关闭高压，显示 15 s 和 60 s 时的电阻值，按"电压"键可以查看吸收比。

（4）选择"极化指数"进行测试，测试时间到达 60 s 后关闭高压，显示 15 s 和 60 s 时的电阻值，测试时间达到 10 min 后自动关闭高压，显示极化指数、吸收比的各项参数，按"电压"键可轮流显示。

选择测试"电压"为"5000V"，选择"极化指数"进行测试，按"启动"键后显示界面，如图 5-52 所示。

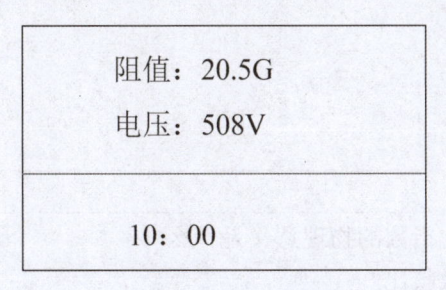

图 5-52 启动界面

测试中自动记录 15 s（R15S）、60 s（R60S）、2 min、3 min、4 min、5 min、6 min、7 min、8 min、9 min、10 min 时的电阻值，分别表示为 R2M、R3M、R4M、R5M、R6M、

171

R7M、R8M、R9M、R10M。自动极化吸收比 DAR 和极化指数 PI 的值,按"电压"键可轮流显示图 5-53 所示界面。

以测试时间 10 min 为例:按"电压"键显示界面如图 5-53 所示。

R15S: 10.5G

R60S: 15.5G

R10M: 90.5G

DAR=1.47

图 5-53 按"电压"键显示界面

再按"电压"键显示图 5-54 所示界面。
第三次按"电压"键显示图 5-55 所示界面。

R2M: 20.9G
R3M: 30.7G
R4M: 38.5G
R5M: 46.5G

R6M: 56.9G
R7M: 68.7G
R8M: 84.5G
R9M: 90.5G

图 5-54 再按"电压"键显示界面　　图 5-55 第三次按"电压"键显示界面

第四次按"电压"键则返回测试界面,测试后电压显示为放电电压,按"停止"键则返回选择界面。

(5) 选择绝缘测试。可连续测量,动态显示 15 s、60 s 时的阻值。测试时间达到 60 s 后,每一分钟自动记录测试值,按"电压"键后轮流显示先前每一分钟的测试值。

(6) 测试完成后,关闭电源,人工放电,确保被测试品放电安全后方可进行拆线。

◆ 课后习题

1. 吸收比:_____。
2. 极化指数:_____。
3. 变压器吸收比和极化指数的物理意义是什么?
4. 如何定义变压器的吸收比?
5. 极化指数与吸收比的主要区别是什么?
6. 在哪些情况下,变压器吸收比和极化指数的测试尤为重要?
7. 变压器吸收比测试过程中应注意哪些事项?

8. 为什么高电压、大容量的变压器更适合用极化指数来判断绝缘性能？
9. 如何判断变压器吸收比或极化指数测试结果是否合格？
10. 在进行变压器吸收比和极化指数测试时，为什么需要对测试环境进行严格控制？
11. 变压器吸收比和极化指数测试对于电力系统的稳定运行有何意义？
12. 在哪些情况下需要对变压器进行紧急的吸收比和极化指数测试？

学习情景 32　变压器绝缘油介质损耗试验

学习任务

- 了解变压器绝缘油介质损耗试验的目的和意义。
- 熟悉变压器绝缘油介质损耗试验的原理。
- 熟悉变压器绝缘油介质损耗试验的接线。
- 熟悉变压器绝缘油介质损耗试验的步骤。

1. 准备工作
（1）在仪器电源入口接入 AC 220 V 电源。
（2）将清洗干净的油杯放入油杯槽中，并将测试电缆按图 5-56 所示连接好。

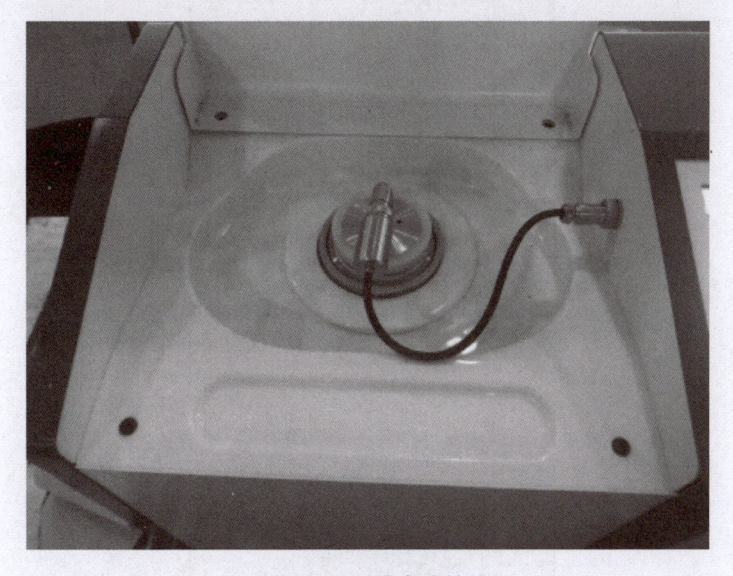

图 5-56　测试电缆接线

（3）将电源线接地，导线接地，产品外壳的接地柱也必须接地。

2. 主菜单

打开电源开关，液晶显示图 5-57 所示主菜单界面。

图 5-57　主菜单界面

3. 测试

（1）进入"参数设置"界面，如图 5-58 所示。

图 5-58　参数设置界面

①测试温度：0~125 ℃。
②交流电压：500~2 000 V。
③直流电压：0~500 V。
（2）参数设置方法。
①在要设置的条目显示位置，输入要设置的参数。单击"返回"按钮，仪器保存所设置的参数，回到主菜单界面。
②单击"执行标准"，显示图5-59所示界面。
③时间设置。单击时间显示区域，可修正系统时钟。
（3）空杯校准。
先确定在杯位的测试油杯为无油样空油杯，连接好测试电缆和温度探头电缆。单击"空杯校准"键进入空杯校准界面，如图5-60所示，单击"开始"按钮后进行空杯校准测试。

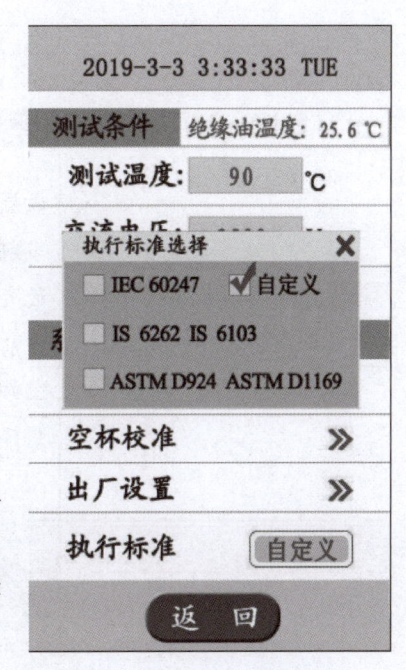

图5-59 参数设置界面

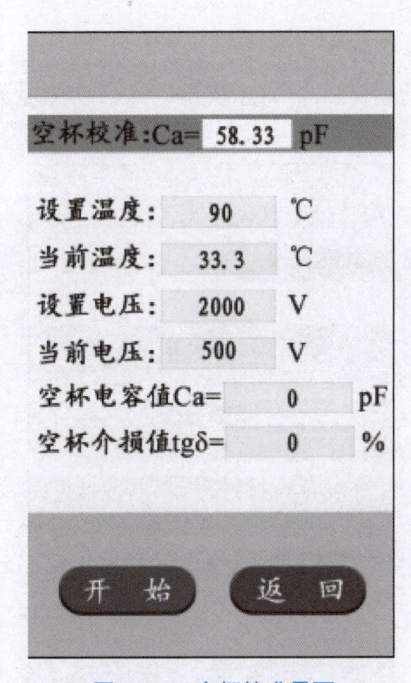

图5-60 空杯校准界面

①设置当前温度=室温+10 ℃，然后单击"返回"按钮回到主菜单界面。
②图5-61所示界面显示了校准结果。单击"保存"按钮保存校准结果，单击"返回"按钮回到主菜单界面。

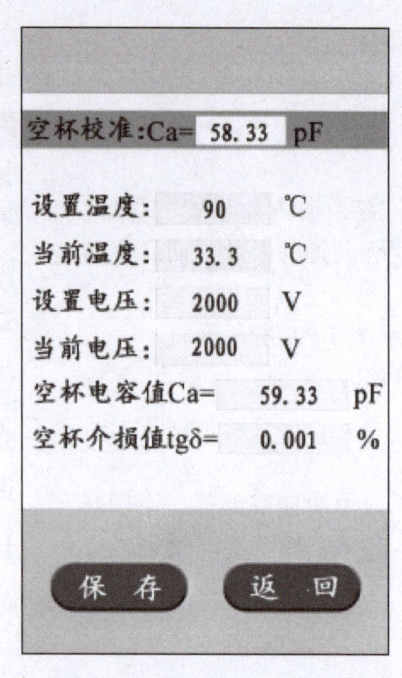

图 5-61　保存空杯校准结果

（4）自动测量。

①将油杯中注满油样，连接好测试电缆。

②单击主菜单界面的"开始试验"图标按钮进入自动测量界面，如图 5-62 所示。其中有 4 个选择项按钮。

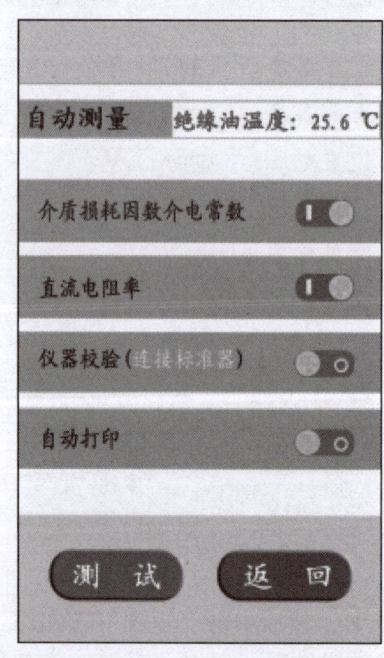

图 5-62　自动测量界面

单击"介质损耗因数介电常数"按钮，可循环打开或关闭介质损耗因数测试。

单击"直流电阻率"按钮，可循环打开或关闭直流电阻率测试。

单击"仪器校验"按钮，进入仪器校验。

单击"自动打印"按钮，可循环打开或关闭自动打印功能，若自动打印打开，则每次测试完成后，打印机自动打印测试结果。

③选择好相应选项后单击"测试"按钮，仪器将自动完成选择的测试项目，测试期间可以暂停或取消。

④介质损耗因数测量界面如图 5-63 所示。

图 5-63　介质损耗因数测量界面

⑤直流电阻率测量界面如图 5-64 所示。

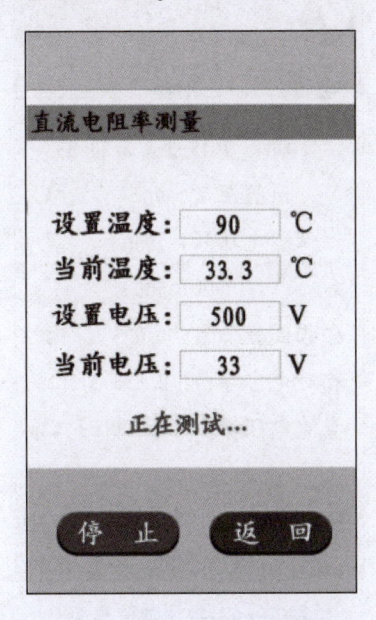

图 5-64　直流电阻率测量界面

⑥每次测试结束后，显示图 5-65 所示测试结果。如果前面选择了"自动打印"选项，此时打印机自动打印测试结果。若未选择"自动打印"选项，则单击"打印"按钮后，打印机也会打印显示的测试结果。然后单击"返回"按钮回到主菜单界面。

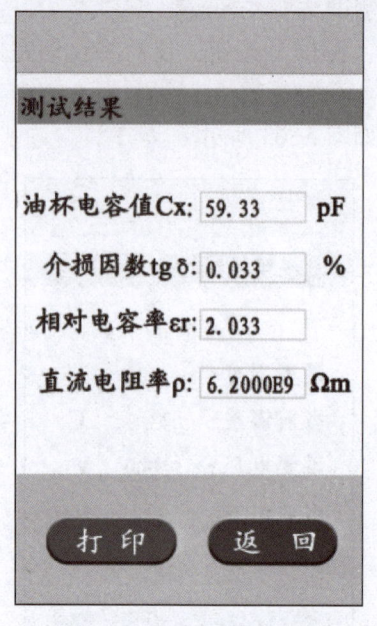

图 5-65 显示测试结果

4. 数据浏览

在主菜单界面（图 5-57）单击"数据浏览"图标按钮，可进入数据浏览界面，如图 5-66 所示。

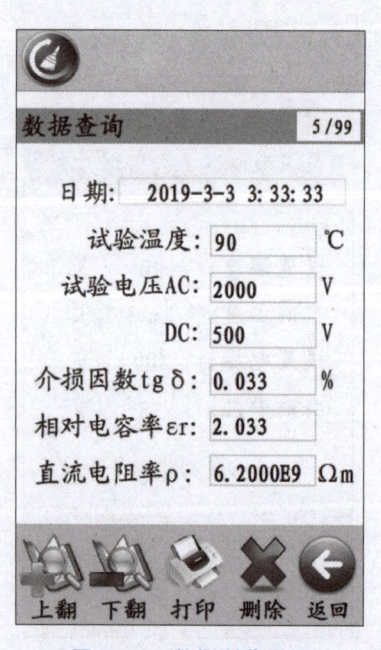

图 5-66 数据浏览界面

在数据浏览界面的"数据查询"中会显示总页数和当前页数，单击"上翻"和"下翻"图标按钮，可以进行向上和向下翻页；单击"删除"图标按钮，可以删除当前显示页的数据；单击"打印"图标按钮，可以打印当前页的数据；单击"清空"图标按钮，可清除所有的测试记录；单击"返回"图标按钮可回到主菜单界面。

5. 有效值计算

（1）按上述试验步骤对同一个油样进行两次测量，中间不需对检测单元做任何处理。

（2）两次测量结果之差不大于 0.000 1 加上两个值中较大值的 25%。

（3）若测试结果不满足上述要求，则继续对试验样品进行测试，直至满足为止；否则测试结果无效。

（4）试验结果取两次测试值中较小者。

课后习题

1. 变压器绝缘油介质损耗试验为了检测变压器油的_____。
2. 变压器油介质损耗因数通常用_____表示，也称介质损耗角正切。
3. 什么是变压器绝缘油的介质损耗？
4. 变压器绝缘油介质损耗的主要影响因素有哪些？
5. 为什么变压器绝缘油的介质损耗会增加？
6. 如何测量变压器绝缘油的介质损耗？
7. 变压器绝缘油介质损耗的标准值是多少？
8. 变压器绝缘油介质损耗超标时，应采取哪些处理措施？
9. 变压器绝缘油介质损耗测试的意义是什么？
10. 在进行变压器绝缘油介质损耗测试时，需要注意哪些事项？
11. 变压器绝缘油介质损耗与设备运行温度的关系如何？
12. 如何判断变压器绝缘油介质损耗测试结果的准确性？

学习情景 33　变压器微量水分测试

学习任务

- 了解变压器微量水分测试的目的和意义。
- 熟悉变压器微量水分测试的原理。
- 熟悉变压器微量水分测试的接线。

变压器投入运行前的检查

> 熟悉变压器微量水分测试的步骤。

1. 测量前的准备工作

1）试剂的调整和空白电流的清除

将主机后面板上的电源插座插入交流 220 V 电源，按下电源开关。主机电源接通，液晶屏亮并显示主界面，如图 5-67 所示。

图 5-67 主界面

单击"测定"按钮，进入测定界面，如图 5-68 所示。

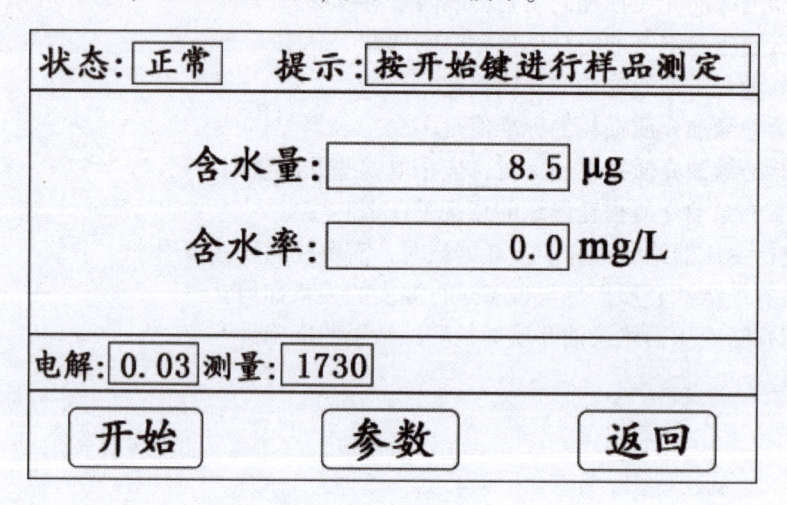

图 5-68 测定界面

（1）试剂的调整。

如果"状态"显示过碘并提示"请注入适量纯水"，则用 50 μL 的进样器抽取一定量的纯水（新试剂需要注入 20~50 μL 纯水），通过进样旋塞缓慢注入试剂中。试剂的颜色由深褐色慢慢变为浅黄色，直到"状态"变为"过水"为止。此时，显示屏开始计数。取出进样器，等待仪器自动调整平衡。仪器"状态"显示"正常"，即达到平衡状态。

（2）空白电流的清除。

如果电解数值比较高或测量数值不稳定，则是滴定池壁上附有水分。这时可单击"返回"按钮返回开机界面，把滴定池取下，缓慢地使其倾斜旋转，以便使池壁上的水分被吸收，然后把电解池放好，再单击"测定"按钮，进入测定界面继续电解。这一步骤可反复进行几次，电解数值会降到比较低，待测量信号稳定后即可进行试验。

2）仪器的标定

当仪器状态达到正常时且电解数值比较稳定时，可用纯水进行标定。

（1）用 0.5 μL 微量注射器抽取 0.1 μL 的纯水。

（2）单击"开始"按钮（"状态"由"正常"变为"测量"）。

（3）将 0.1 μL 的纯水通过进样旋塞注入阳极室电解液中，使针尖插入电解液中，不得与池壁或电极接触，注入后滴定会自动开始。

（4）蜂鸣器响，"状态"由"测量"变为"正常"，这时试剂已到达终点，显示含水量应为（100±3）μg，一般标定 2~3 次，显示数字在误差范围内就可以进行样品的测定了。

3）样品测定

（1）测定界面（图 5-68）左上角是"状态"提示，有开路、短路、过碘、过水、正常、测量 6 种状态；右上角是"提示"信息，根据状态不同会提示相应的操作信息；界面正中是"含水量"，下方是"含水率"；左下边的"电解"是电解指示，电解电流越大该数值越大；"测量"是测量指示，试剂中的水分越大该数值越大；右下方是日期和时间。

（2）单击"开始"按钮，开始新的样品测试；单击"参数"按钮，进入参数设置界面；单击"返回"按钮，回到开机界面。

4）参数设置

（1）在样品测定界面，单击"参数"按钮进入"参数设置"界面，如图 5-69 所示。

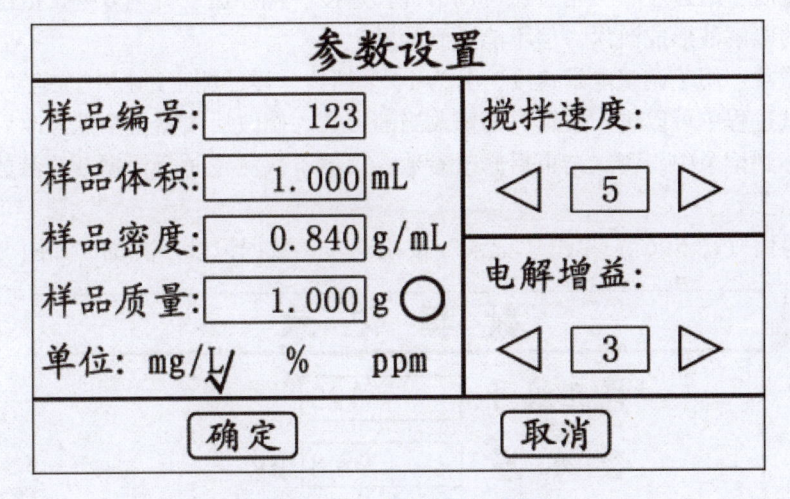

图 5-69 "参数设置"界面

（2）在"参数设置"界面单击文本框区域，进入数据输入界面，如图 5-70 所示，使用右侧弹出的数字键盘输入需要的参数，单击"确定"按钮，数据确认返回"参数设置"界面，单击"取消"按钮，数据无修改返回"参数设置"界面。

①样品编号：单击输入区域可进入数据录入界面（图 5-70），进行样品编号设定，范围为 0~9 999。

②样品体积：测定样品时，录入电解池的样品体积。

③样品密度：变压器油密度设定，如设定为 0.840 g/mL。

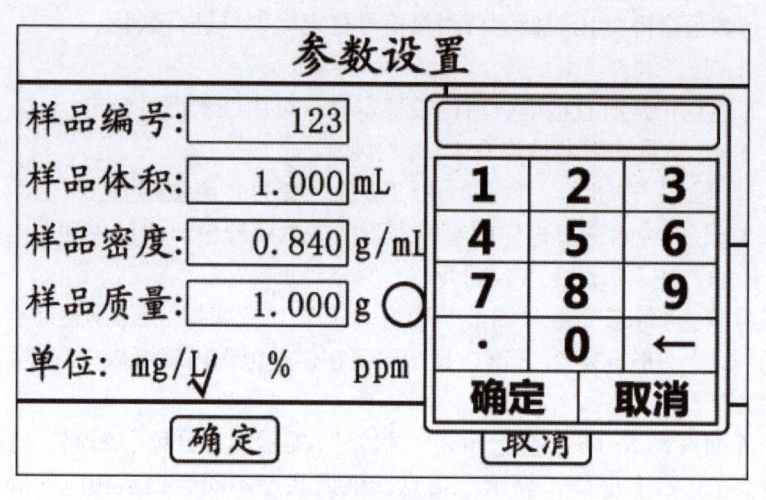

图 5-70 数据输入界面

④样品质量：单击右侧圆圈，显示对勾表示选中。选中样品质量则按输入的样品质量来计算；不选中样品质量则按输入的样品体积和样品密度来计算。

⑤单位：含水率单位有 3 种选项，即 mg/L、% 和 ppm。可根据需要选择，选中后下方会出现对钩。

⑥搅拌速度：通过左右三角按钮可调节搅拌速度，搅拌速度分为 0~15 挡位，调节标准为使阳极室的电解液形成漩涡，但不能溅到池壁上。

⑦电解增益：用于调整电解速度，分为 10 个挡位，样品测定过程中选定"3"。

样品测试过程中可以进入设置界面修改当前参数。修改后仪器会按照修改后的参数计算数据，并保存到记录中。测试结束后修改参数，仪器下次测定时会根据新改参数进行计算。

5) 数据记录

在开机界面（图 5-67）单击"记录"按钮进入"数据记录"界面，如图 5-71 所示。

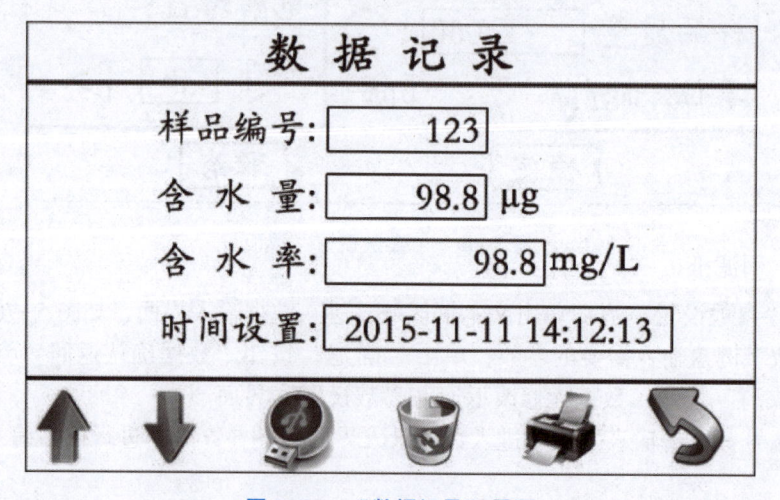

图 5-71 "数据记录"界面

(1) 单击 ⬆ ⬇ 按钮可以进行前、后翻页，查询数据记录。

（2）单击 ![icon] 按钮可将数据导出到 U 盘、SD 卡等存储设备。

（3）单击 ![icon] 按钮可删除当前页面的数据。

（4）单击 ![icon] 按钮可打印当前显示的数据。

（5）单击 ![icon] 按钮可返回到上一级界面。

6）系统设置

在开机界面（图 5-67）单击"设置"按钮，进入"系统设置"界面，如图 5-72 所示。

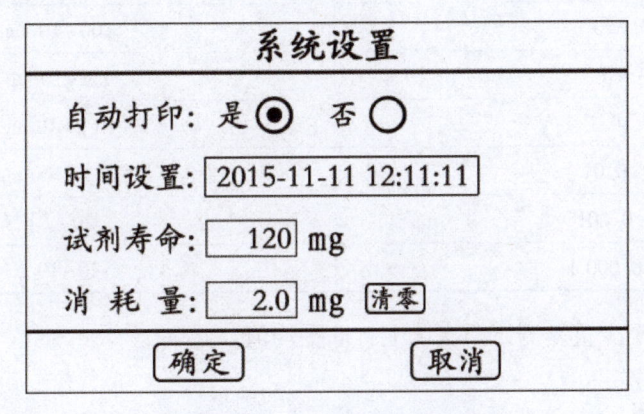

图 5-72 "系统设置"界面

（1）自动打印：选中"是"单选按钮，测试结束后会自动打印出测试数据；选择"否"单选按钮，测试结束后不自动打印测试数据。

（2）时间设置：单击时间显示区域，界面会弹出数字键盘，根据要修改的时间，单击对应的数字，再单击"确认"按钮，即可修改仪器显示时间。

（3）试剂寿命：此数据是新换电解液后，根据电解液的电解能力来输入，如果该电解液可电解大约 100 mg 的水就会失效，此处输入数值 100 即可，该数据只是为了和后面的消耗量数值做对比，如果仪器显示消耗量数值与该数值接近时，应更换电解液。

（4）消耗量：该数据表示电解液自注入后所电解水的质量。每次更换电解液后，应单击"清零"按钮，将该数据清零。

2. 样品测定操作

因仪器的测定范围是 3 μg～100 mg，为了得到准确的测量结果，要根据试样的含水量来控制进样量。

（1）首先用滤纸擦拭针头部分，将带针头的 1 mL 进样器用被测样品冲洗 2~3 次，然后抽取一定量的样品，为注样做好准备。

（2）单击"测定"界面（图 5-68）的"开始"按钮，显示屏数字清零。

（3）把样品通过进样旋塞注入阳极室电解液中，使针尖插入电解液中，并避免与池壁或电极接触，注入后滴定会自动开始，测定达到终点时，蜂鸣器响，状态提示正常，显示屏显示的数字即是样品的含水量，单位为 μg。含水率显示在含水量的下方。

注：在测定过程中，由于操作错误，偶然按动电解开关，将导致测定被干扰，则不能得到正确的数据。出现这种情况后要等到"状态"为"正常"，空白电流稳定后再重新进行测定。若进样过少或注空（即注射器内无样品），则测定不出水分。

(4) 该仪器的典型测定范围是 10 μg~10 mg，为了得到准确的测定结果，要根据样品的含水量来适当控制样品的进样量。进样量可参照表 5-6。

表 5-6　进样量参照表

水分含量/%	样品量
100	10 mg
50	20~10 mg
10	100~10 mg
1	1 g~10 mg
0.1	10 g~10 mg
0.01	20 g~100 mg
0.001	20~1 g
0.000 1	20~10 g

(5) 同一试样至少重复测试两次以上，取平均值。

课后习题

1. 变压器油中的微量水分是指油中悬浮的微小水滴，其存在会导致_____的退化和减弱，从而影响变压器的绝缘状态。
2. 在实际操作中，通过测定变压器油中微量水分的含量，可以及时检测和评估变压器的_____状态，及时采取措施提高变压器的可靠性和稳定性。
3. 变压器油中微量水分超标的主要危害有哪些？
4. 列举几种常见变压器油中微量水分的检测方法。
5. 简述卡尔费休法检测变压器油中微量水分的原理。
6. 变压器油中微水检测的标准是多少？
7. 简述气相色谱法测定变压器油中微量水分的步骤。
8. 变压器油中微量水分检测装置通常包括哪些主要部分？
9. 简述介电常数法检测变压器油中微量水分的优缺点。
10. 在进行变压器油中微量水分检测前，需要做哪些准备工作？
11. 变压器油中微量水分检测的结果如何解读？
12. 如何控制变压器油中微量水分的含量？

学习情景 34　变压器的耐压试验

1. 试验原理

谐振耐压试验是用一定的步骤来检查某一电器的电气安全性能。它的基本原理是利用一个持续不变的电流波形，在短暂安装期间对某一特定部件进行快速脉冲型的高压测量，使用谐波频率进行耐压测试，以检验该部件是否能够承受持续的高压而不损坏。

变频串联谐振试验装置是运用串联谐振原理，利用励磁变压器激发串联谐振回路，调节变频控制器的输出频率，使回路电感 L 和试品 C 串联谐振，谐振电压即为加到试品上的电压。变频谐振试验装置广泛用于电力、冶金、石油、化工等行业，适用于大容量、高电压的电容性试品的交接和预防性试验。

本次试验采用 800 kV·A 干式变压器。

2. 试验设备

试验设备如表 5-7 所示。

表 5-7　试验设备

序号	设备名称	规格型号	单位	数量
1	变频电源	BPXZ-20kW	台	1
2	激励变压器	JLB-20kV·A/1.5/3/5kV/0.2/0.4kV	台	1
3	高压电抗器	DK-81kV·A/27kV	台	4
4	电容分压器	FRC-1500pF/110kV	套	1

3. 试验电路

耐压试验电路如图 5-73 所示。

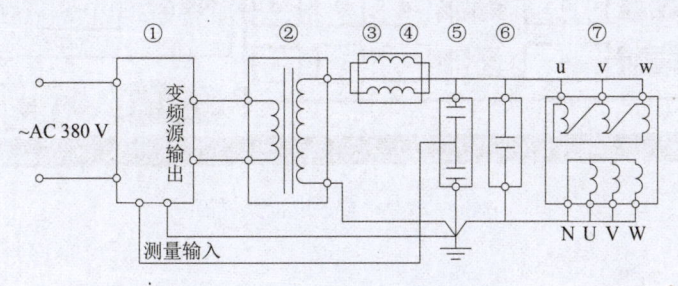

图 5-73　变压器耐压试验接线

①—变频电源；②—激励变压器；③④—电抗器；⑤—分压器；⑥—补偿电容（选配）；⑦—试品变压器

4. 试验操作步骤

（1）根据图 5-73，将试验变压器、检测设备、高压设备正确连接。通电开机后，显示界面如图 5-74 所示。

图 5-74 显示界面

(2) 单击"参数设置"图标按钮后,显示界面如图 5-75 所示。

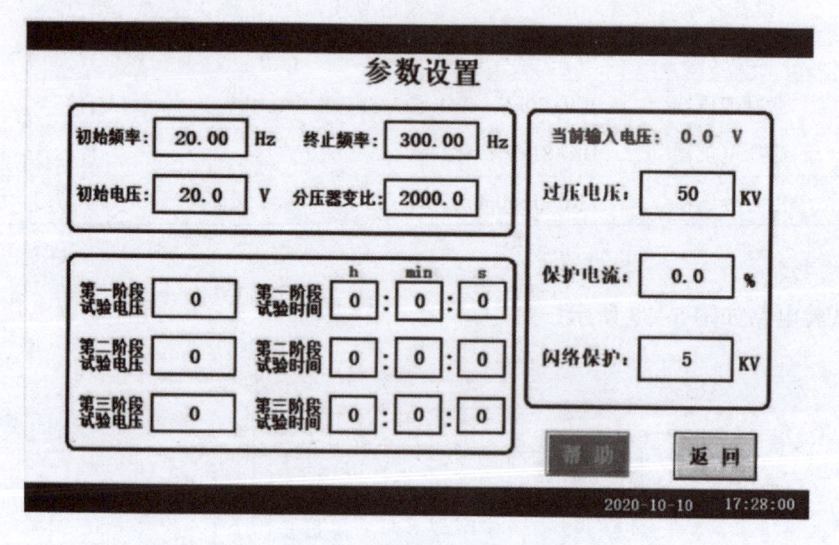

图 5-75 "参数设置"界面

试验参数录入如下。
初始频率:20 Hz。
终止频率:300 Hz。
初始电压:
第一阶段试验电压:20 V;第一阶段试验时间:1 min。
其余试验电压、试验时间均为:0。
分压器变比:2 000∶1。
过压电压:50 kV。

保护电流：0%。

闪络保护：5 kV。

（3）单击"自动试验"图标按钮，进入自动试验界面，如有异常情况，则单击"紧急停机"按钮，显示界面如图5-76所示。

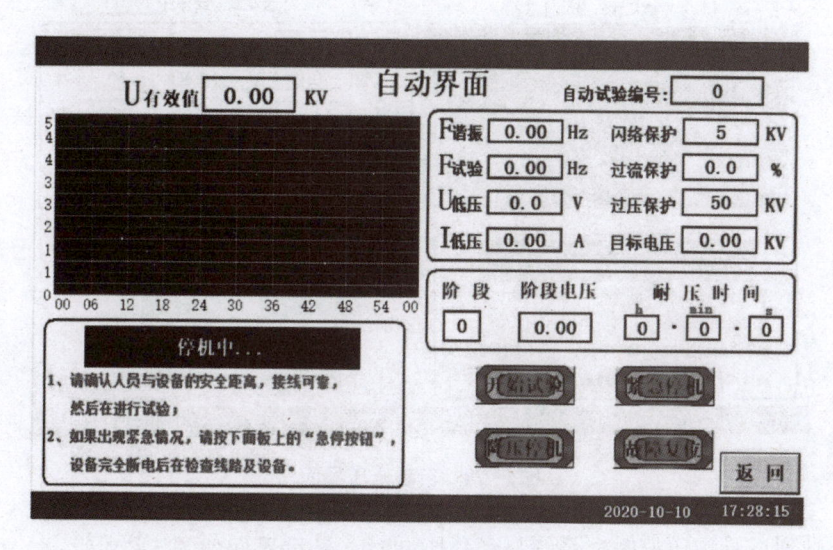

图 5-76　紧急停机界面

（4）单击"开始试验"按钮，系统自动寻找谐振点，显示界面如图5-77所示。如有异常情况，则单击"紧急停机"按钮。

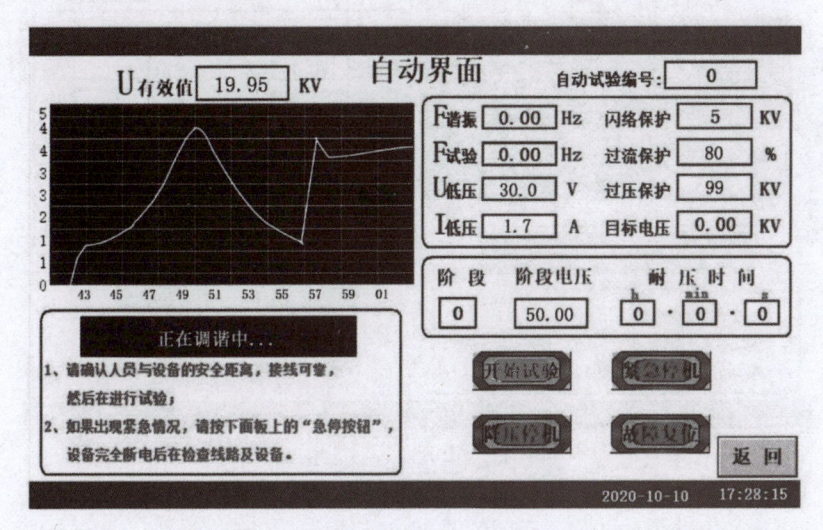

图 5-77　寻找谐振点界面

找到谐振点后，系统自动升压，显示界面如图5-78所示。如有异常情况，则单击"紧急停机"按钮。

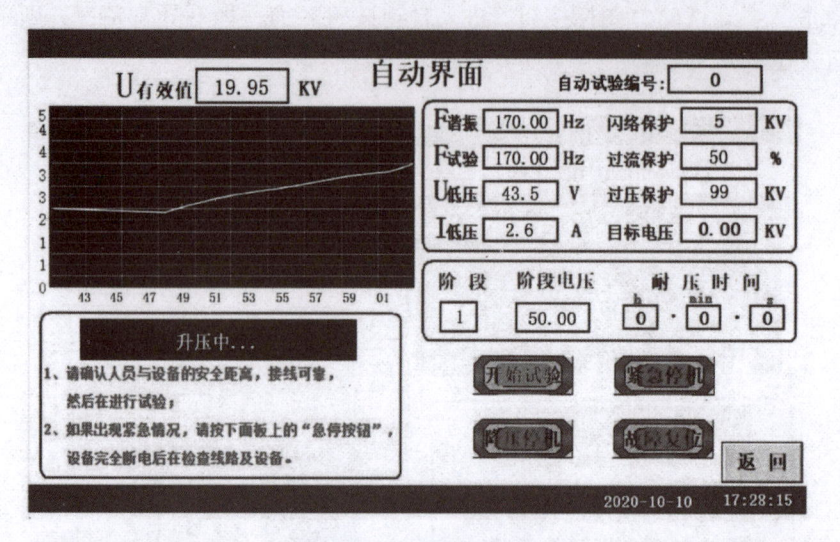

图5-78 自动升压界面

当电压升到试验耐压值时，系统自动耐压计时，显示界面如图5-79所示。如有异常情况，则单击"紧急停机"按钮。

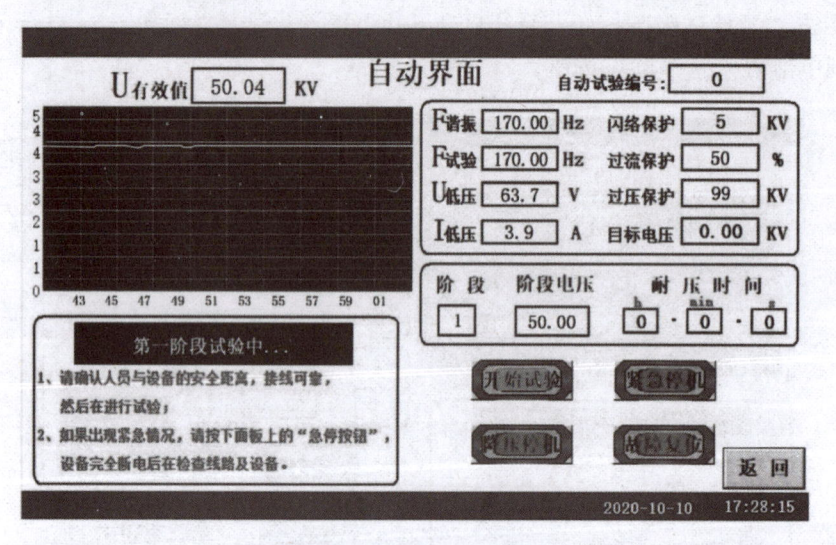

图5-79 自动耐压计时界面

当计时到设置的耐压时间时，系统自动降压，显示界面如图5-80所示。如有异常情况，则单击"紧急停机"按钮。

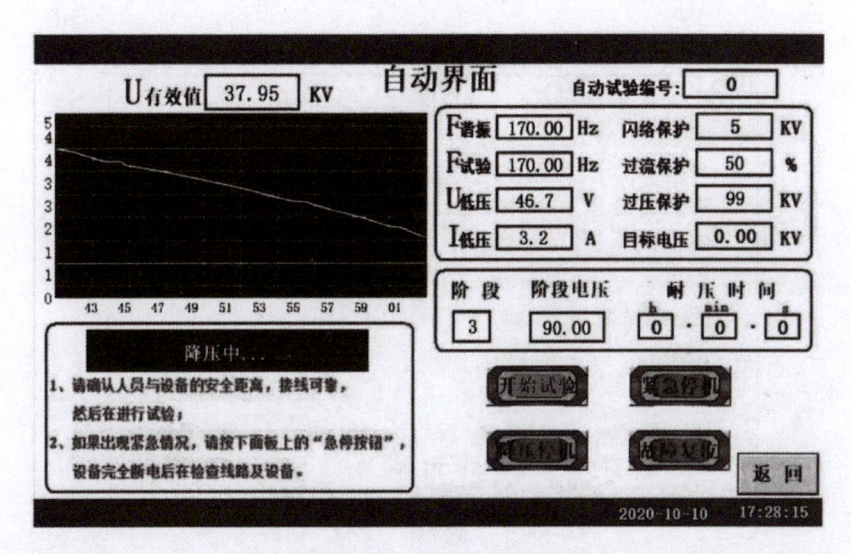

图 5-80 自动降压界面

当试验电压降至 0 时，界面右下角提示"停机状态"，显示界面如图 5-81 所示。系统会自动保存当前数据。

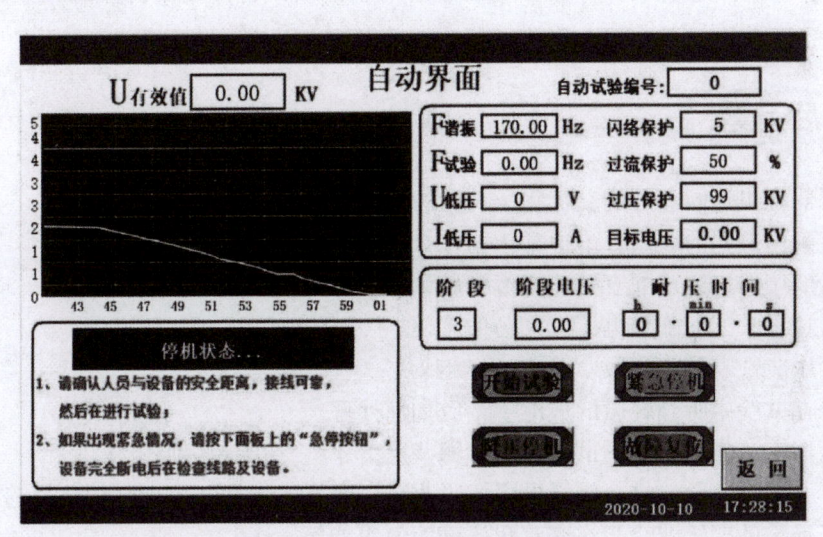

图 5-81 电压为 0 时停机界面

（5）单击图 5-74 所示显示界面的"数据查询"图标按钮，打开历史数据查询窗口，显示选择数据预览界面，如图 5-82 所示。

注：数据打印时，输出纸带停稳后，方可撕下纸条。

5. 试验注意事项

（1）本试验由专业教师或高压试验专业人员进行，并经反复操作训练。

（2）试验操作人员应不少于 2 人。试验时严格遵守高压试验的安全作业规程。

（3）试验连线不能接错，否则可导致设备损坏。

（4）本试验进行时，输出的是高电压或超高压，因此必须可靠接地。注意操作安全。

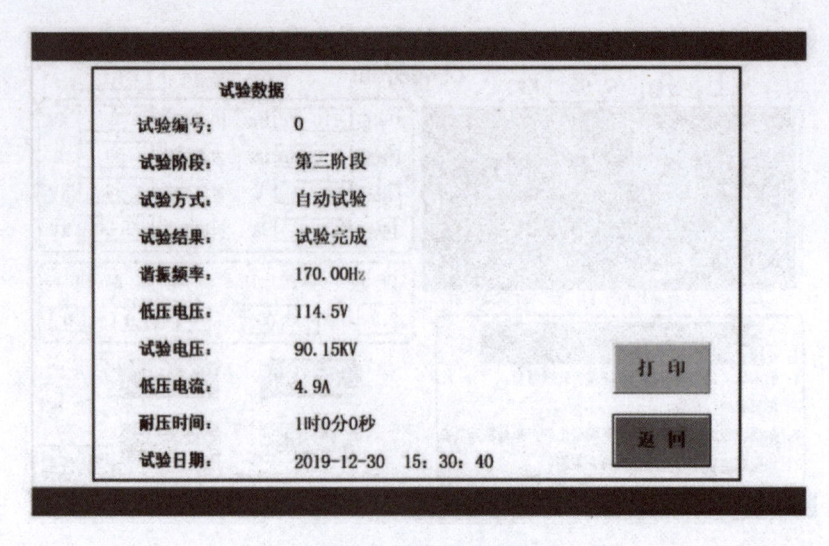

图 5-82 数据查询界面

6. 试验任务

根据上述过程，完成 800 kV·A 变压器的串联谐振试验，输出打印试验数据，完成试验报告撰写。

课后习题

1. 变压器绕组连同套管的交流耐压试验的目的是什么？
2. 交流耐压试验的评定标准通常依据什么确定？
3. 进行变压器绕组连同套管的交流耐压试验前需要做哪些准备工作？
4. 试验过程中如何施加电压？
5. 试验中应观察哪些参数？
6. 如果在试验中听到轻微的放电声，应如何处理？
7. 变压器交流耐压试验的试验设备有哪些？
8. 为什么要在试验前进行绝缘电阻、吸收比、泄漏电流和介质损耗等项目的试验？
9. 分级绝缘的变压器绕组在交流耐压试验时应如何操作？
10. 户外进行变压器交流耐压试验时应注意哪些环境因素？

模块 6

变压器的运维

学习目标

知识目标
熟悉变压器投运前的检查项目；熟知变压器大修、小修项目；了解变压器常见故障的现象、原因及处理办法；掌握变压器故障的诊断方法。

能力目标
能够完成变压器投运之前的检查；能够完成变压器常见故障的分析及处理；能够完成变压器故障的预防试验。

素质目标
诚实守信、尊重生命、热爱劳动，履行道德准则和行为规范，具有社会责任感和社会参与意识；勇于奋斗、乐观向上，具有自我管理能力、职业生涯规划的意识，有较强的集体意识和团队合作精神。

总任务
熟悉变压器投运前的检查项目及送电操作；熟悉变压器大修项目及小修项目；熟悉变压器常见故障的原因及处理办法；熟悉变压器常见故障的诊断。

学习情景 35　变压器投入运行须知

学习任务

- 熟知变压器投运前的检查项目。
- 掌握变压器投运操作步骤。
- 熟知变压器投运后的检查项目。

1. 投入运行前的检查项目
（1）变压器本体、冷却装置及所有附件均完整无缺陷，不渗漏，油漆完整。
（2）油箱、铁芯的外接引线接地可靠，接地网完好。

（3）变压器顶盖上及四周无遗留杂物。

（4）储油柜、冷却装置、净油器等油系统上的阀门全部开启，储油柜油温标示线清晰。

（5）高压套管密封良好，与外部引线连接良好，接地小套管应接地。

（6）储油柜、电容式套管的油位正常，有载分接开关的油位需略低于储油柜油位，隔膜式储油柜的集气盒内应无气体。

（7）对各放气阀、塞进行放气，使其完全充满变压器油，气体继电器内无残余气体。

（8）呼吸器内硅胶数量充足，无受潮变色现象，油封良好。

（9）无励磁分接开关的位置符合运行要求，各处的指示一致。

（10）温度计指示正确，整定值符合要求。

（11）冷却装置试运行正常，水冷却装置的油压应大于水压，强油冷却装置应开启全部油泵，进行较长时间的循环，多次排除残余气体。

（12）进行冷却装置电源的自动投切和冷却装置的故障停运试验。

（13）继电保护装置应经调试整定，动作正确。

2. 变压器的送电投运

（1）变压器投运前保护装置如瓦斯、差动、过流等模拟试验动作正确。

（2）强油循环的变压器在投运前应先启用冷却装置，对水冷却器先启动油泵，再开启水系统。

（3）110 kV 及以上中性点直接接地系统中，投运变压器前，变压器中性点必须先接地。投运后可按系统需要决定中性点是否断开。

（4）气体继电器的重瓦斯必须投在跳闸位置。

（5）额定电压下的冲击合闸 3~5 次应无异常，励磁涌流不致引起保护的误动作。

（6）受电后变压器应无异常情况。

（7）变压器并列前应核对相位，要求相位一致。

（8）检查变压器及冷却装置所有的焊缝和结合面，不应有渗漏油现象，变压器无异常振动或放电声。

（9）变压器运行满 24 h 时进行一次油色谱分析，其数据和运行前应无明显变化。

（10）空载运行时间一般不少于 24 h。

（11）变压器试运行无异常后，逐步增加负荷，开始带负荷运行。

课后习题

1. 强油循环的变压器在投运前应先启用_____，对水冷却器先启动油泵，再开启水系统。

2. 110 kV 及以上中性点直接接地系统中，投运变压器前，变压器中性点必须先_____，投入后可按系统需要决定中性点是否断开。

3. 空载运行时间一般不少于_____。变压器运行满 24 h 时进行一次_____，其数据和运行前应无明显变化。

4. 变压器正式投运前，额定电压下的冲击合闸_____次应无异常，励磁涌流不致引起保护的误动作。

5. 变压器投入运行前，为何需要进行设备的检验和试验？
6. 变压器投入运行前，应检查哪些主要部件的完好性？
7. 变压器投入运行前，为何需要调整电压和电流参数？
8. 变压器投入运行前，如何确保保护装置的有效性？
9. 变压器试运行的目的是什么？
10. 变压器投入运行后，为何需要定期进行维护？
11. 变压器定期维护包括哪些内容？
12. 变压器投入运行后，如何监测其运行状态？
13. 变压器投入运行前，为何需要检查变压器铭牌信息？
14. 变压器投入运行后，如何处理异常情况？

学习情景 36　变压器的检修

✓ 学习任务

- 了解变压器的检修类型及检修周期。
- 熟知变压器的小修项目。
- 熟知变压器的大修项目。

变压器的检修分为小修和大修两类。小修仅对油箱以外的零部件及回路进行检查和检修；大修除对油箱以外的零部件及回路进行检查和检修外，还需打开油箱，对器身（铁芯、绕组、绝缘）进行检查检修。

1. 小修项目

变压器小修属定期检修，不进行吊心。其中主变压器每年一次，常规配电变压器 1~3 年一次，环境特别污秽的应缩短间隔周期。具体操作如下。

（1）检查并拧紧套管引出线的接头，对瓷绝缘进行检查和清扫。
（2）清理储油柜积污盒中的污油。
（3）检修全部的阀门和塞子，检查全部密封状态，处理渗漏油。
（4）检修安全保护装置，包括储油柜、防爆管及保护膜、气体继电器和压力释放阀。
（5）检修测温装置，包括电阻式温度计等各式温度计。
（6）检修冷却装置，包括冷却器、风扇、油泵、控制箱及其系统。
（7）检修调压装置、测量装置及控制箱，并进行调试。
（8）检查油位计，调整充油套管及本体油位。
（9）检查接地装置。
（10）清扫油箱及附件并进行防腐。

（11）检查并消除已发现而就地能消除的缺陷。
（12）按有关规程进行测量和试验。

2. 大修项目

变压器大修属不定期检修，投入运行后的第一次大修应按厂家规定进行，无厂家规定的可在 5~8 年间进行一次大修，以后每 5~10 年大修一次。运行中的变压器发生异常状况或试验判明有内部故障时，应及时进行大修。

1）外壳及绝缘油
（1）检查、清扫外壳。
（2）检查、清扫油再生装置，更换或补充干燥剂。
（3）根据油质情况，过滤或更换变压器油。
（4）检查、维修接地装置。
（5）变压器外壳防腐。
（6）整体做油耐压试验。

2）铁芯和绕组
（1）通过吊心进行内部检查。
（2）检查铁芯、铁芯接地情况及穿芯螺栓的绝缘情况，并进行修复。
（3）检查及清理绕组线圈及线圈压紧装置、垫块、引线、各部分螺栓、油路及接线板并进行修复。

3）冷却系统
（1）检查风扇电动机及其控制回路。
（2）检查强迫油循环泵、电动机及其管路、阀门等装置。
（3）检查清理冷却器及水冷系统，进行冷却器水压试验。
（4）消除漏油、漏水。

4）分接头调压装置
（1）检查并修理分接头切换装置，包括附加电抗器、静触点、动触点及其传动结构。
（2）检查并修理有载分接头的控制装置，包括电动机、传动机械及全部操作回路。

5）套管
（1）检查并清扫全部套管。
（2）检查充油式套管的油质情况，必要时更换绝缘油。
（3）检查相色是否清晰。

6）其他
（1）检查并校验温度计。
（2）检查干燥器及干燥剂。
（3）检查并清扫油位计。
（4）检查并校验仪表、继电保护装置、控制信号装置等及其二次回路。
（5）进行规定的测量和试验。
（6）检查并清扫变压器电气连接系统的配电装置及电缆。
（7）检查充氮保护装置或补充更换氮气。
（8）检查硅胶老化及吸收通道畅通情况。

课后习题

1. 变压器的检修分为_____和_____两类。
2. 变压器小修属定期检修，其中主变压器每年_____次，常规配电变压器_____年一次，环境特别污秽的应缩短间隔周期。
3. 变压器大修属不定期检修，投入运行后的第一次大修应按厂家规定进行，无厂家规定的可在_____年间进行一次大修，以后每_____年大修一次。
4. 变压器检修的年限是如何规定的？
5. 变压器检修中，常见的故障有哪些？
6. 电流互感器二次侧接地有什么规定？
7. 变压器吊心检修时，对天气和暴露时间有何要求？
8. 变压器油在变压器内主要起什么作用？
9. 变压器检修时，为何需要注意防止异物落入变压器中？
10. 变压器油的绝缘强度如何影响变压器的运行？
11. 变压器铁芯检修时，为何需要确保所有紧固螺丝均紧固？
12. 变压器储油柜的作用是什么？
13. 变压器进行恢复性大修后，回装工作主要分为哪几个阶段？

学习情景 37　变压器的故障原因及预防

学习任务

- 了解变压器常见的故障。
- 熟知变压器常见故障的现象及原因。
- 掌握变压器常见故障的预防方法。

单相异步
电动机的认识

大型电力变压器是电网传输电能的枢纽，是电网运行的主设备，其安全可靠性是保障电力系统可靠运行的必备条件。

变压器故障种类多种多样，其投运时间也各异。

主要原因：过电压、过电流短路冲击、维护不当等。

由故障到损坏，常会有一个渐变过程，只有掌握变压器的实际运行状态，综合应用各种在线及历史数据,并运用各种诊断技术,才能及时发现故障隐患,提高检测和故障诊断的准确性。

1. 变压器的故障类型

1)按故障发生的部位划分

油浸电力变压器故障分为内部故障和外部故障。

(1)内部故障:变压器油箱内发生的各种故障。主要是绕组短路故障(各相绕组之间发生的相间短路、绕组的线匝之间发生的匝间短路、绕组或引出线通过外壳发生的接地故障等)。

(2)外部故障:为变压器油箱外部绝缘套管及其引出线上发生的各种故障,其主要有绝缘套管闪络或破碎而发生的接地(通过外壳)短路,引出线之间发生相间故障等而引起变压器内部故障或绕组变形等。

具体如下。

(1)绕组故障,包括:匝间故障;冲击;受潮;外部故障;过热;绕组断路;劣化;油道堵塞;接地;相间故障;机械性故障。

(2)铁芯故障,包括:铁芯绝缘故障;接地带断裂;铁芯叠片短路;夹件、螺栓、楔块等部件松动;铁芯接地。

(3)油故障,包括:受潮;有杂质;氧化;泄漏;劣化分接。

(4)分接开关故障,包括:机械性故障;电气故障;引线故障;过热;油泄漏;外部故障。

(5)套管故障,包括:老化;污染;裂纹;动物闪络;冲击闪络;受潮;油位低;法兰接地。

(6)端子排故障,包括:松动连接;引线断开;受潮;短路。

(7)其他故障,包括:电流互感器故障;油中有金属颗粒;运输损坏;外部故障;油箱焊接不良;附属设备故障;过电压;过负荷。

2)按故障性质划分

变压器的内部故障性质又分为热故障和电故障两大类。

(1)热故障。

热故障通常为变压器内部局部过热、温度升高。根据其严重程度,热故障常被分为以下4种故障情况。

①轻度过热,一般温度低于150 ℃。

②低温过热,温度为150~300 ℃。

③中温过热,温度为300~700 ℃。

④高温过热,温度一般高于700 ℃。

(2)电故障。

电故障可分为以下几类。

①短路故障。

短路故障是指在变压器的绕组中出现了绕组间短路或绕组与铁芯短路的情况。短路故障会导致变压器电路中的电流过大,使变压器的绝缘材料遭受破坏,发生火灾或爆炸等危险情况。

②过载故障。

过载故障是指在变压器运行过程中电流超过了变压器额定电流的情况，使得变压器的温度升高，最终导致变压器过热烧坏。

③绕组间短路故障。

绕组间短路故障是指变压器中两个或多个绕组之间短路，导致变压器的电流过大。这种故障多发生在高压绕组上。

④接地故障。

接地故障是指变压器中发生了绕组与地之间的短路或接地故障，这种故障会导致电流过大以及电路绝缘破坏，形成高温热点或爆炸事故。

3) 按故障的发生过程划分

(1) 突发性故障。

①由异常电压（外过电压、内过电压）引起的绝缘击穿。

②外部短路事故引起绕组变形、层间短路。

③自然灾害，如地震、火灾等。

④辅机的电源停电。

(2) 渐进性故障（长年累月逐渐扩展而形成的故障）。

①铁芯的绝缘不良，铁芯叠片之间绝缘不良，铁芯穿芯螺栓的绝缘不良。

②由外界的反复短路引起绕组的变形。

③过负荷运行引起的绝缘老化。

④由于吸潮、游离放电引起绝缘材料、绝缘油老化。

变压器故障按部位分类统计如表 6-1 和表 6-2 所示。

表 6-1　1995—2001 年变压器故障部位统计

变压器故障部位	变压器电压等级/kV			合计
	110	220	330~500	
线圈	166	84	20	270
主绝缘或引线	19	8	4	31
分接开关	20	10	2	32
套管	15	9	10	34
其他	6	4	2	12
变压器故障台数/台	226	115	38	379
统计的变压器在役台数/台	55 821	20 733	3 829	80 383
变压器故障台率（故障台数/在役台数）/%	0.41	0.55	0.99	0.47

表 6-2　1995—2001 年变压器故障原因统计

故障原因		1995—1999 年	2000 年	2001 年	合计
制造	线圈抗短路强度不够	125	11	21	157
	线圈绝缘、引线设计或工艺不良	46	10	18	74
	套管	18	1	5	24
	分接开关	20	4	7	31
	其他	7			7
	小计	216	26	51	293
运行	进水	15		2	17
	安装/检修或维护不当	14		3	17
	小计	29		5	34
其他	雷电	27	3	6	36
	过电压或污闪	4		1	5
	绝缘老化	2			2
	其他	6	3		9
	小计	39	6	7	52
统计的变压器在役台数/台		51 321	14 539	14 523	80 383
故障总台数/台		284	32	63	379
变压器故障台率（故障台数/在役台数）/%		0.55	0.22	0.43	0.47

4）故障统计分析

（1）随着电压等级的提高，故障台率明显升高。

（2）变压器线圈故障占故障总数的 71.2%，线圈故障对变压器危害很大。

（3）分接开关故障占相当大的比例。

（4）变压器产品质量不良是变压器故障的最主要原因。

（5）运行维护不当也是原因之一。

2. 电力变压器故障的初级检查方法

1）看

通过观察故障发生时的颜色、温度、气味等异常现象，由外向内检查。

（1）渗漏油。此故障较普遍，其外面发光或黏着黑色的液体就可能是漏油。

小型变压器装在配电柜中，因为漏出的油流入配电柜下部的坑内，所以不易及时发现。

渗漏主要原因如下：

①油箱与零部件连接处密封不良。

②焊件或铸件存在缺陷。

③运行中额外荷重或受到振动等。
④内部故障也会使油温升高,油的体积膨胀,发生漏油。
(2) 体表。变压器故障往往伴随着体表的变化,表现如下。
①防爆膜龟裂、破损。
②当呼吸口不通,不能正常呼吸时,会使内部压力升高而引起防爆膜破损。
③当气体继电器、压力继电器、差动继电器等动作时,可推测是内部故障引起的。
(3) 环境因素引起外部变化。
①因温度、湿度、紫外线或周围的空气中所含酸、盐等,会引起箱体表面漆膜龟裂、起泡、剥离。
②因各种过电压,引起瓷件、瓷套管表面龟裂,并有放电痕迹。瓷套管端子的紧固部分松动,表面接触面过热氧化,会引起变色。
③由于变压器漏磁、磁场分布不均,产生涡流,也会使油箱的局部过热引起油漆变色。
(4) 吸湿剂。吸湿剂变色是吸潮过度、垫圈损坏、进入其油室的水量太多等原因造成的。
通常用的吸湿剂是活性氧化铅(矾土)、硅胶等,并呈蓝色。当吸湿剂从蓝色变为粉红色时应做再生处理。

2) 听
正常运行时,发出均匀的"嗡嗡"响声。由于交流电通过变压器绕组,在铁芯里产生周期性的交变磁通,引起电工钢片的磁致伸缩,铁芯的接缝与叠层之间的磁力作用及绕组的导线之间的电磁力作用引起振动,发出均匀的"嗡嗡"响声。
如果产生不均匀响声或其他响声,都属不正常现象。不同的声响预示着不同的故障现象。
(1) 声响增大且尖锐。
①电网发生过电压(如中性点不接地、电网有单相接地或铁磁共振时会使变压器过励磁)。
②变压器过负荷,如大动力设备(大型电动机、电弧炉等)负载变化较大,因谐波作用,变压器内会发出低沉的如重载飞机的"嗡嗡"声。再参考电压与电流表的指示,可判断故障的性质。然后根据具体情况,改变电网的运行方式以减少变压器的负荷,或停止变压器的运行等。
(2) 若变压器发出较大的"啾啾"响声,并造成高压熔丝熔断,则是分接开关不到位所致。若产生轻微的"吱吱"火花放电声,则是分接开关接触不良。出现该故障时,变压器投入运行后一旦负荷加大,就有可能烧坏分接开关的触头。遇到这种情况,要及时停电修理。
(3) 变压器发出"叮叮当当"的敲击声或"呼呼"的吹风声以及"吱啦吱啦"的像磁铁吸动小垫片的响声,声响较大而嘈杂时,可能是变压器铁芯有问题。
例如,夹件或压紧铁芯的螺钉松动,铁芯上遗留有螺帽零件或变压器中掉入小金属物件。出现该故障时,仪表指示正常;绝缘油的颜色、温度与油位也无大变化。这类情况不影响变压器的正常运行,可等到停电时处理。
(4) 声响中夹有放电的"嘶嘶"或"哧哧"的响声,晚上可以看到火花时,可能是变压器器身或套管发生表面局部放电。

如果是套管的问题，在气候恶劣或夜间时，还可见到电晕辉光或蓝色、紫色的小火花，此时应清除套管表面的脏污，再涂上硅油或硅脂等涂料。

如果是器身的问题，把耳朵贴近变压器油箱，会听到变压器内部发出的"吱吱"声或"噼啪"声，若站在变压器跟前就可听到"噼啪"声音，这可能是接地不良或未接地的金属部分静电放电。此时，要停止变压器运行，检查铁芯接地与各带电部位对地的距离是否符合要求。

（5）变压器发出"咕嘟咕嘟"的开水沸腾声，可能是变压器绕组层间或匝间短路而烧坏，使其附近的零件严重发热。分接开关的接触不良而局部点有严重过热，必会出现这种声音。应立即停止变压器的运行进行检修。

（6）当声响中夹有爆裂声且大、小不均匀时，可能是变压器本身绝缘有击穿现象，导电引线通过空气对变压器外壳的放电声。

如果听到通过液体沉闷的"噼啪"声，则是导体通过变压器油面对外壳的放电声。

如属绝缘距离不够，则应停电吊心检查，加强绝缘。声响中夹有连续的、有规律的撞击或摩擦声时，可能是变压器的某些部件因铁芯振动而造成机械接触。

如果发生在油箱外壁上的油管或电线处，可用增加其间距或增强固定来解决。

3）测

依据声音、颜色等只是现场初步判断，必须进行测量、综合分析，才能准确、可靠地找出故障原因及判明事故性质，提出较完备合理的处理办法。

（1）绝缘电阻的测量。

这是判断绕组绝缘状况比较简单而有效的方法。常采用绝缘电阻表（3 kV 以上的变压器采用 2 500 V 的绝缘电阻表）进行测量。

测量项目：测量绕组的绝缘电阻，应测量高压绕组对低压绕组及地、低压绕组对高压绕组及地、高压绕组对低压绕组（"地"并不是真正的大地，而是指变压器金属外壳）的绝缘电阻。

绝缘电阻与变压器的容量、电压等级、绝缘受潮等多种因素有关。所测结果通常不低于前次测量数值的 70% 即认为合格。根据标准《油浸式电力变压器技术参数和要求》（GB/T 6451—2015）要求，电力变压器绝缘电阻参考值及温度换算系数如表 6-3 和表 6-4 所示。

表 6-3 油浸式电力变压器绝缘电阻参考值　　MΩ

线圈电压等级/kV	测量温度/℃							
	10	20	30	40	50	60	70	80
0.4	220	130	65	35	18			
3~10	450	300	200	130	90	60	40	25
20~35	600	400	270	180	120	80	50	35
60~220	1 200	800	540	360	240	160	100	70

表6-4 油浸式电力变压器绝缘电阻的温度换算系数

温度差/℃	5	10	15	20	25	30	35	40	45	50	55	60
系数 K	1.2	1.5	1.8	2.3	2.8	3.4	4.1	5.1	6.2	7.5	9.2	11.2

当测量温度与产品出厂试验温度不相符时,换算公式为

$$R_{\theta_2} = \frac{R_{\theta_1}}{K}$$

例如,某10 kV配电变压器高压侧对地的绝缘电阻值,出厂试验时为50 MΩ(75 ℃时),现场测为55 MΩ(在25 ℃时)。问其绝缘电阻是否符合要求?

温差为75−25=50 ℃,由表6-4查得 K=7.5,换算到75 ℃时为 $R_{75}=R_{25}/K$=55/7.5=7.33(MΩ),小于50×70%=35(MΩ)。

结论:不符合要求。

(2) 吸收比的测量。

进一步检查变压器绕组的绝缘良好程度,尤其是绝缘材料的受潮程度。

吸收比的测量用秒表计时法。当绝缘电阻表摇到额定转速120 r/min时,将绝缘电阻表接入(可用开关控制)并开始计时,15 s时读取一数值 R_{15},继续摇至60 s时读取另一数值 R_{60}。

R_{60}/R_{15} 就是测量的吸收比。吸收比的标准是:若 $R_{60}/R_{15} \geq 1.3$,表明没有受潮,绝缘良好;若 $R_{60}/R_{15} \leq 1.2$,表明有受潮现象,绝缘有缺陷,需进一步检查。

(3) 直流电阻的测量。

①绕组故障现象。变压器遭受短路冲击后,绕组会扭曲变形,累积发展后导致绕组绝缘损坏,造成匝间短路,甚至相间短路。变压器绕组可看作是由 R、L、C 组成的无源线性网络,其故障使绕组分布参数发生变化,突出反映是绕组的电感变化轻微,匝间短路时电阻也会有变化。

②测量变压器高、低压绕组的直流电阻。三相电力变压器,高压绕组上多装有分接开关,要测量分接开关处于不同挡位时高压绕组的电阻值,用以判断绕组故障。

③计算三相电阻的误差 ΔR。计算三相直流电阻的误差是为了检查线圈内部的连接、电阻及导线材料的质量情况。计算方法为

$$\Delta R = \frac{R_{max} - R_{min}}{R_a} \times 100\%$$

式中:R_{max} 为最大一相电阻值(Ω);R_{min} 为最小一相电阻值(Ω);R_a 为三相线电阻或相电阻平均值(Ω)。

3. 变压器温升过高的故障排除

变压器损耗包括铁芯损耗(磁滞、涡流损耗)、绕组铜耗(电阻损耗)。

损耗以热量形式表现:一是各种散热;二是温度升高。经过一定的时间(小型变压器约10 h、大型变压器约24 h)温升稳定,就属正常。如果温升过高或升速过快,或与同种产品相比温升明显偏高,就应视为故障表现(主要表现)。温升过高是造成变压器寿命降低的重要原因。

(1)铁芯局部短路引起过热故障。铁芯局部短路引起过热故障原因及排除方法如表 6-5 所示。

表 6-5 铁芯局部短路引起过热故障原因及排除方法

故障现象	故障原因	排除方法	备注
运行中的变压器过热，尤其是局部铁芯过热，气体继电器动作。经色谱分析，特征气体是 CH_4、H_2、C_2H_4 及 C_2H_6，并且超标	紧固螺栓拧偏斜了，使铁芯局部短路过热	拨正紧固螺栓，加上绝缘套及绝缘垫后，再拧紧螺母	在处理该方面的故障时，如因铁芯局部短路过热，使铁芯本身产生缺陷时，应采取修复措施；如为部分铁芯叠片表面漆膜或氧化膜脱落，则应将该部分叠片抽出，涂上一层薄薄的硅钢片绝缘漆，经烘干处理后再插好
	穿芯螺杆绝缘破裂或过热碳化，引起铁芯局部短路和过热	更换破裂或碳化的穿芯螺杆绝缘	
	铁质夹件夹紧位置不当，碰到铁芯，造成铁芯局部短路和过热	松开铁夹件且调整位置后再拧紧螺母	
	器身组装及变压器总装中，由于不细心，将焊渣、电焊条头或其他金属异物落在铁芯上，使铁芯局部短路	清除落入铁芯中的焊渣及金属异物	
	穿芯螺杆座套过长，座套与铁芯碰撞，造成铁芯局部短路	将穿芯螺杆座套卸下锯去一段，再装配好	
	安装接地铜片时，铜片下料过长，连接后铜片又触及另一部分铁芯叠片，形成两点或多点接地和短路，使铁芯局部过热	将接地铜片取出，剪去多余长度后，再插入叠片中固定牢	

(2)线圈引起过热故障。线圈引起过热故障原因及排除方法如表 6-6 所示。

表 6-6 线圈引起过热故障原因及排除方法

故障现象	故障原因	排除方法	备注
变压器线圈故障大部分发生在高压侧，有匝间短路、层间短路或线圈对地放电，还可能是由于变压器发生外短路，使线圈受短路电流冲击，线圈变形，也可能受雷击过压而击穿。线圈一旦出现故障，绝大多数发生严重变形、绝缘烧损、线匝断裂	由于制造和检修质量不良所造成的。在制造和检修上绕线有漏匝现象；层间绝缘不足或破损线圈干燥不彻底、线圈主绝缘不足、变压器结构强度不足等；运行维护不当，变压器进水受潮，油质劣化，绝缘下降，造成线圈故障；配电变压器此类故障多发生在 C 相高压线圈，其位置正好处于储油柜连管下部，进水受潮首当其冲，原因是有些储油柜连管未伸进筒内 25 mm 以上（水与沉积物进入变压器），或者呼吸孔直冲连管，吸潮器年久失修所造成	吊心检查，确定故障情况和检修方法。如果只有一相损坏可配包。如故障严重，铜珠喷洒在各线圈中，应考虑全部线圈再生。对于储油柜及密封不严之处，进行技术改进	通常线圈发生故障多出现储油柜喷油、箱体胀鼓、油味焦臭，可通过测量绝缘电阻和直流电阻进行判断，若绝缘电阻"跑零"、直流电阻增大并不稳定等，表示线圈出现故障

(3) 变压器输出电压异常故障。查找这种故障，首先排除电源电压偏高的可能。以下原因均可使变压器输出电压异常。

①分接开关挡位不正确。应掌握各挡电压比。

②绕组匝间短路。匝间短路实际上改变了匝数比，即改变了电压比。若高压绕组发生匝间短路，N_1减少，输出电压升高。若低压绕组发生匝间短路，N_2减少，输出电压降低。可通过测量绕组直流电阻或变压比进一步查找。

③三相负载不对称。三相负载不对称导致三相电流不对称，进一步导致变压器内三相阻抗压降不等，造成三相输出电压不平衡。

极端情况：只有一相带有额定负载，其余两相空载。这时，负载相电压明显降低，空载相电压明显升高。严重时，相电压可升高1.73倍（例如，当某相电焊机工作时，其他两相上的灯泡明显变亮，甚至烧毁，而有电焊机工作的那一相，灯泡明显变暗）。规程规定：零线电流不得超过相线额定电流的25%。

④高压侧一相缺电。高压侧一相缺电，将引起低压侧输出电压严重不平衡。由于各种变压器的铁芯结构不同，其绕组形式也不同，所以高压侧缺一相电，低压侧的电压分布将呈现不同的情况。

4. 绕组故障及其诊断

1) 故障类型

变压器绕组故障模式可分为绕组短路、绕组断路、绕组松动、绕组变形、绕组位移、绕组烧损。

其中，绕组短路又可分为层间短路、匝间短路、饼间短路、股间短路。

2) 电气故障类别

(1) 绕组绝缘电阻低、吸收比小。

(2) 绕组三相直流电阻不平衡。

(3) 绕组局部放电或闪络。

(4) 绕组短路故障。

(5) 绕组接地故障。

(6) 绕组断路故障。

(7) 绕组击穿和烧毁故障。

(8) 绕组绕错、接反和连接错误。

在以上绕组故障中，几种故障往往联系在一起，又互为影响。例如，绕组受潮会使绝缘电阻低，从而导致绕组接地或绕组短路。绕组短路又会引发绕组过热使绝缘老化，造成绕组击穿或烧毁等。

3) 机械损伤故障

(1) 密封装置老化、损坏造成密封不严。

(2) 散热器、冷却器堵塞或产生裂纹。

(3) 绕组受电动力或机械力而损伤和变形。

(4) 分接开关错位或变形。

(5) 绝缘瓷套管破裂。

(6) 穿杆螺栓松动、铁夹件松动变形。

(7) 油箱变形及渗漏。

绕组机械方面故障最终将导致电气故障。例如，密封不严而出现漏油等，使油箱内油量减少，油面下降。绕组露出油面，外界空气、湿气从密封不严处侵入箱体使绕组及绝缘油受潮，绝缘电阻下降等，从而引发绕组局部放电、绕组匝间或相间短路和击穿故障。

电气故障也会导致机械故障。例如，绕组短路，在强大短路电流冲击下使绕组产生变形等。

4）故障机理

(1) 绕组的主绝缘击穿。

变压器绕组的主绝缘指：低压绕组与铁芯柱之间的绝缘；高低压绕组之间的绝缘；相邻两高压绕组之间的相间绝缘；绕组两端与铁轭之间的绝缘等。

绕组主绝缘击穿的主要原因有以下几个。

①绝缘老化引起破裂或折断。

②变压器油受潮，油质变劣。

③绕组内部落入异物。

④线路故障使绝缘受到机械损伤。

⑤各种过电压使绝缘击穿。

措施：当发现以上故障后，首先测量绝缘电阻，然后吊出绕组，更换有关绝缘并予以烘干，对变压器油应进行除去水分、过滤等处理。要注意：过电压击穿后的绝缘并不一定会立即失去运行能力，但会造成绝缘上的隐患。如果再次出现过电压，就会在原处造成二次击穿，使绝缘性能进一步降低，直至发生短路故障。

(2) 引线绝缘损坏。

①引线连接处焊接不牢，或引线与接头处焊接不透彻，接头上的螺钉未拧紧，会引起局部发热而使接头熔毁，造成引线断线。

②引线对油箱距离太近或引线相互间距离不够，都可能引起短路。有时虽然距离够了，但固定不牢固。当外界发生短路时，引线之间会发生很大的机械应力，引起引线摆动，形成引线短路。由于漏油，使变压器严重缺油，引出线部分暴露在空气中，可能形成内部闪络。

③水分或潮气大量进入变压器内，使主绝缘受潮而击穿。

④变压器出口处多次短路，使绕组受力变形，使匝间绝缘损坏。

(3) 绕组绝缘损坏。

①线路短路故障、负荷急变，使绕组电流超过I_N的几倍或十几倍，形成很大的电磁力矩，使绕组位移或变形，导致绝缘损坏。

②长时间过负荷，使绕组产生高温，导致绝缘烧焦，造成匝间或层间短路。

③绕组里层浸漆不透、绝缘油含水，使绕组绝缘受潮，造成匝间短路。

④绕组接头和分接开关接触不良，使接头发热损坏附近绝缘，导致匝间或层间短路，接头松开，绕组断线。

⑤停送电或雷电波会造成过电压，导致绕组绝缘击穿。

(4) 绝缘受潮。

潮气直接侵入变压器绝缘的主要途径有以下几个。

①运输保管阶段。由于变压器油箱密封不严，使潮气侵入。

②心部检查阶段。进行变压器心部检查时,由于绕组和铁芯的绝缘直接暴露在空气中,使大气中的水蒸气在绝缘物表面凝结和渗透,造成绝缘受潮。

③抽真空过程。真空注油有助于排除绝缘油中的水分和空气,但在油箱真空被破坏时,大气压力下的空气进入油箱,使体积膨胀,温度急骤下降,水蒸气从空气中析出,在油箱内壁结露,使水分侵入绝缘油中(应使真空注油连续进行,不宜间断)。

(5) 绕组匝间短路。

①运行时间太长,绝缘自然老化而损坏,或因散热不良,长期过负荷运行及油道堵塞,使变压器部分绝缘迅速劣化。

措施:测量变压器高、低压绕组的直流电阻,与原始资料进行比较;除掉损伤绕组导线绝缘层,重新包扎绕组绝缘或重新绕制绕组并浸漆烘干。

②由于系统短路或其他故障,使绕组受到轴向、辐向振动而产生位移、变形,造成机械损伤。

措施:应修复或更换绕组原有的绝缘。

③绕制绕组有缺陷(如排列、换位等不正确);导线有毛刺、焊接不良;绝缘磨损使局部过热导致匝间绝缘损坏,形成闭合短路环流。

措施:将变压器心置于空气中加 $(10\% \sim 20\%)U_N$ 做空载试验,若有损坏点则会冒烟(做试验时应有防火措施)。

(6) 绕组断线。

①由于连接不良或短路应力使引线内部断裂,或由于匝间短路引起高温使线匝烧断。

措施:将绕组吊出检查,若绕组是三角形接法,可用电流表检查绕组的相电流,或测量直流电阻。根据检查情况更换损坏的绕组或重新绕制。

②由于连接不良或短路应力使引线断裂。

措施:吊心检查,如果绕组直流电阻有差别,找出断路点,予以排除。

(7) 绕组对地击穿。

①主绝缘老化而破裂、折断等缺陷。

措施:用兆欧表测量绕组对地的绝缘电阻,若击穿应更换损坏的绕组或重新绕制。

②绝缘油受潮。

措施:将绝缘油进行击穿电压试验。

③绕组内有杂质落入。

措施:将绕组吊出器身外进行外观检查。

④过电压冲击波的作用。

⑤绕组短路产生作用力使绕组变形损坏。

5. 绕组变形诊断

变压器绕组变形指绕组受到电动力和机械力的作用,绕组的尺寸和形状发生了不可逆转的变化。

大多数情况下,仅发生某种程度的变形而并不立即损坏,但如不能及时发现和修复,将会构成事故隐患,引发以后的电力系统故障。

1) 绕组变形诊断方法的比较

目前,各国普遍采用的诊断方法是短路阻抗法、低压脉冲法和频率响应分析法,统称为电气试验法。

（1）短路阻抗法。

此方法简单，可以检测出较严重的绕组变形，但灵敏度太低，且需动用沉重的试验设备和大容量的试验电源，试验时间较长，难以推广应用。该方法误判断率高达40%。

（2）低压脉冲法。

此方法克服了短路阻抗法的缺点，灵敏度提高；此法能检测到绕组2~3 mm的弯曲变形。但其也有不足之处，它的抗干扰能力差，接地线、测量引线、周围的电气设备及其他物体都明显影响测量结果，且重复性较差。

（3）频率响应分析法。

优点是灵敏度高（较短路阻抗法的灵敏度高许多，能检测出相当于短路阻抗变化0.2%或轴向尺寸变化0.3%的绕组变形），抗干扰能力较低压脉冲法强。在实际使用中工作量不大，且测量重复性较好，是目前现场工作中较好的选择。

但是对绕组首端故障的不灵敏和对绕组变形位置的判定问题有待解决。对原始"指纹"资料缺乏的变压器，仅靠绕组相间频响曲线的判断，并不能得出十分准确的结论，可能还会引起误判断。下面具体介绍一下频率响应分析法。

2）频率响应分析法

将一稳定的正弦波扫频信号施加到被试变压器绕组的一端，同时记录该端和另一端的电压幅值和相角，经处理可以得到被试变压器的一组频响曲线。通过对测试结果进行对比，可判定变压器绕组的状况。

（1）两条频响曲线间差异程度的特征量。

在对频率响应分析法测试结果进行处理时，只考虑其幅频特性。查看两条曲线的差别主要是查看其相似程度和接近程度。

相关系数和均方差分别描述曲线之间的相似程度和接近程度。用相关系数和均方差作为描述两条频响曲线间差异程度的特征量。

①相关系数。数据处理中，一般使用相关系数来表示两组数据间的相似程度。越接近1.0，两条曲线相似程度越高；其值越小，相似程度越差。

②均方差。均方差用来表示两组数据间的距离。如果两组数据相距很近，则均方差必然很小，接近于零；如果相距较远，其均方差就较大。

（2）故障判定。

实际应用中，对绕组的故障判定可分3个方面进行。

①与历史数据进行对比。将其频响曲线与良好状态下测得的历史数据进行对比，就可得到很准确的结论。

②利用相似变压器的频响曲线进行判定。若没有历史记录，可以用同一厂家生产的类似变压器的结果。

③利用三相间一致性来判定。

尽量选用三相结构（实际上，绝大部分良好变压器三相间的一致性都很好）。对于无参考数据的变压器，也可用其三相频响特性间的一致性来判定绕组状态。

3）低压脉冲法

变压器绕组变形会使得其单位冲击响应也随之变化。

(1) 测试回路及脉冲源。低压脉冲法测试原理接线与频率响应分析法类似，只要将其中的扫频信号发生器用低压脉冲源替换即可。

(2) 故障判断。对于低压脉冲法来说，可以通过与频率响应分析法同样的过程进行变压器绕组变形故障的判定。

4) IEC 三比值法

(1) 油中溶解气体分析法。

通过试验发现，任何一种特定的烃类气体的产生速率随温度而变化，在特定温度下，有某一种气体的产气率会出现最大值。随着温度升高，产气率最大的气体依次为 CH_4、C_2H_6、C_2H_4 及 C_2H_2。

过热、电晕和电弧是导致油浸纸绝缘中故障特征气体产生的主要原因，这些故障特征气体主要有 H_2、CH_4、C_2H_6、C_2H_4、C_2H_2、CO 和 CO_2。

(2) 不同绝缘故障的气体成分。

①油过热，产生 CH_4、C_2H_4 气体。

②油纸过热，产生 C_2H_4、CO、CO_2 气体。

③油纸中局部放电：产生 H_2、CH_4、C_2H_2、CO 气体。

④油质中火花放电，产生 C_2H_2、H_2 气体。

⑤油中电弧，产生 H_2、C_2H_2 气体。

⑥油脂中电弧，产生 H_2、C_2H_2、CO、CO_2 气体。

⑦受潮或油有气泡，产生 H_2 气体。

(3) 特征气体产生的原因。

①H_2：电晕放电、油和固体绝缘热分解。

②CO：固体绝缘热分解。

③CO_2：固体绝缘热分解。

④CH_4：油和固体绝缘热分解、放电。

⑤C_2H_6：固体绝缘热分解、放电。

⑥C_2H_4：高温热点下油和固体绝缘热分解、放电。

⑦C_2H_2：强弧光放电，油和固体绝缘热分解。

(4) 变压器油中气体含量判断标准。

①总烃（CH_4、C_2H_2、C_2H_4、C_2H_2）：$150×10^{-6}$

②C_2H_2：$5×10^{-6}$

③H_2：$150×10^{-6}$

有资料显示：正常运行的 5 948 台变压器中，总烃含量大于注意值 $150×10^{-6}$ 的占 5.8%，5 757 台变压器中乙炔的含量大于注意值的也大约占 5.8%。

可见这种方法只能粗略判断设备内有无故障，而不是划分有无故障的唯一标准。

油中溶解气体的正常值如表 6-7 所示。

表 6-7 油中溶解气体的正常值

气体成分	氢气	甲烷	乙烷	乙烯	乙炔	总烃
正常极限值/($×10^{-6}$)	150	45	35	65	5	150

（5）特征气体判别法。

表 6-8 的判断方法有一定的准确性，比较直观、方便，而且给出了一些指标的相对量值，但有些语义较模糊，不利于明确判断。

表 6-8　特征气体判别表

序号	故障性质	特征气体的描述
1	一般过热性故障	总烃较高，$CH_4>C_2H_4$，C_2H_2 占总烃的 2% 以下
2	严重过热性故障	总烃很高，$CH_4<C_2H_4$，C_2H_2 占总烃的 5.5% 以下 一般 H_2 占氢烃总量的 27% 以下
3	局部放电	总烃不高，$H_2>100×10^{-6}$ 并占氢烃总量的 90% 以上，CH_4 占总烃 75% 以上
4	火花放电	总烃不高，$C_2H_2>10×10^{-6}$，并且一般占总烃的 25% 以上，H_2 一般占氢烃总量的 27% 以上，C_2H_4 占总烃 18% 以下
5	电弧放电	总烃高，C_2H_2 占总烃的 18%~65%，H_2 占氢烃总量的 27% 以上
6	过热兼电弧放电	总烃高，C_2H_2 占总烃的 5.5%~18%，H_2 占氢烃总量的 27% 以下

三比值法是 IEC 推荐的一种方法，通过计算 C_2H_2/C_2H_4、CH_4/H_2、C_2H_4/C_2H_6 这 3 个比值进行判断，然后根据已知的编码规则和分类方法，查表确定故障性质。三比值法在变压器故障诊断中发挥了重要作用。但当多种故障同时发生时，三比值法难以区分。

（6）IEC 三比值法编码规则（表 6-9）。

表 6-9　IEC 三比值法编码规则表

气体的比值范围	比值范围的编码		
	C_2H_2/C_2H_4	CH_4/H_2	C_2H_4/C_2H_6
小于 0.1	0	1	0
0.1~1	1	0	0
1~3	1	2	1
大于 3	2	2	2

（7）IEC 三比值法判断故障性质列表（表 6-10）。

表 6-10　IEC 三比值法判断故障性质列表

序号	故障性质	比值范围编码		
		C_2H_2/C_2H_4	CH_4/H_2	C_2H_4/C_2H_6
1	无故障	0	0	0
2	低能局部放电	0	1	0
3	高能局部放电	1	1	0

续表

序号	故障性质	比值范围编码		
		C_2H_2/C_2H_4	CH_4/H_2	C_2H_4/C_2H_6
4	低能量的放电	1，2	0	1，2
5	高能量的放电	1	0	2
6	低温过热（小于150 ℃）	0	0	1
7	低温过热（150~300 ℃）	0	2	0
8	中温过热（300~700 ℃）	0	2	1
9	高温过热（大于700 ℃）	0	2	2

目前电力系统中运行变压器只有事故保护，没有绝缘运行监测手段（如变压器一般只配备有差动、过流、负序电流、零序电流保护及瓦斯保护）。虽然轻瓦斯保护属于报警信号，但当油中有气体生成时，已属内部局部放电较严重的情况了。

课后习题

1. 变压器内部故障是_____内发生的各种故障，外部故障为变压器油箱外部_____上发生的各种故障。
2. 绕组短路故障是各相绕组之间发生的_____、绕组的线匝之间发生的匝间短路、绕组或引出线通过外壳发生的接地故障等。
3. 电力变压器故障的初级检查方法有_____、_____、_____。
4. 铁芯局部短路故障的原因有_____、_____、_____等。
5. 线圈过热故障的原因有_____、_____、_____等。
6. 变压器油的主要作用是什么？
7. 变压器绕组绝缘老化的主要原因有哪些？
8. 变压器呼吸器堵塞会产生什么后果？
9. 变压器绕组匝间短路的原因及预防措施有哪些？
10. 如何预防变压器套管闪络放电？
11. 变压器油温异常升高的原因有哪些？
12. 如何检查变压器无励磁分接开关的绝缘状态？
13. 变压器油中水分含量过高的危害及处理方法是什么？
14. 变压器调压装置的作用是什么？
15. 变压器出现内部故障时，瓦斯继电器的作用是什么？

模块 7

电机基础知识

学习目标

知识目标

掌握三相异步电动机的结构、工作原理、启动及调速；掌握单相异步电动机的结构、工作原理；掌握直流电动机的结构、工作原理；掌握同步发电机的结构、工作原理；了解特种电机的类型及作用。

素质目标

启发学生对传统文化的认同和尊重，提高学生的文学、历史、地理、艺术等方面的综合素养，培养学生的审美能力和文化素养；拓展学生的人文视野，培养学生的人文情怀和人文精神，提高学生对人类文明的理解和欣赏能力。

总任务

掌握三相异步电动机的相关知识；掌握单相异步电动机的结构、工作原理；掌握直流电动机、同步发电机的结构、工作原理；了解特种电机的类型及作用。

学习情景 38　三相异步电动机

学习任务

- 了解电动机的类型。
- 掌握三相异步电动机的工作原理及机械特性。
- 掌握三相异步电动机的结构。
- 掌握三相异步电动机的降压启动原理及方法。
- 掌握三相异步电动机的调速原理及方法。
- 了解三相异步电动机故障检测方法。

直流电机的铭牌参数，分类

直流电机的认识

电机是一种实现电能与机械能相互转换的电磁装置。其运行原理基于电磁感应原理。

1. 电动机分类

1）按工作电源分类

根据电动机工作电源的不同，可分为直流电动机和交流电动机。交流发电机和交流电动机合称为交流电机。

目前广泛采用的交流发电机是同步发电机，这是一种由原动机拖动旋转产生交流电能的装置。当前世界各国的电能几乎均由同步发电机产生。

2）按结构及工作原理分类

按结构及工作原理，电动机可分为异步电动机和同步电动机。同步电动机还可分为永磁同步电动机、磁阻同步电动机和磁滞同步电动机。异步电动机可分为感应电动机和交流换向器电动机。感应电动机又分为单相异步电动机和三相异步电动机等。交流换向器电动机又分为单相串励电动机、交直流两用电动机和推斥电动机。

3）按启动与运行方式分类

电动机按启动与运行方式，可分为电容启动式单相异步电动机、电容运转式单相异步电动机、电容启动运转式单相异步电动机和分相式单相异步电动机。

4）按用途分类

电动机按用途，可分为驱动用电动机和控制用电动机。驱动用电动机又分为电动工具用电动机、家电用电动机及其他通用小型机械设备（包括各种小型机床、小型机械、医疗器械、电子仪器等）用电动机。控制用电动机又分为步进电动机和伺服电动机等。

5）按转子的结构分类

电动机按转子的结构，可分为笼型感应电动机和绕线转子感应电动机。

6）按运转速度分类

电动机按运转速度，可分为高速电动机、低速电动机、恒速电动机、调速电动机。

2. 异步电动机的结构

1）结构

三相异步电动机由定子和转子组成。

（1）定子。

①定子铁芯，用于导磁和嵌放定子三相绕组。它是由 0.5 mm 硅钢片冲制涂漆叠压而成，内圆均匀开槽，槽形有半闭口、半开口和开口槽 3 种。适用于不同的电动机。

②定子绕组：由绝缘导线绕制线圈，由若干线圈按一定规律连接成三相对称绕组。交流电动机的定子绕组称为电枢绕组。

③机座：起支撑和固定作用，由铸铁或钢板焊接而成。

（2）转子。

①转子铁芯：用于导磁和嵌放转子绕组，由 0.5 mm 硅钢片叠压而成，外圆开槽。

②转子绕组：分为笼型和绕线型两种。

a. 笼型绕组：是一个自行闭合的绕组，它由插入每个转子槽的导条和两端的环形端环构成，整个绕组形如一个"圆笼"，因此称为笼型绕组。优点是结构简单、效率高、维护成本低等；缺点是启动转矩小等。

b. 绕线型绕组：为对称三相绕组，星形接法。其优点是结构简单、制造成本低、可靠性高、故障率低等；缺点是启动电流大、效率低、调速性能差、噪声大等。

③气隙：中小型电动机的气隙为 0.2~2 mm。

2）小型三相异步电动机的拆装

（1）拆装前的准备工作

①必须断开电源，拆除电动机与外部电源的连接线，并标好电源线在接线盒的相序标记，以免安装电动机时搞错相序。

②检查拆卸电动机的专用工具是否齐全。

③做好相应的标记和必要的数据记录。

a. 在带轮或联轴器的轴端做好定位标记，测量并记录联轴器或带轮与轴台间的距离。

b. 在电动机机座与端盖的接缝处做好标记。

c. 在电动机的出轴方向及引出线在机座上的出口方向做好标记。

（2）三相异步电动机的拆卸

①拆卸带轮或联轴器。

a. 在带轮（或联轴器）的轴伸端上做好在安装时的复原标记。

b. 将三爪拉马的丝杆尖端对准电动机轴端的中心，挂住带轮（或联轴器），使其受力均匀，把带轮（或联轴器）慢慢拉出。

c. 用合适的工具将固定带轮（或联轴器）的销子拆下。

②拆风罩。用旋具将风罩四周的 3 颗螺钉拧下，用力将风罩往外一拔，风罩便脱离机壳。

③拆风扇。

a. 取下转子轴端风扇上的定位销或螺钉。

b. 用锤子均匀轻敲风扇四周。

c. 取下风扇。

④拆前端盖和后端盖螺钉。

a. 拆卸后端盖 3 个螺钉。

b. 拆卸前端盖 3 个螺钉。

⑤拆卸后端盖。

a. 用木锤敲打轴伸端，使后端盖脱离机座。

b. 当后端盖稍与机座脱开，即可把后端盖连同转子一起抬出机座。

⑥拆卸前端盖。

a. 用硬杂木条从后端伸入，顶住前端盖的内部敲打。

b. 取下前端盖。

⑦取后端盖：用木锤均匀敲打后端盖四周，即可取下。

⑧拆电动机轴承。

选择适当的拉具，使拉具的脚爪紧扣在轴承内圈上，拉具的丝杆顶点对准转子轴的中心，缓慢均匀地扳动丝杆，轴承就会逐渐脱离转轴被拆卸下来。

3）小型三相异步电动机的安装流程

三相异步电动机的组装顺序与拆卸相反。在组装前应清洗电动机内部的灰尘，清洗轴承并加足润滑油。

（1）在转轴上装上轴承、后端盖。可先安装后端盖一侧轴承、后端盖，再安装另一侧轴承。用木锤均匀敲打后端盖四周，即可装上。

安装轴承的具体方法：用紫铜棒将轴承压入轴颈，要注意使轴承内圈受力均匀，切勿总是敲击一边，或敲轴承外圈。

（2）安装转子。将转子慢慢移入定子中。

①用手托住转子慢慢移入，以免损伤转子表面。

②推入。

（3）安装后端盖。

①用木锤均匀敲打后端盖四周。

②用木锤小心敲打后端盖 3 个耳朵，使螺钉孔对准标记。

③用螺栓固定后端盖。

（4）安装前端盖。

①用木锤均匀敲打前端盖四周，并调整至对准标记。调整方法同安装后端盖。

②用螺栓固定前端盖。

（5）安装风扇和风罩。

①用木锤敲打风扇。

②安装风扇固定销。

③安装风罩。

（6）安装带轮或联轴器。

①安装带轮（或联轴器）固定销。

②安装带轮（或联轴器）。

4）三相异步电动机的拆装操作注意事项

（1）拆卸带轮或轴承时，要注意使用拉具。

（2）电动机解体前，要做好记号，以便组装。

（3）端盖螺钉的松动与紧固必须按对角线上下左右依次旋动。

（4）不能用锤子直接敲打电动机的任何部位，只能在垫好木块后再用紫铜棒敲击或直接用木锤敲打。

（5）抽出转子或安装转子时动作要小心，一边送一边接，不可擦伤定子绕组。

（6）电动机转配后，要检查转子转动是否灵活、有无卡阻现象。

3. 三相异步电动机的工作原理

1）旋转磁场的产生

图 7-1 所示为旋转磁场的形成过程。U_1U_2、V_1V_2、W_1W_2 为三相定子绕组，在空间彼此相隔 120°，接成 Y 形。三相绕组的首端 U_1、V_1、W_1 接在对称三相电源上，有对称三相交流电流通过三相绕组。设电源的相序为 U、V、W，流过三相绕组电流的初相角为零，即有

$$i_U = I_m \sin(\omega t)$$
$$i_V = I_m \sin(\omega t - 120°)$$
$$i_W = I_m \sin(\omega t + 120°)$$

为了分析方便，假设电流为正值时，电流从绕组始端流向末端，电流为负值时，电流从绕组末端流向始端。并规定用符号 ⊕ 表示电流向纸面流进，符号 ⊙ 表示电流从纸面流出，如

图 7-1 所示。

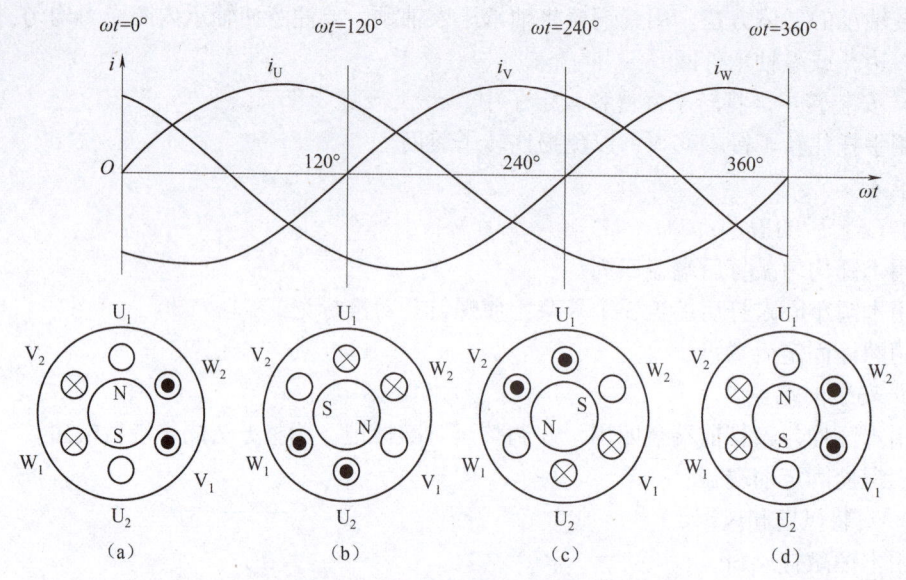

图 7-1　旋转磁场的形成过程

当 $\omega t=0°$ 时，i_U 电流为 0，i_W 电流为正，说明电流方向是从 W_1 流进、W_2 流出。i_V 电流为负，说明电流方向是从 V_2 流进、V_1 流出。根据"右手螺旋定则"判断：V_2、W_1 线圈有效边电流流入，产生的磁力线为顺时针方向，V_1、W_2 线圈有效边电流流出，产生的磁力线为逆时针方向。V、W 两相的合成磁场形成的磁极极性如图 7-1（a）所示。磁力线穿过定子、转子的间隙部位时，磁场恰好合成一对磁极，上方是 N 极，下方是 S 极。

当 $\omega t=120°$ 时，i_V 电流为 0，i_U 电流为正，说明电流方向是从 U_1 流进、U_2 流出。i_W 电流为负，说明电流方向是从 W_2 流进、W_1 流出。根据"右手螺旋定则"判断：U_1、W_2 线圈有效边电流流入，产生的磁力线为顺时针方向，U_2、W_1 线圈有效边电流流出，产生的磁力线为逆时针方向。U、W 两相的合成磁场形成的磁极极性如图 7-1（b）所示。可见，磁场方向已较 $\omega t=0°$ 时顺时针方向转过了 120°。

用同样的方法可以画出 $\omega t=240°$、$\omega t=360°$ 的合成磁场，如图 7-1（c）和图 7-1（d）所示。可见，在一个周期内合成磁场的磁极沿顺时针方向旋转了一周。随着时间的增加，合成磁场的磁极将随着时间按顺时针方向连续旋转下去。

从上面的分析可见，对称三相交流电流流过对称三相定子绕组所产生的合成磁场是一个旋转磁场。因此，产生旋转磁场的必要条件是：对称三相定子绕组中通入对称三相交流电流。

2）旋转磁场的转向

用同样的方法可以分析三相电流相序为

$$i_U = I_m \sin(\omega t)$$
$$i_V = I_m \sin(\omega t + 120°)$$
$$i_W = I_m \sin(\omega t - 120°)$$

产生的合成磁场按逆时针方向旋转。可见，旋转磁场的转向与三相对称交流电流的相序有关。一般地，任意改变其中两相电源的接法，即可改变旋转磁场的转向。

3）旋转磁场的旋转速度

当旋转磁场具有 p 对磁极时（即磁极数为 $2p$），交流电每变化一个周期，其旋转磁场就在空间转动 $1/p$ 转。因此，三相电动机定子旋转磁场每分钟的转速 n_1、定子电流频率 f 及磁极对数 p 之间的关系为

$$n_1 = \frac{60f}{p} \text{ r/min}$$

式中：n_1 为同步转速。

我国交流电源的频率等于 50 Hz，当三相异步电动机旋转磁场的磁极对数等于 1、n_1 = 3 000 r/min 时，同步转速最高，如表 7-1 所示。

表 7-1　常见的同步转速

p/对	1	2	3	4	5
$n_1/(\text{r}\cdot\text{min}^{-1})$	3 000	1 500	1 000	750	600

4）三相异步电动机的转矩与电压、功率的关系

三相异步电动机又称为感应电动机，其工作原理与变压器有相似之处，可以把电动机的定子当成变压器的一次侧，两者的一次侧电路各电量关系基本相同；转子当成变压器的二次侧，不过异步电动机的转子是转动的，相对来说，二次侧的电路分析和计算较为复杂。由于电动机三相对称，分析其中一相就可以知道整个电动机的电路关系。

（1）定子电路。

在电动机三相定子绕组通入三相交流电后，即产生旋转磁场，磁场转速为 $n_s = 60f_1/p$。

而定子绕组固定不动，所以定子绕组本身会产生频率为 f_v 的感应电动势，即

$$E^{\phi v} = 4.44 f_v N K \Phi_v$$

式中：$E^{\phi v}$ 为定子绕组感应电动势有效值（V）；K 为定子绕组的绕组系数，$K<1$，约为 0.9；N 为定子每相绕组的匝数；f_v 为定子绕组感应电动势频率，等于所加电源频率；Φ_v 为每极旋转磁通最大值（Wb）。

上式与前面变压器中的感应电动势公式相比，多了一个绕组系数 4.44，这是因为三相异步电动机的定子绕组嵌放于定子铁芯各槽内，是个分布绕组，各槽导体相位不一样，因此合成电动势要乘以绕组系数 K。

（2）转子电路。

①转子绕组的感应电动势和频率。旋转磁场转速与转子旋转速度之间的速度差决定了转子中感应电动势频率。

②转子绕组的阻抗。在转子绕组中，既有电阻，又有感抗，合起来就叫作阻抗。

③转子电流和功率因数。转子电流是与转子功率因数相关的，转子功率因数的变化会引起电流的变化，而当转子功率因数不变时，电流也保持不变。

5）异步电动机的转矩与功率

（1）转矩与功率的关系。转矩影响提速，功率影响时速，即功率=转矩×转速。

（2）额定转矩。额定转矩表示额定条件下电动机轴端输出转矩，$T = 9\,550P/n$（T 为额定转矩）。

6) 异步电动机的效率

（1）定子和转子绕组上的铜损 ΔP_{Cu}，它与流过定子、转子绕组电流的平方成正比，因此与负载大小有关。

（2）铁芯中的磁滞、涡流损耗，统称为铁损 ΔP_{Fe}，它与定子上所加电压的平方成正比。

（3）电动机的机械摩擦、风阻力等，统称为机械损耗 ΔP_a，它与电动机转速的平方成正比。

7) 异步电动机的3种运行状态

（1）电动机运行状态（0<s<1）。

①当异步电动机在静止状态或刚接上电源时，转子转速 $n=0$，对应的转差率 $s=1$。

②如转子转速 $n=n_0$，则转差率 $s=0$。

③异步电动机在正常状态下运行时，转差率在 0~1 之间变化。

④三相异步电动机在额定状态下运行时，额定转差率 s_N 为 0.01~0.06。

例如，已知 Y2-160M-4 型三相异步电动机的同步转速 $n_1=1\,500$ r/min，额定转差率 $s_N=0.04$，试求该电动机的额定转速 n_N。

解：由公式得

$$s_N = \frac{n_1 - n_N}{n_1}$$

$$n_N = (1-s_N)n_1 = (1-0.04)\times 1\,500 \text{ r/min} = 1\,440 \text{ r/min}$$

⑤当三相异步电动机空载时，由于电动机只需克服空气及摩擦阻力，故转差率很小，为 0.004~0.007。

（2）发电机状态（s<0）。转子转速 n 超过同步转速 n_1，即 $n>n_1$ 时，则 $s<0$。

转子导体与旋转磁场的相对切割方向与电动状态时正好相反，故转子绕组中的电动势及电流和电动状态时相反，电磁转矩 T 也反向成为阻力矩。机械外力必须克服电磁转矩做功，以保持 $n>n_1$。即电动机此时输入机械功率，输出电功率，处于发电状态运行。

（3）电磁制动状态（s>1）。若异步电动机转子受外力的作用，使转子转向与旋转磁场转向相反，则 $s>1$。

此时旋转磁场与在转子导体上产生的电磁制动转矩性质相同。此状态，一方面定子绕组从电源吸取电功率；另一方面外加力矩克服电磁转矩做功，向电动机输入机械功率，它们均变成电动机内部的热损耗。

4. 三相异步电动机的启动

启动是指电动机通电后转速从零开始逐渐加速到正常运转的过程。

三相异步电动机在启动时，由于转子的机械惯性使转子启动的瞬间转速 $n=0$、转差率 $s=1$，转子绕组产生较大的感应电动势，在转子绕组中产生很大的感应电流，使定子绕组中流过的启动电流也很大，为额定电流的 4~7 倍。虽然启动电流很大，但因转子绕组的感抗很大，这时转子电路的功率因数很低，所以启动转矩并不大，一般启动转矩约为其额定转矩的 0.95~2 倍。因此，异步电动机启动的主要问题是：启动电流大，而启动转矩并不大。

在电力系统中，一方面要求电动机具有足够大的启动转矩，使拖动系统尽快达到正常运行状态；另一方面要求启动电流不要太大，以免电网产生过大电压降，从而影响接在同一电网上的其他用电设备的正常运行。此外，还要求启动设备尽量简单、经济、便于操作和维护。因此，对异步电动机的启动提出以下要求：

（1）应该有足够大的启动转矩。

（2）尽可能小的启动电流。

（3）启动过程中转速应该平滑地上升。

（4）启动方法应该可靠、正确、方便，启动设备简便、经济。

（5）启动过程中的功率损耗应尽可能小。

对于不同类型和不同容量的异步电动机，应采用不同的启动方法。笼型异步电动机的启动分为全压启动和降压启动两种。绕线型异步电动机则采用转子绕组串电阻的方法。

1）三相笼型异步电动机的直接启动

三相笼型异步电动机有两种启动方法，即在额定电压下的全压启动（又称直接启动）和经过启动设备减压后的降压启动（也称降压启动）。

直接启动是指利用闸刀开关或接触器将电动机直接接到额定电压的电网上来启动电动机。

通常认为，只需满足下述 3 个条件中的一条即可：

（1）容量在 7.5 kW 以下的三相异步电动机一般均可采用直接启动。

（2）直接启动方法的应用主要受电网容量的限制，一般情况下，只要直接启动时的启动电流在电网上引起的电压降不超过额定电压的 10%~15%，并使变压器的短时过载不超过最大允许值即可。

（3）由独立的动力变压器供电时，允许直接启动的电动机容量不超过变压器的 20%。

2）三相笼型异步电动机的降压启动

降压启动是指利用启动设备将电压适当减小后加到电动机的定子绕组上进行启动，等电动机转速升高到接近稳定转速时，再使电动机定子绕组上的电压恢复至额定值后进行正常运行。由于电动机电磁转矩与电源电压的平方成正比，所以降压启动时启动转矩将大为降低。为此，降压启动方法仅适用于电动机空载或轻载启动。笼型异步电动机常见的降压启动方法有 4 种：Y-△ 转换降压启动；定子绕组串电阻降压启动；自耦变压器降压启动和延边三角形降压启动。

（1）Y-△ 转换降压启动。对于正常运行时定子绕组为三角形连接，并有 6 个出线端子的笼型异步电动机，为了减小启动电流，启动时将定子绕组星形连接，以降低启动电压，启动后再连成三角形。这种启动方法称为 Y-△ 降压启动，其接线如图 7-2 所示。启动时将 Y→△ 转换开关的手柄 Q_2 置于启动位置，则电动机定子三相绕组的末端 U_2、V_2、W_2 连成一个公共点，三相电源 L_1、L_2、L_3 经开关 Q_1 向电动机定子三相绕组的首端 U_1、V_1、W_1 供电，电动机以星形连接启动。加在每相定子绕组上的电压为电源线电压 U_L 的 1/3，因此启动电流较小。Q_1 闭合后，定子绕组连接成星形，电动机降压启动，当电动机转速接近稳定转速时，再把开关 Q_2 推到运行位，电动机定子三相绕组接成三角形连接，这时加在电动机每相绕组上的电压即为线电压 U_L，电动机正常运行。

（2）定子绕组串电阻降压启动。定子绕组串电阻降压启动是指电动机启动时，把电阻串接在电动机定子绕组与电源之间，通过电阻的分压作用来降低定子绕组上的启动电压，待电动机启动后，再将电阻短接使电动机在额定电压下正常运行，如图 7-2 所示。这种降压启动控制线路有手动控制、按钮与接触器控制、时间继电器自动控制和手动自动混合控制等

4种方式,目前这种降压启动方法在生产实际中的应用正逐步减少。

(3) 自耦变压器降压启动。这种降压启动方法是利用自耦变压器来降低加在电动机定子绕组上的启动电压,如图7-3所示。启动时,先合上开关Q_1,再将开关Q_2投向"启动"位置,这时经过自耦变压器降压后的交流电压加到电动机三相定子绕组上,电动机开始降压启动,待电动机转速升高到一定值后,再把Q_2投向"运行"位置,使电动机与自耦变压器脱离,从而在全压下正常运行。

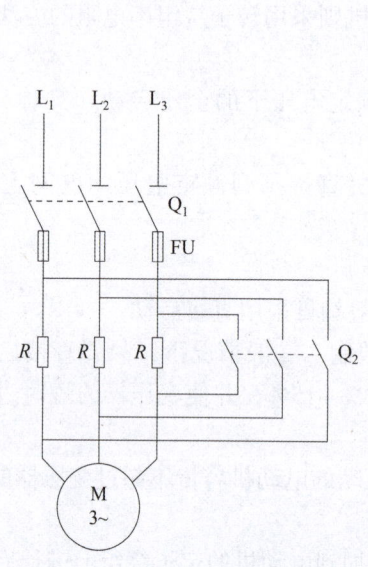

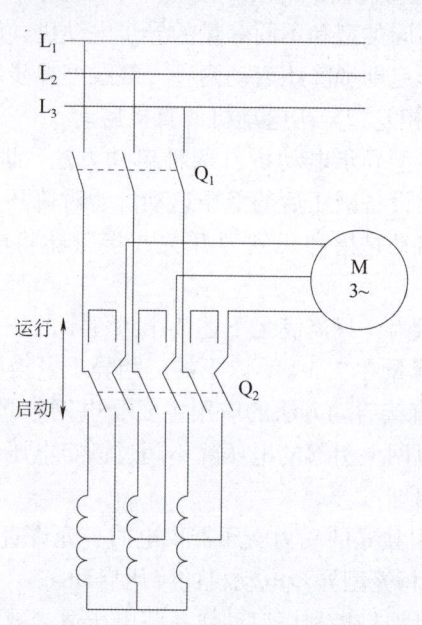

图 7-2　串电阻降压启动　　　图 7-3　自耦变压器降压启动

采用自耦变压器降压启动,可以使电源供给电动机的启动电流为直接启动的$1/k^2$。由于电压降低为原来的$1/k$,故电动机的启动转矩减为原来的$1/k^2$。

用丫-△降压启动时,启动电流为直接采用三角形连接时启动电流的1/3,所以对降低启动电流很有效,但启动转矩也只有用三角形连接直接启动时的1/3,即启动转矩降低很多,故只能用于轻载或空载启动的设备上。此法的最大优点是所需设备较少、价格低,因而获得了较为广泛的采用。由于此法只能用于正常运行时为三角形连接的电动机上,因此我国生产的J02系列、Y系列、Y2系列三相笼型异步电动机,凡功率在4 kW及以上者,正常运行时都采用三角形连接。

(4) 延边三角形降压启动。延边三角形降压启动是指电动机启动时,把定子绕组的一部分接成△形,另一部分接成丫形,使整个绕组接成延边三角形,如图7-4 (a)所示,待电动机启动后,再把定子绕组改接成△全压运行,如图7-4 (b)所示。这种启动方法称为延边三角形降压启动。

延边△降压启动是在丫-△降压启动的基础上加以改进而形成的一种启动方式,它把丫和△两种接法结合起来,使电动机每相定子绕组承受的电压小于△连接时的相电压,而大于丫形连接时的相电压,并且每相绕组电压的大小可随电动机绕组抽头(U_3、V_3、W_3)位置的改变而调节,从而克服了丫-△降压启动时启动电压偏低、启动转矩偏小的缺点。

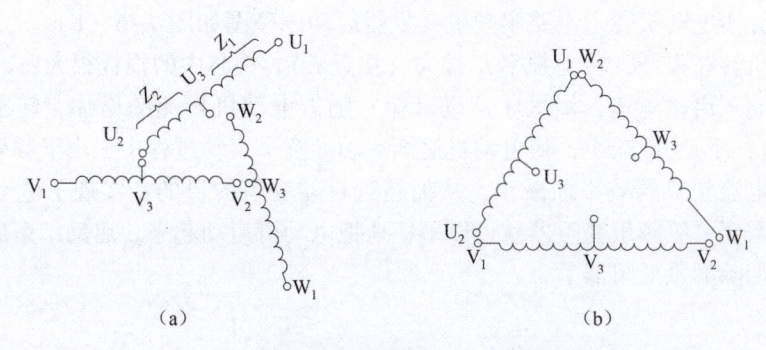

图 7-4　延边三角形降压启动电动机定子绕组的连接方式

(a) 延边△连接；(b) △连接

3) 绕线转子异步电动机的启动

三相绕线转子异步电动机与笼型异步电动机的主要区别是转子绕组可通过电刷和集电环与启动变阻器或频敏变阻器串联，以改善电动机的力学性能，从而达到减小启动电流、增大启动转矩及平滑调速的目的。

(1) 转子绕组串变阻器启动。

绕线转子异步电动机转子电路串入变阻器启动，其控制原理图如图 7-5 所示。

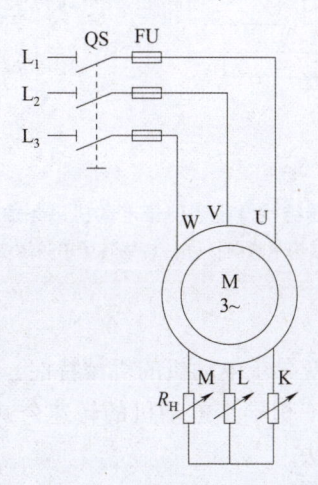

图 7-5　绕线转子串变阻器启动控制原理图

启动前将变阻器电阻调到最大位置，使电阻全部接入转子电路，然后合上 QS，随着电动机转速逐渐升高，将变阻器的电阻逐级切除，最后将变阻器电阻全部短接。

(2) 转子电路串频敏变阻器启动。

频敏变阻器启动的特点是，它启动时的电阻值能随着转速的上升而自动平滑地减小，使电动机能平稳地启动。频敏变阻器的结构如图 7-6 (a) 所示，启动原理图如图 7-6 (b) 所示。

频敏变阻器由铁芯和绕组两个主要部分组成，一般做成三柱式，每个柱上有一个绕组，实际上是一个特殊的三相铁芯电抗器，通常接成星形。频敏变阻器的铁芯是用几毫米到几十毫米厚的钢板焊成的。

绕线转子异步电动机转子电路串频敏变阻器启动原理图如图7-6（b）所示。当电动机启动时，电动机转速很低，转子频率f_2很大（接近f_1），铁芯中的损耗很大，即等效电阻R_2很大，因此限制了启动电流，增大了启动转矩。随着电动机转速的增加，转子电流频率f_2下降（$f_2=Qf_1$），于是R_2减小，使电动机逐渐启动。整个启动过程中，由于频敏变阻器的等值阻抗随转子电流频率的减小而减小，从而达到自动变阻的目的，实现了电动机的无级启动。因此，只需要一级频敏变阻器就可以平稳地把电动机启动起来。启动结束后，应将频敏变阻器短接，切除频敏变阻器。

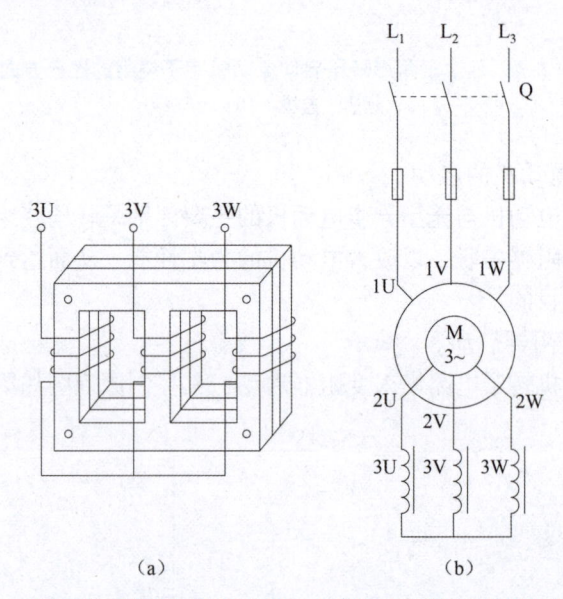

图7-6 频敏变阻器结构及绕线转子电动机串频敏变阻器启动原理图
（a）频敏变阻器结构示意图；（b）绕线转子串频敏变阻器启动原理图

4）交流电动机的调速原理

调速就是用人为的方法来改变异步电动机的机械特性，使它在同一负载下，获得不同的转速，以适应生产的需要。根据三相异步电动机的转速公式$n=[60f/p](1-s)$可知，三相异步电动机的调速有以下3种方法。

①变极调速：改变定子绕组的磁极对数p。

②变转差率调速：改变电动机的转差率s。

③变频调速：改变电源频率f。

（1）变极调速。

将三相异步电动机定子绕组展开图简化成图7-7（a）所示的形式，此时U相绕组的磁极数为4，若改变绕组的连接方法，使一半绕组中的电流方向改变，成为图7-7（b）所示的形式，则此时U相绕组的磁极数即变为2，由此可以得出：当每相定子绕组中有一半绕组内的电流方向改变时，即达到了变极调速的目的。

多速电动机定子绕组的接线方法很多，双速电动机常用的接线方法有两种：一种是绕组从单星形（Y）改接成双星形（2Y），如图7-8（a）所示；另一种是绕组从三角形（△）改变成双星形（2Y），如图7-8（b）所示。

这两种连接方法都是使磁极减少一半而使转速增加一倍，但电动机相应的机械特性和允许负载却各不相同，宜采用哪一种连接方法，要根据生产机械的要求来选择。

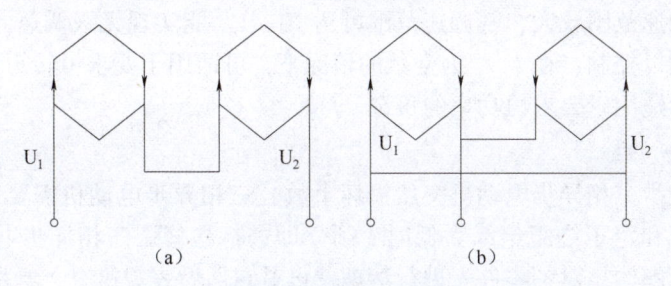

图 7-7 变极调速电动机绕组展开示意图
（a）$2p=4$；（b）$2p=2$

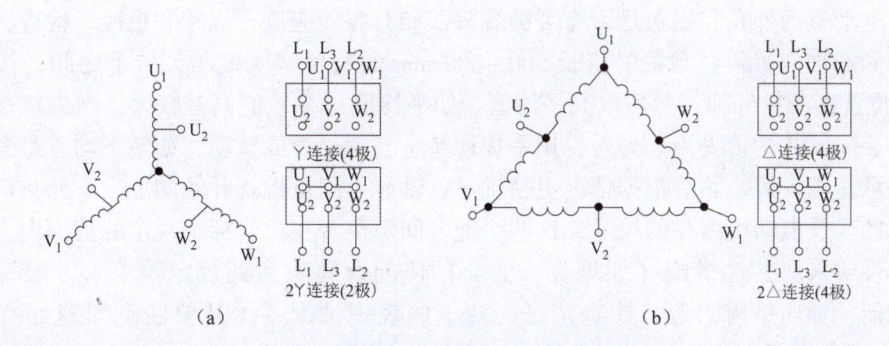

图 7-8 双速电动机定子绕组的接线

（2）变转差率调速。

改变转差率 s 的调速方法有转子回路串电阻调速、改变电源电压调速、电磁转差离合器调速等方法。

①转子回路串电阻调速。即改变转子电路的电阻，此法只适用于绕线转子异步电动机。

绕线转子异步电动机转子串电阻后，电动机的同步转速和最大转矩都保持不变，但临界转差率增大，而临界转差率与转子回路电阻成正比，串入的电阻越大，转差率越大，电动机的转速就越低，机械特性就越软，从而达到调速的目的。

这种调速方法简单，但在转子电路中串入电阻要消耗功率，使电动机的效率降低；且调速范围小，又只用于绕线转子异步电动机上，故一般仅用在运输、起重等断续工作的生产机械上。

②改变电源电压调速。改变电动机的电源电压 U_1，可改变最大转矩的数值，因为电动机的电磁转矩与电源电压的平方成正比。

③电子转差离合器调速。这种调速方法适用于电磁调速异步电动机。电磁调速异步电动机又称滑差电动机。电磁调速异步电动机是由笼型异步电动机、转差离合器和控制装置 3 部分组成的。

（3）变频调速。

通过改变电源频率来调节电动机转速的方法，称为变频调速。

当改变电源频率f时，异步电动机的同步转速n_1与频率f成正比变化，从而转子转速n也随之改变。

变频调速的调速范围较大，其调速范围可达10∶1，能实现无级调速，且调速时对负载性质能根据需要加以控制：在U_1/f为常数的情况下，可适用于要求恒转矩负载；而在U_1为定值的情况下，可适用于要求恒功率的负载。

5. 三相电动机的检修

为了避免和减少三相异步电动机突然损坏事故，三相异步电动机需要定期保养和检修。如遇有电动机过热和定子绕组绝缘太低时，须立即进行检修。三相异步电动机的检修方法是：将电动机进行解体，对各零件先进行清理，再对它们做表观检查，看是否有异常。然后对关键部位的尺寸进行测量，对电动机绕组做电气检查。

1）机械检查

检查电动机的外壳和端盖是否有裂缝现象，如有裂缝应进行焊接和更换。检查转子由一侧到另一侧的轴向游隙，测量时将长500~600 mm的塞尺塞入定子、转子之间，按4个或8个等分位置来测量气隙，然后取其平均值。如平均值与参考值偏差较大，则应检查转轴是否弯曲、装配工艺是否妥当。另外，用手拨动转子，看是否能转动，如转不动看是否有异物卡住、轴承是否良好。然后根据情况更换轴承、轴套。测量检查叶轮的上、下外止口和与它们相配合的环及电动机内径的尺寸，这两个配合间隙是否在检修标准规定的范围内，超差时需更换零件或采取其他措施（如堆焊、嵌套）使配合间隙达到规定要求；否则将影响电动机的性能、轴向平衡力等。检查定子、转子的表观情况，尤其要注意焊缝处有无异常情况。

2）电气检查

直流电阻检查：三相电阻的不平衡度不得超过2%。绝缘电阻检查：三相异步电动机绕组的绝缘电阻一般能达到100 MΩ以上。如低于5 MΩ时需分析原因，看绝缘是否受潮或绕组因绝缘不好而接地等。如经电桥试验检测三相电阻平衡无问题，则纯属绝缘受潮，需进行干燥处理；如定子三相电阻不平衡，则需对电动机线圈三相分别做对地耐压试验及匝间试验，查出接地点。转子绕组更换多采用F级绝缘，漆包线、槽绝缘、槽楔、绝缘套管、引接线及浸渍漆等均需采用H级绝缘材料。75 kW以下的定子绕组更换大多采用B级绝缘，漆包线、槽绝缘、槽楔、绝缘套管、引接线及浸渍漆等均需采用B级绝缘材料。电动机更换绕组的原则是：按原样修复，尤其是线圈匝数不可随意变动，匝数变化将明显影响电动机的主要性能，线径则只要接近原总面积即可，绕组形式、线圈跨距也不要变动。

3）总装和检查性试验

在完成定子、转子的修理后，备好合格的轴承、轴套、密封圈等即可进行总装。装配完成后用手转动转子，转动应均匀、灵活，转子应有一定的轴向窜动量，其窜动量应在检修标准规定的范围内，完成总装后再检查一下直流电阻和绝缘电阻等，认为电气性能正常后，将三相异步电动机做耐压试验，最后进行试运转观察其电流、转速、振动等有无异常。

4）三相异步电动机的恢复性大修

绕组损坏的三相异步电动机，需进行恢复性大修。损坏情况一般是定子绕组发生对地、相间击穿、线圈匝间短路、过载等造成绕组烧毁。均需更换定子绕组。

定子绕组更换：75 kW以上的定子绕组更换大电动机的容量与气隙如表7-2所示。

表7-2　75 kW以上的定子绕组更换大电动机的容量与气隙

序号	电动机的容量/kW	正常气隙/mm	增大的气隙/mm
1	0.5~0.75	0.25	0.40
2	1~2	0.30	0.50
3	2~7.5	0.35	0.65
4	10~15	0.40	0.65
5	20~40	0.50	0.80
6	50~75	0.65	1.00
7	100~180	0.80	1.25
8	200~250	1.00	1.50

5）电动机单相运行产生的原因及预防措施

（1）熔断器熔断。

①故障熔断：主要是由于电动机主回路单相接地或相间短路而造成熔断器熔断。

预防措施：选择适应周围环境条件的电动机和正确安装的低压电器及线路，并要定期加以检查，加强日常维护保养工作，及时排除各种隐患。

②非故障性熔断：主要是熔体容量选择不当，容量偏小，在启动电动机时，受启动电流的冲击，熔断器发生熔断。

熔断器非故障性熔断是可以避免的，不要片面地认为在能躲过电动机的启动电流的情况下，熔体的容量尽量选择小一些的，这样才能保护电动机。要明确一点，那就是熔断器只能保护电动机的单相接地和相间短路事故，它绝不能作为电动机的过负荷保护。

（2）正确选择熔体的容量。

一般熔体额定电流选择的公式为

$$额定电流 = K \times 电动机的额定电流$$

①耐热容量较大的熔断器（有填料式的），K值可选择1.5~2.5。

②耐热容量较小的熔断器，K值可选择4~6。对于电动机所带的负荷不同，其K值也相应不同，如电动机直接带动风机，那么K值可选择大一些，如电动机的负荷不大，K值可选择小一些，具体情况视电动机所带的负荷来决定。此外，熔断器的熔体和熔座之间必须接触良好，否则会引起接触处发热，使熔体受外热而造成非故障性熔断。

在安装电动机的过程中，应采用恰当的接线方式和正确的维护方法。

a. 对于铜、铝连接，尽可能使用铜、铝过渡接头，如没有铜、铝接头，可在铜接头处挂锡进行连接。

b. 对于容量较大的插入式熔断器，在接线处可加垫薄铜片（0.2 mm），这样效果会更好。

③检查、调整熔体和熔座间的接触压力。

④接线时避免损伤熔丝，紧固要适中，接线处要加垫弹簧垫圈。

（3）主回路方面易出现的故障。

①接触器的动、静触头接触不良。其主要原因是：接触器选择不当，触头的灭弧能力

小，使动、静触头粘在一起，三相触头动作不同步，造成缺相运行。

预防措施：选择比较适合的接触器。

②使用环境恶劣，如潮湿、振动、有腐蚀性气体和散热条件差等，造成触头损坏或接线氧化，使接触不良而造成缺相运行。

预防措施：选择满足环境要求的电气元件，防护措施要得当，强制改善周围环境，定期更换元器件。

③不定期检查。如果接触器触头磨损严重，表面凸凹不平，使接触压力不足而造成缺相运行。

预防措施：根据实际情况，确定合理的检查维护周期，进行严谨认真的维护工作。

④热继电器选择不当，使热继电器的双金属片烧断，造成缺相运行。

预防措施：选择合适的热继电器，尽量避免过负荷现象。

⑤安装不当，造成导线断线或导线受外力损伤而断相。

预防措施：在导线和电缆的施工过程中，要严格执行"规范"，严谨认真，文明施工。

⑥电气元件质量不合格，达不到标称的容量，造成触点损坏、粘死等不正常的现象。

预防措施：选择合适的元器件，安装前应进行认真检查。

⑦电动机本身质量不好，线圈绕组焊接不良或脱焊；引线与线圈接触不良。

预防措施：选择质量较好的电动机。

（4）单相运行的分析。

根据电动机接线方式的不同，在不同负载下，发生单相运行的电流也不同，因此，采取的保护方式也不同。例如，Y形接线的电动机发生单相运行时，其电动机相电流等于线电流，其大小与电动机所带的负载有关。当△形接线的电动机内部断线时，电动机变成V形接线，相电流和线电流均与电动机负载成比例增长，在额定电流负载下，两相相电流会增大1.5倍，一相线电流增加到1.5倍，其他两相线电流增加$\sqrt{3}/2$倍。当△形接线的电动机外部断线时，此时电动机两相绕组串联后与第三组绕组并联于两相电压之间，线电流等于绕组并联支路电流之和，与电动机负荷成比例增长，在额定负载情况下，线电流增大3/2倍，串接的两绕组电流不变，另一相电流将增大1/2倍。在轻载情况下，线电流从轻电流增加到额定电流，接两相绕组电流保持轻载电流不变，第三相电流增加1.2倍左右。所以△形接线的电动机在单相运行时，其线电流和相电流不但随断线处的不同发生变化，而且还根据负载不同发生变化。综上所述，造成电动机单相运行的原因无非是以下几种原因造成的。

①环境恶劣或某种原因造成一相电源断相。

②保险非正常性熔断。

③启动设备及导线、触头烧伤或损坏、松动，接触不良，选择不当等造成电源断一相。

④电动机定子绕组一相断路。

⑤新电动机本身故障。

6）其他常见的电动机故障及排除方法

（1）通电后电动机不能转动，但无异响，也无异味和冒烟。检查电源回路开关、熔丝、接线盒处是否有断点，如有则进行修复。

（2）通电后电动机不转，然后熔丝烧断。可能缺一相电源或定子绕组相间短路、定子绕组接地、定子绕组接线错误等。首先检查刀闸是否有一相未合好、电源回路是否有一相断线，如有则进行电源回路修复，若无则用兆欧表、万用表、耐压机、匝间试验仪、电桥逐一排除查找出故障点。

（3）电动机空载电流不平衡，三相相差大。可能是重绕时定子三相绕组匝数不相等、绕组首尾端接错、电源电压不平衡、绕组存在匝间短路、线圈反接等故障。通过绕组匝间冲击耐电压试验、电桥试验等逐一排除和消除这些故障。

（4）电动机空载电流平衡，但数值大。可能是修复时定子绕组匝数减少过多，或丫接电动机误接为△，或电动机装配中将转子装反，使定子铁芯未对齐，有效长度缩短。或大修拆除旧绕组时，使用热拆法不当，使铁芯烧损。这些问题则通过逐一排除进行修复，若是匝数减少的问题，则重绕定子绕组恢复正确匝数即可；若是接法错误，则改接为丫；若是装配错误和铁芯烧损，则重新装配、检修铁芯等进行解决。

课后习题

1. 根据电动机工作电源的不同，可分为_____和_____电动机。按用途可分为_____用电动机和_____用电动机。电动机按转子的结构可分为_____电动机和_____电动机。
2. 定子铁芯是导磁和嵌放定子三相绕组，用_____冲制涂漆叠压而成，内圆均匀开槽。
3. 三相定子绕组，在空间彼此相隔_____，接成_____形。
4. 对称三相交流电流流过对称三相定子绕组所产生的合成磁场是_____。
5. 三相电动机定子旋转磁场每分钟的转速 n_1、定子电流频率 f，及磁极对数 p 之间的关系是_____。
6. 定子和转子绕组上的铜耗 ΔP_{Cu}，它与流过定子、转子绕组电流的平方成_____比，因此与_____大小有关。
7. 异步电动机的3种运行状态为_____、_____、_____。
8. 三相异步电动机在启动时，定子绕组中流过的启动电流也很大，约为额定电流的_____倍。
9. 三相笼型异步电动机的降压启动法有_____、_____、_____、_____。
10. 三相异步电动机的调速有3种方法，即_____、_____、_____。

学习情景39　单相异步电动机

学习任务

- 了解单相异步电动机的类型。
- 掌握单相异步电动机的工作原理。
- 掌握单相异步电动机的结构。
- 掌握单相异步电动机的机械特性。

同步电机的用途分类

✈ 了解单相异步电机的使用与维护。

单相异步电动机是利用单相交流电源供电的一种小容量交流电动机，功率在 8~750 W 之间。单相异步电动机具有结构简单、成本低廉、维修方便等特点，被广泛应用于如冰箱、电扇、洗衣机等家用电器及医疗器械中。但与同容量的三相异步电动机相比，单相异步电动机的体积较大、运行性能较差、效率较低。

单相异步电动机有多种类型，目前应用最多的是电容分相的单相异步电动机，这实际上是一种两相运行的电动机，下面仅就这种电动机进行介绍。

单相异步电动机的种类如下：
（1）单相电阻启动异步电动机，如冰箱压缩机；
（2）单相电容启动异步电动机，如冰箱压缩机；
（3）单相电容启动运转异步电动机，如空调压缩机；
（4）单相罩极异步电动机，如小家电。

单相电动机按其工作原理、结构和转速等可分为 3 类，即单相异步电动机、单相同步电动机和单相串励电动机。

1. 单相异步电动机的结构

1）组成

单相异步电动机中，专用电动机占有很大比例，它们的结构各有特点，形式繁多。但就其共性而言，电动机的结构都由固定部分——定子、转动部分——转子、支撑部分——端盖和轴承等三大部分组成。

单相异步电动机定子绕组常做成两相：主绕组（工作绕组）和副绕组（启动绕组）。两种绕组的中轴线错开一定的电角度，目的是为了改善启动性能和运行性能。

2）启动开关

单相异步电动机的启动开关主要有以下 3 种。

（1）电磁启动继电器。

它主要用于专用电动机，如冰箱压缩电动机等，有电流启动型和电压启动型两种类型。

电流启动型继电器的线圈与工作绕组串联，电动机启动时工作绕组电流大，继电器动作，触头闭合，接通启动绕组。随着转速上升，工作绕组电流减小，当电磁启动继电器的电磁引力小于继电器铁芯的重力及弹簧反作用力时，继电器复位，触头断开，切断启动绕组。

（2）离心开关。

它是较常用的启动开关，一般安装在电动机端盖边的转子上。当电动机转子静止或转速较低时，离心开关的触头在弹簧的压力下处于接通位置；当电动机转速达到一定值后，离心开关中的重球产生的离心力大于弹簧的弹力，重球带动触头向右移动，触头断开。

（3）PTC 元件。

PTC 是一种以钛酸钡为主要原料，具有正温度系数的半导体元件（热敏元件）。它的电阻随着温度的升高而急剧增大。PTC 元件串联在电动机的启动绕组上。室温时，PTC 元件的电阻较低，启动绕组接通，启动绕组的电流也流过 PTC 元件，使 PTC 器件发热升温；其电阻也迅速增大，近似于切断了启动绕组。运行时，启动绕组仍有 15 mA 左右的电流流过，以维持 PTC 元件的高阻状态。

停机后，要相隔 3 min 以上才能再次启动，以便使 PTC 元件降温，减小电阻值。

2. 单相异步电动机的分类

根据获得启动转矩的方法不同，单相异步电动机的结构也存在较大差异，主要分为罩极式单相异步电动机和分相式单相异步电动机两大类。

分相式单相异步电动机又分为电容分相式单相异步电动机和电阻分相式单相异步电动机两种。

（1）罩极式单相异步电动机，系列号为 YJ。

（2）电阻分相式单相异步电动机，系列号为 YU。

（3）电容分相式单相异步电动机又可分为：电容运行单相异步电动机，系列号为 YY；电容启动单相异步电动机，系列号为 YC；双值电容单相异步电动机，系列号为 YL。

分相式电动机常在定子上安装两套绕组，一套是工作绕组（或称主绕组），长期接通电源工作；另一套是启动绕组（或称为副绕组、辅助绕组），以产生启动转矩和固定电动机转向，两套绕组的空间位置相差 90°电角度。根据启动方式的不同，分相式电动机又可分为电阻启动异步电动机和电容运行（启动）异步电动机。

（1）电阻启动单相异步电动机。

①电路如图 7-9（a）所示。

②结构特点。定子铁芯上嵌放两套绕组，空间位置上互差 90°电角度。工作绕组 LZ 匝数多、导线较粗，可近似看成纯电感负载；启动绕组 LF 导线较细，又串有启动电阻 R，可近似看成纯电阻性负载，通过电阻来分开两个支路电流的相位。

③启动特点。节约了启动电容。启动时工作绕组、启动绕组同时工作，当转速达到额定值的 80%左右时，启动开关断开，启动绕组从电源上切断。它具有中等启动转矩（一般为额定转矩的 1.2~2.2 倍），但启动电流较大。

实际上许多电动机的启动绕组没有串联电阻 R，而是设法增加导线电阻，从而使启动绕组本身就有较大的电阻。

④运行特点。只有工作绕组工作，它在电冰箱压缩机中得到广泛的应用。

（2）电容运行单相异步电动机。

①电路如图 7-9（b）所示。

②结构特点。定子铁芯上嵌放两套绕组，绕组的结构基本相同，空间位置上互差 90°电角度。工作绕组 LZ 接近纯电感负载，其电流 I_{LZ} 相位落后电压接近 90°；启动绕组 LF 上串接电容器，合理选择电容值，使串联支路电流 I_{LF} 超前 I_{LZ} 的相位约 90°。

③启动特点。空间上有两个相差 90°电角度的绕组；通入两绕组的电流在相位上相差 90°，两绕组产生的磁动势基本相等。

④运行特点。电容运行单相异步电动机结构简单，使用维护方便，堵转电流小，有较高的效率和功率因数；但启动转矩较小，多用于电风扇、吸尘器等。

（3）电容启动单相异步电动机。

①电路如图 7-9（c）所示。

②结构特点。电容启动单相异步电动机的结构与电容运行单相异步电动机相类似，但电容启动单相异步电动机的启动绕组中将串联一个启动开关 S。

③启动特点。当电动机转子静止或转速较低时，启动开关 S 处于接通位置，启动绕组和工作绕组一起接在单相电源上，获得启动转矩。当电动机转速达到额定转速的 80% 左右时，启动开关 S 断开，启动绕组从电源上切断，此时单靠工作绕组已有较大转矩，驱动负载运行。

④运行特点。电容启动单相异步电动机具有较大启动转矩（一般为额定转矩的 1.5~3.5 倍），但启动电流相应增大，适用于重载启动的机械，如小型空压机、洗衣机、空调器等。

(4) 双值电容单相异步电动机。

①电路如图 7-9 (d) 所示。

②结构特点。C_1 为启动电容，容量较大；C_2 为工作电容，容量较小，两只电容器并联后与启动绕组串联。

③启动特点。启动时两只电容器都工作，电动机有较大启动转矩，转速上升到额定转速的 80% 左右时，启动开关 S 将启动电容 C_1 断开，启动绕组上只串联工作电容 C_2，电容量减少，降低运行电流。

④运行特点。双值电容单相异步电动机既有较大的启动转矩（为额定转矩的 2~2.5 倍），又有较高的效率和功率因数。它广泛地应用于小型机床设备。

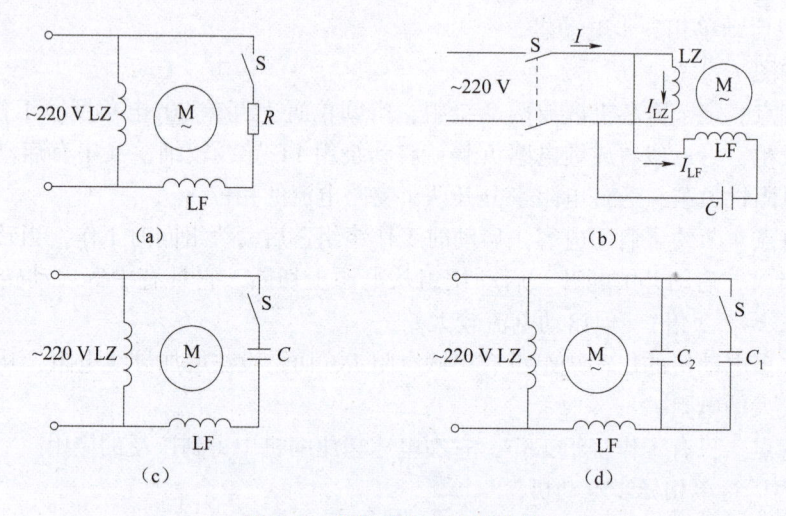

图 7-9 单相异步电动机电路

(a) 电阻启动单相异步电动机电路；(b) 电容运行单相异步电动机电路
(c) 电容启动单相异步电动机电路；(d) 双值电容单相异步电动机电路

3. 罩极式单相异步电动机

罩极式单相异步电动机旋转磁场的产生与上述电动机不同，先来了解一下凸极式分相罩极电动机的结构，如图 7-10 所示。电动机定子铁芯通常由厚 0.5 mm 的硅钢片叠压而成，每个磁极极面的 1/3 处开有小槽，在极柱上套上铜制的短路环，就好像把这部分磁极罩起来一样，所以称其为罩极式电动机。励磁绕组套在整个磁极上，必须正确连接，以使其上下刚好产生一对磁极。如果是四极电动机，则磁极极性应按 N、S、N、S 的顺序排列，当励磁绕组内通入单相交流电时，磁场变化如下。

罩极电动机磁极的磁通分布在空间上是移动的，由未罩部分向被罩部分移动，好似旋转

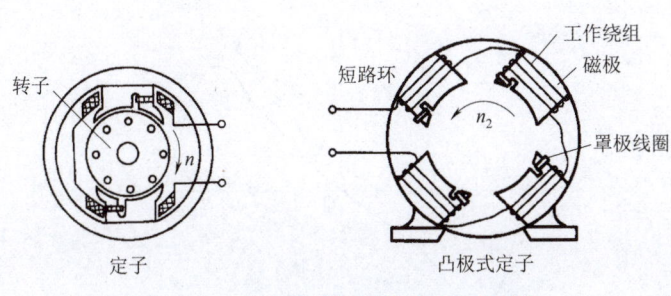

图 7-10 凸极式分相罩极电动机的结构

磁场一样,从而使笼型结构的转子获得启动转矩,并且也决定了电动机的转向是由未罩部分向被罩部分旋转,其转向是由定子的内部结构决定的,改变电源接线不能改变电动机的转向。

罩极电动机的主要优点是结构简单、制造方便、成本低、运行时噪声小、维护方便。按磁极形式的不同,可分为凸极式和隐极式两种,其中凸极式结构较为常见。罩极电动机的主要缺点是启动性能及运行性能较差,效率和功率因数都较低,方向不能改变,主要用于小功率空载启动的场合,如计算机后面的散热风扇、各种仪表风扇、电唱机等。

4. 单相异步电动机的使用与维护

在三相异步电动机中曾讲到,向三相绕组通入三相对称交流电,则在定子与转子的气隙中会产生旋转磁场。当电源一相断开时,电动机就成了单相运行(也称为两相运行),气隙中产生的是脉动磁场。单相异步电动机工作绕组通入单相交流电时,产生的也是一个脉动磁场,脉动磁场的磁通大小随电流瞬时值的变化而变化,但磁场的轴线空间位置不变,因此磁场不会旋转,当然也不会产生启动力矩。但这个磁场可以用矢量分解的方法分成两个大小相等($B_1 = B_2$)、旋转方向相反的旋转磁场。两个正、反向旋转的磁场就合成了时间上随正弦交流电变化的脉动磁场,如图 7-11 所示。

脉动磁场分解成两个大小相等($B_1 = B_2$)、旋转方向相反的旋转磁场,这两个旋转磁场产生的转矩曲线如图 7-12 中的两条

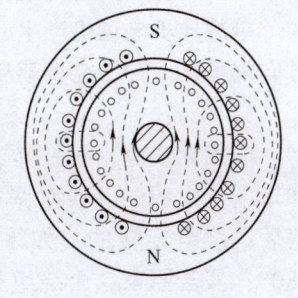

图 7-11 脉动磁场

虚线所示。转矩曲线 T_1 是顺时针旋转磁场产生的,转矩曲线 T_2 是逆时针旋转磁场产生的。在 $n=0$ 处,两个力矩大小相等、方向相反,合力矩 $T=0$,说明了缺相的三相异步电动机不会自行启动的原因;在 $n \neq 0$ 处,两个力矩大小不相等、方向相反,但合力矩 $T \neq 0$,从而也说明了运行中的三相异步电动机如缺相后仍会继续转动的原因。缺相运行的三相异步电动机工作的两相绕组可能会流过超出额定值的电流,时间稍长会过热损坏。从图 7-12 中还可以看出,转矩曲线 T_1 和 T_2 是以原点对称的,它们的合力矩 T 是用实线画的曲线。说明单相绕组产生的脉动磁场是没有启动力矩的,但启动后电动机就有力矩了,电动机正、反向都可转,方向由所加外力方向决定。

5. 单相异步电动机的运行

1)单相异步电动机的机械特性

单相异步电动机的机械特性曲线如图 7-12 所示。

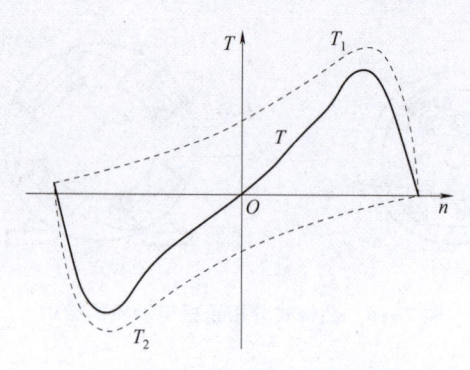

图 7-12 单相异步电动机的机械特性曲线

图中转矩曲线 T_1 是顺时针旋转磁场产生的；转矩曲线 T_2 是逆时针旋转磁场产生的，T 是 T_1 与 T_2 的合力矩。

(1) 当 $s=1$ 时，$n=0$，启动转矩 $T=0$。

(2) 当 $0<s<1$（通入单相交流电的同时，使转子正向转动一下）时，$T>0$。T 与 n 方向一致，就能使转子稳定运行。

(3) 当 $s=0$ 时，电动机转速接近同步转速，$T=0$。因此，单相异步电动机同样不能达到同步。

(4) 当 $1<s<2$（通入单相交流电的同时，使转子反向转动一下）时，$T<0$。T 与 n 方向一致，同样能反向稳定运行。

单相异步电动机产生的脉动磁场是没有启动力矩的，但启动后电动机就有力矩了，两个方向都可以旋转，究竟朝哪个方向旋转，由所加外力的方向决定。

2) 反转

单相异步电动机反转，必须要旋转磁场反转，即把工作绕组或启动绕组中的一组首端和末端与电源的接线对调。因为异步电动机的转向是从电流相位超前的绕组向电流相位落后的绕组旋转的，如果把其中的一个绕组反接，等于把这个绕组的电流相位改变了 180°，假若原来这个绕组是超前 90°，则改接后就变成了滞后 90°，结果旋转磁场的方向随之改变。

有的电容运行单相异步电动机是通过改变电容器的接法来改变电动机转向的，如洗衣机需经常正、反转。如图 7-9（b）所示，当定时器开关处于图中所示位置时，电容器串联在 LZ 绕组上，电流 I_{LZ} 超前于 I_{LF} 相位 90°；经过一定时间后，定时器开关将电容从 LZ 绕组切断，串联到 LF 绕组，则电流 I_{LF} 超前于 I_{LZ} 相位约 90°，从而实现了电动机的反转。这种单相异步电动机的工作绕组与启动绕组可以互换，所以工作绕组、启动绕组的线圈匝数、粗细、占槽数都应相同。

外部接线无法改变罩极式单相异步电动机的转向，因为它的转向是由内部结构决定的，所以它一般用于不需改变转向的场合。

3) 调速

单相异步电动机和三相异步电动机一样，恒转矩负载的转速调节是较困难的；在风机型负载情况下，调速一般有以下几种方法。

(1) 串电抗器调速。

将电抗器与电动机定子绕组串联，利用电抗器上产生的电压降，使加到电动机定子绕组上的电压下降，从而将电动机转速由额定转速往下调。

这种调速方法简单、操作方便；但只能有级调速，且电抗器上消耗电能，目前已基本不用。

（2）电动机绕组内部抽头调速。

电动机定子铁芯嵌放有工作绕组 LZ、启动绕组 LF 和中间绕组 LL，通过开关改变中间绕组与工作绕组及启动绕组的接法，从而改变电动机内部气隙磁场的大小，使电动机的输出转矩也随之改变，在一定的负载转矩下，电动机的转速也发生变化。通常有 L 形和 T 形两种接法。

这种调速方法不需电抗器，材料省、耗电少，但绕组嵌线和接线复杂，电动机和调速开关接线较多，且是有级调速。

（3）晶闸管调速。

利用改变晶闸管的导通角，来改变加在单相异步电动机上的交流电电压，从而调节电动机的转速。这种调速方法可以做到无级调速，节能效果好；但会产生一些电磁干扰，大量用于风扇调速。

（4）变频调速。

变频调速适合各种类型的负载，随着交流变频调速技术的发展，单相变频调速已在家用电器上应用，如变频空调器等，它是交流调速控制的发展方向。

课后习题

1. 单相异步电动机定子绕组有_____和_____两套绕组。
2. 单相异步电动机的启动开关主要有_____、_____、_____。
3. 根据获得启动转矩的方法不同，单相异步电动机主要分为_____式单相异步电动机和_____式单相异步电动机两大类。
4. 分相式单相异步电动机根据启动方式的不同，可分为_____运行（启动）和_____运行（启动）异步电动机。
5. 罩极式异步电动机定子铁芯通常由_____叠压而成，每个磁极极面的_____处开有小槽，在极柱上套上铜制的_____，就好像把这部分磁极罩起来一样，所以称为罩极式电动机。
6. 单相异步电动机工作绕组通入单相交流电时，产生的也是一个_____，磁通大小随电流瞬时值的变化而变化，但磁场的轴线空间位置不变，因此磁场不会旋转，当然也不会产生_____。
7. 单相异步电动机在风机型负载情况下，调速方法有_____、_____、_____、_____。
8. 单相异步电动机的启动方法主要有哪些？
9. 单相异步电动机根据其启动方法或运行方法的不同，可分为哪几种类型？

学习情景 40　直流电机

学习任务

- 掌握直流电机的用途和基本机构。
- 掌握直流电机的工作原理。
- 熟知直流电机的励磁方式。

1. 直流电机的工作原理及可逆性

直流发电机与直流电动机在理论上是可逆的。

直流电动机的工作原理：直流电动机工作原理示意图如图 7-13 所示。

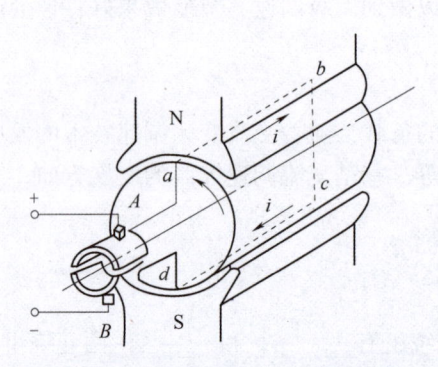

图 7-13　直流电动机工作原理示意图

（1）在图中所示位置时电源正极接 A、负极接 B，电枢绕组中电流流向为 $abcd$，电枢受力沿逆时针方向旋转。

（2）电枢转过 90°时，电源中断，电枢凭惯性旋转。

（3）电枢转过 180°时，电枢中电流流向为 $dcba$，电枢受力沿逆时针方向旋转。

（4）反电动势。电枢转动后，其绕组切割励磁磁场磁感应线，产生与电枢电流方向相反的感应电动势，其值为

$$E_a = C_e \Phi n$$

式中：C_e 为电动机电动势常数。

（5）电源电压。加在电枢绕组上的电压必须用于解决两个部分的需要，即平衡反电动势和克服电枢绕组的电阻电压，即

$$U = E_a + R_a I_a$$

于是电枢电流为

$$I_a = \frac{U - E_a}{R_a}$$

当负载增大时，电枢电流增大，电动机功率增大，但转速下降；当负载减小时，情况与上述规律相反。

2. 直流电机的结构

1）定子

定子由机座、主磁极、换向极、电刷组件组成，如图 7-14 所示。

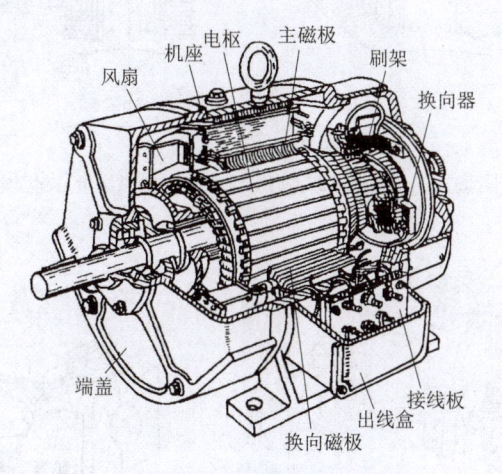

图 7-14 直流电机的结构

定子的横剖平面图如图 7-15 所示。

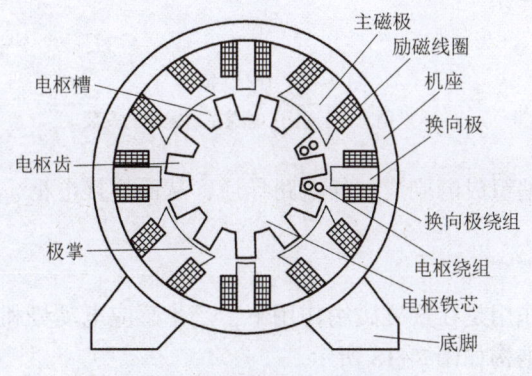

图 7-15 定子横剖平面图

（1）机座。

用铸钢或铜板焊成，用作支撑和保护整机结构，同时又是电机磁路的一部分，有良好的导磁性能和机械强度。

（2）主磁极。

由铁芯和励磁绕组组成。铁芯由极身和极靴两部分组成，如图 7-16 所示。

励磁绕组绕在铁芯外面，主磁极的作用是在励磁绕组中通入励磁电流时产生主磁通。

（3）换向极。

换向极的作用是为了改善换向性能，减小换向火花。换向磁极与转子间气隙较大，涡流较小，可用整块钢制成。其上的绕组一般与电枢绕组串联，用横截面较大的铜导线绕制。

（4）电刷组件。

电刷组件由电刷、刷握、刷杆、刷杆座及压紧弹簧组成，如图 7-17 所示。

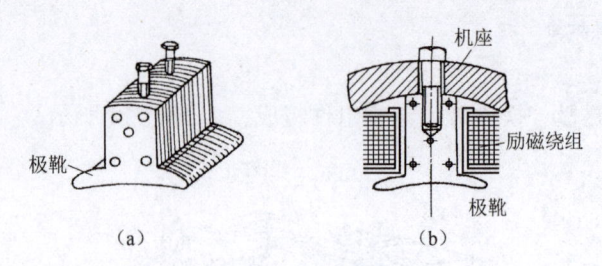

图 7-16　主磁极

（a）用薄钢片叠成的主磁极铁芯；（b）主磁极和励磁绕组一起固定在机座上

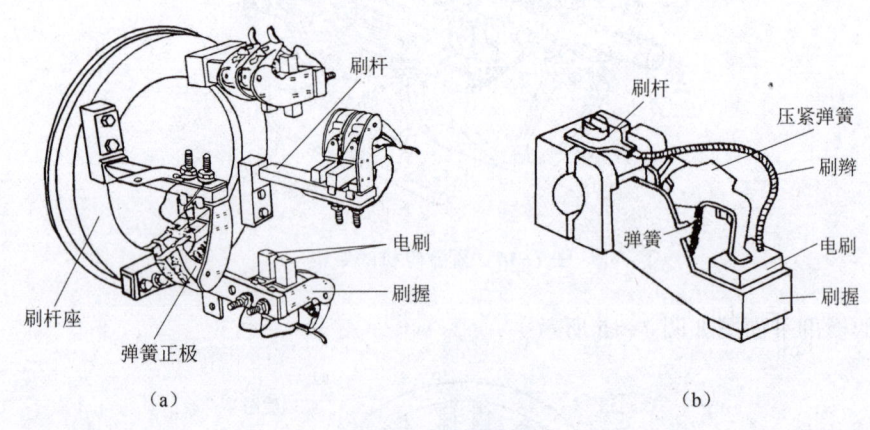

图 7-17　电刷组件

（a）电刷总成；（b）电刷在刷握中的安装

电刷内有用细铜丝编织成的刷辫与外电路导通，从而连接电枢、电刷及电路，引入或导出电枢电流。

2）电枢

电枢又称转子，其作用是在励磁磁场作用下，产生感应电动势和电磁转矩，实现电能与机械能之间的转换。其结构如图 7-18 所示。

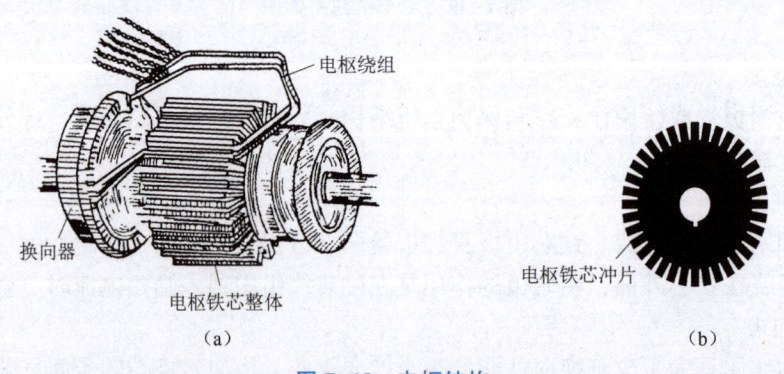

图 7-18　电枢结构

（a）外形；（b）铁芯冲片

(1) 电枢铁芯。

它是电机磁路的另一部分,为减小涡流由硅钢片叠压而成。在电枢外缘有嵌放绕组的铁芯槽,整个铁芯固定在转动轴上,随轴一起转动。

(2) 电枢绕组。

由绝缘铜导线或扁铜线在模具上绕制成形后嵌放在转子铁芯槽中,伸出铁芯槽的端部,均用非磁性丝带扎紧,每个线圈的首尾端均按一定规律焊接到换向片上。

(3) 换向器。

由若干个楔形铜片装成一圆柱体,片与片之间用云母绝缘,其结构如图 7-19 所示。

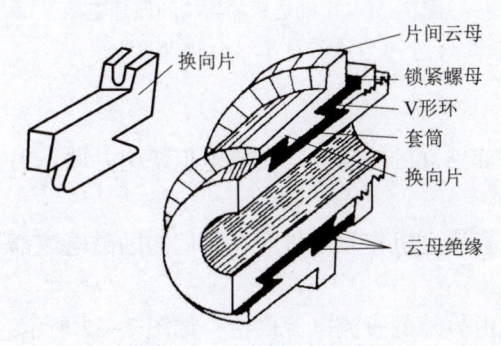

图 7-19 换向器的结构

换向片与转轴之间又用塑料绝缘固定在转轴的一端,按照一定规律与电枢绕组连接。它的作用是变换电枢电流方向,并通过电刷将电枢绕组与电路接通。

3) 直流电机的其他部分

直流电机的其他部分还有端盖、轴承、转轴、风扇、接线板、接线盒等。

(1) 并励电机。

电机励磁绕组与电枢绕组并联,共用一个直流电源供电,如图 7-20 所示。

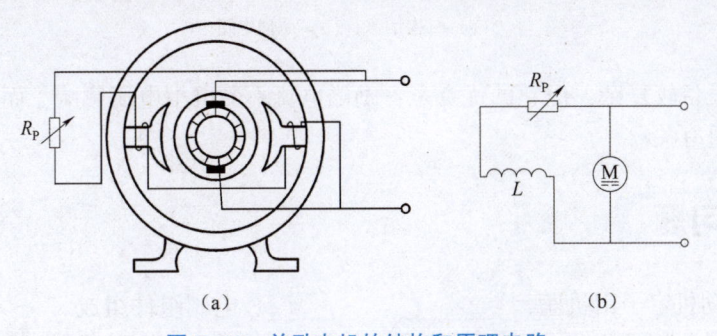

图 7-20 并励电机的结构和原理电路
(a) 结构示意;(b) 原理电路

为了保证电枢的输出功率,电枢绕组的线径粗、匝数少、电阻小,应有足够大的工作电流。

(2) 串励电机。

电机的励磁绕组与电枢绕组串联接于同一电源,如图 7-21 所示。

为了减小励磁电压,应使励磁绕组的线径粗、匝数少、电阻小。

(a)　　　　　　　　　　　(b)

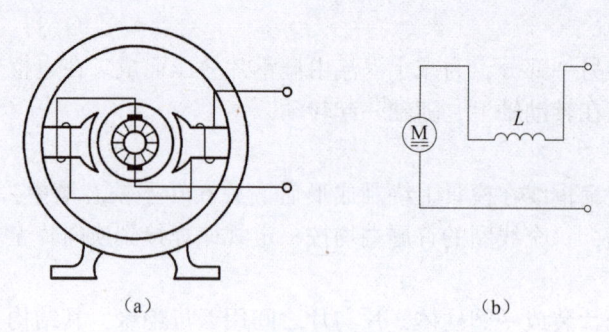

图 7-21　串励电机的结构和原理电路

(a) 结构示意；(b) 原理电路

(3) 复励电机。

电机主磁极上嵌放两套独立的绕组，一套与电枢绕组并联，另一套与电枢绕组串联。

(4) 他励电机

以上 3 种励磁方式的直流电机作发电机时，它们的励磁电流都是由自己发出的，所以通称为自励电机。

他励电机的励磁电流由另外的直流电源供给，如图 7-22 所示。

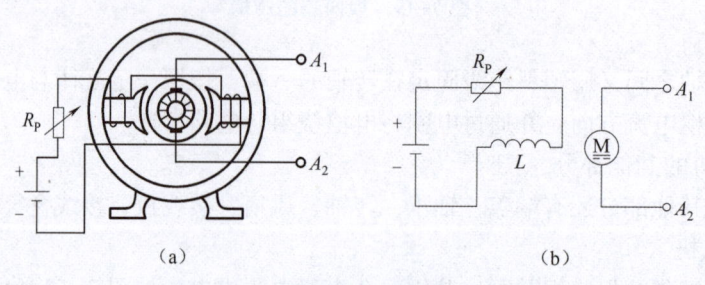

(a)　　　　　　　　　　　(b)

图 7-22　他励电机的结构和原理电路

(a) 结构示意；(b) 原理电路

这类电机设备较复杂，但它的优点是：励磁电流不受电枢电压影响，而只与励磁电源电动势和励磁绕组有关。

课后习题

1. 直流电动机定子由机座、_____、_____、电刷组件组成。
2. 换向极的作用是为了改善换向性能，减小_____。换向极与转子间气隙较大，涡流较小，可用整块钢制成。其上的绕组一般与电枢绕组_____，用横截面较大的铜导线绕制。
3. 电枢又称转子，其作用是在_____作用下，产生感应电动势和电磁转矩，实现电能与机械能之间的转换。
4. 直流电动机的励磁方式有_____、_____、_____。
5. 直流电机的电枢绕组中的电动势和电流是什么性质的？

6. 一台四极直流发电机采用单叠绕组，若取下一只或相邻的两只电刷，其电流和功率如何变化，而电刷电压如何变化？

7. 一台并励直流电动机，如果电源电压和励磁电流不变，当加上一恒定转矩的负载后，电枢电流超过额定值，试分析在电枢回路中接一电阻来限制电流的方法是否可行？串入电阻后，电动机的哪些参数会发生变化？

8. 一台并励直流电动机拖动恒定的负载转矩，做额定运行时，如果将电源电压降低了20%，则稳定后电动机的电流如何变化？

9. 并励直流电动机，当电源反接时，电枢电流和转速的方向如何变化？

10. 直流发电机的电磁转矩是何种性质的转矩？直流电动机的电磁转矩又是何种性质的转矩？

11. 一台串励直流电动机与一台并励直流电动机，都在满载下运行，它们的额定功率和额定电流都相等，若它们的负载转矩同样增加，试分析哪台电动机的转速下降得多？哪台电动机的电流增加得多？

12. 电枢反应对并励电动机转速特性和转矩特性有何影响？当电枢电流增加时，转速和转矩将如何变化？

13. 直流电动机调速时，在励磁回路中增加调节电阻和在电枢回路中增加调节电阻分别对转速有何影响？

14. 一台他励直流电动机，其部分额定数据为：U_n = 220 V，E_n = 180 V，R_a = 0.2 Ω，n_N = 1 500 r/min。若要提高转速，可采取哪些措施？

学习情景 41　同步电机的认识

学习任务

- 了解同步电机的结构。
- 掌握同步电机的工作原理。
- 了解同步电机的励磁方式。

同步电动机定子排列有三相对称绕组，它们在空间互差 120°。转子 N、S 极提供一个恒定磁场。当定子通入对称电压时，在空间产生逆时针方向的旋转磁场，其与转子磁场相互作用，产生电磁转矩，从而将电能转换为机械能输出。同步电动机原理图如图 7-23 所示。

同步电动机工作时，定子的三相绕组中通入三相对称电流，转子的励磁绕组通入直流电流。在定子三相对称绕

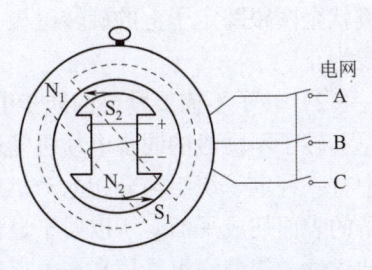

图 7-23　同步电动机原理图

组中通入三相交变电流时，将在气隙中产生旋转磁场。在转子励磁绕组中通入直流电流时，将产生极性恒定的静止磁场。若转子磁场的磁极对数与定子磁场的磁极对数相等，转子磁场因受定子磁场磁拉力作用而随定子旋转磁场同步旋转，即转子以等同于旋转磁场的速度、方向旋转，这就是同步电动机的基本工作原理。定子旋转磁场与转子的速度为 $n=60f/p$，称为同步转速。它的大小只取决于电源频率 f 的大小和定子、转子的极对数 p，不会因负载变化而改变。定子旋转磁场或转子的旋转方向取决于通入定子绕组的三相电流相序，改变其相序即可改变同步电动机的旋转方向。

常用同步电动机的启动方法为辅助电动机启动法、异步启动法、变频启动法。

启动时，先将同步电动机加速到接近同步转速，然后再通入励磁电流，依靠同步电动机定子、转子磁场的磁拉力而产生电磁转矩，把转子牵入同步。同步电动机启动分两个阶段，即异步启动和牵入同步。采用以上两种启动方法启动时，转子绕组不能直接短接，也不能开路，应串接一定阻值（通常为转子绕组电阻值的 5~10 倍）的电阻后可靠闭合，以防止启动失败或损坏转子绕组的绝缘。采用变频启动法可以实现平滑启动，变频启动法的应用越来越广泛。启动时，先在转子绕组中通入直流励磁电流，借助变频器逐步升高加在定子上的电源频率，使转子磁极在开始启动时就与旋转磁场建立起稳定的磁拉力而同步旋转，并在启动过程中同步增速，一直增速到额定转速值。

同步电动机的工作原理：同步电动机属于交流电动机，其定子绕组与异步电动机的相同。它的转子旋转速度与定子绕组所产生的旋转磁场的速度是一样的，所以称为同步电动机。正是由于这样，同步电动机的电流在相位上是超前于电压的，即同步电动机是一个容性负载。为此，在很多时候，同步电动机是用以改进供电系统的功率因数的。

1. 同步电动机的结构

同步电动机在结构上大致有以下两种。

1）转子用直流电进行励磁的同步电动机

这种电动机的转子做成显极式的，安装在磁极铁芯上面的磁场线圈是相互串联的，接成具有交替相反的极性，并有两根引线连接到装在轴上的两只滑环上面。磁场线圈是由一只小型直流发电机或蓄电池来激励的，在大多数同步电动机中，直流发电机是装在电动机轴上的，用以供应转子磁极线圈的励磁电流。

由于这种同步电动机不能自动启动，所以在转子上还装有笼型绕组而作为电动机启动之用。笼型绕组放在转子的周围，其结构与异步电动机相似。

当在定子绕组通上三相交流电源时，电动机内就产生了一个旋转磁场，笼型绕组切割磁力线产生感应电流，从而使电动机旋转起来。电动机旋转之后，其速度慢慢增高到稍低于旋转磁场的转速，此时转子磁场线圈经由直流电来激励，使转子上面形成一定的磁极，这些磁极就企图跟踪定子上的旋转磁极，这样就增加了电动机转子的速率，直至与旋转磁场同步旋转为止。

2）转子不需要励磁的同步电动机

转子不励磁的同步电动机能够运用于单相电源上，也能运用于多相电源上。这种电动机中有一种定子绕组与分相电动机或多相电动机的定子绕组相似，同时有一个笼型转子，而转子的表面切成平面。所以属于显极转子，转子磁极是由一种磁化钢做成的，而且能够经常保持磁性。笼型绕组是用来产生启动转矩的，而当电动机旋转到一定转速时，转子显极就跟上定子线圈的电流频率而达到同步。显极式极性是由定子感应出来的，因此它的数目应和定子上极数相等，当电动机转到它应有的速度时，笼型绕组就失去了作用，维持旋转是靠着转子与磁极跟上定子磁极，使之同步。

2. 同步发电机的结构

1）有刷同步发电机的结构

有刷同步发电机的结构主要由定子、转子、集电环以及端盖与轴承等部分组成。

（1）定子（电枢）。定子主要由铁芯、绕组和机座三部分组成，是发电机电磁能量转换的关键部件之一。

①定子铁芯。定子铁芯一般用 0.35~0.5 mm 厚的硅钢片叠成，冲成一定的形状，每张硅钢片都涂有绝缘漆以减小铁芯的涡流损耗。为了防止在运转中硅钢片受到磁极磁场的交变吸引力发生交变移动，同时避免因硅钢片松动在运行中产生振动而将片间绝缘破坏引起铁芯发热和影响电枢绕组绝缘，所以，在制造发电机时电枢铁芯通过端部压板在底座上进行轴向固定。

电枢铁芯为一空圆柱体，在其内圆周上冲有放置定子绕组的槽。为了将绕组嵌入槽中并减小气隙磁阻，中小型容量发电机的定子槽一般采用半开口槽。

②电枢绕组。发电机的电枢绕组由线圈组成。线圈的导线都采用高强度漆包线，线圈按一定的规律连接而成，嵌入定子铁芯槽中。绕组的连接方式一般都采用三相双层短距叠绕组。

③机座。机座用来固定定子铁芯，并和发电机两端盖形成通风道，但不作为磁路，因此要求它有足够的强度和刚度，以承受加工、运输及运行中各种力的作用，两端的端盖可支撑转子，保护电枢绕组的端部。发电机的机座和端盖大都采用铸铁制成。

（2）转子。转子主要由电机轴（转轴）、转子磁轭、磁极和集电环等组成。

①电机轴。电机轴（转轴）主要用来传递转矩之用，并承受转动部分的重量。中小容量同步发电机的电机轴通常用中碳钢制成。

②转子磁轭。主要用来组成磁路并用以固定磁极。

③磁极。发电机的磁极铁芯一般采用 1~1.5 mm 厚的钢板冲片叠压而成，然后用螺杆固定在转子磁轭上。励磁绕组套在磁极铁芯上，各个磁极的励磁绕组一般串联起来，两个出线头通过螺钉与转轴上的两个互相绝缘的集电环相接。

④集电环。集电环是用黄铜环与塑料（如环氧玻璃）加热压制而成的一个坚固整体，然后压紧在电机轴上。整个转子由装在前、后端盖上的轴承支撑。励磁电流通过电刷和集电环引入励磁绕组。电刷装置一般装在端盖上。

对于中小容量的同步发电机，在前端盖装有风扇，使发电机内部通风以利散热，降低发电机的温度。中小型同步发电机的励磁机有的直接装在同一轴上；也有的装在机座上，而励磁机的轴与同步发电机的轴用皮带连接。前一种结构叫"同轴式"同步发电机，后一种结构叫"背包式"同步发电机。

2）无刷同步发电机的基本结构

无刷同步发电机的基本结构由静止和转动两大部分组成。静止部分包括机座、定子铁芯、定子绕组、交流励磁机定子和端盖等；转动部分包括转子铁芯、磁极绕组、电机轴（转轴）、轴承、交流励磁机的电枢、旋转整流器和风扇等。

(1) 静止部分。

①定子。定子由机座、定子铁芯和定子绕组所组成。定子铁芯及定子绕组是产生感应电动势和感应电流的部分，故也称其为电枢。

机座是交流同步发电机的整体支架，用来固定电枢并和前、后两端盖一道支承转子。机座通常有铸铁铸造和钢板焊接两种。铸铁铸造的机座内壁一般分布有筋条，用以固定电枢，两端面加工有止口及螺孔与端盖配合固定，机座下部铸有底脚，以便将发电机固定。机座上一般有电源出线盒，其位置通常在机座的右侧面（从轴伸端看）或者位于机座上部，出线盒内装有接线板，以便于引出交流电源。位于机座上部的出线盒一般均装有励磁调节器，用于调节励磁电压。钢板焊接结构的机座是由几块罩式钢板、端环和底脚焊接而成的，具有省工省料、质量轻和造型新颖等特点。

定子铁芯是交流同步发电机磁路的一部分。为了减小旋转磁场在定子铁芯中所引起的涡流损耗和磁滞损耗，定子铁芯采用导磁性能较好的 0.5 mm 厚且两面涂有绝缘漆的硅钢片叠压而成。铁芯开有均匀分布的槽，以嵌放电枢绕组。为了提高铁芯材料的利用率，定子铁芯常采用扇形硅钢片拼叠成一个整圆形铁芯，拼接时把每层硅钢片的接缝互相错开。较大容量发电机的铁芯，为了增加散热面积，通常沿轴向长度上留有数道通风沟。有些发电机的定子和转子均采用硅钢片冲制，其定子铁芯用整圆硅钢片叠压，再与压圈一道用 CO_2 气体保护焊接成一体。这种结构具有材料利用率高、容易加工等特点。

定子绕组是交流同步发电机定子部分的电路。定子绕组由线圈组成，线圈采用高强度聚酯漆包圆铜线绕制，并按一定方式连接，嵌入铁芯槽中。线圈采用导线的规格、线圈匝数和并联路数等由设计确定。线绕式有双层叠绕、单层链式及单双层式等。三相绕组应对称嵌放，彼此相互差 120°电气角度。定子绕组嵌放在铁芯槽中，必须要有对地绝缘、层间绝缘和相间绝缘，以免发电机在运行过程中对铁芯出现击穿或短路故障。主绝缘材料主要采用聚酯薄膜无纺布复合箔，槽绝缘通常采用云母带。由于定子线圈在铁芯槽内受到交变电磁力及平行导线之间的电动力作用，造成线圈移动或振动，因此，线圈必须坚固。一般用玻璃布板做槽楔在槽内压紧线圈，并且在两端部用玻璃纤维带扎紧，然后把整个电枢进行绝缘处理，使电枢成为一个坚固的整体。

②交流励磁机定子。交流励磁机产生的交流电，经旋转整流器整流后，供同步发电机励磁使用。为了避免励磁机与旋转磁极式发电机用电刷、集电环（滑环）提供励磁电流，交流励磁机的定子大多为磁极，而转子为电枢。

发电机励磁机的定子铁芯通常有两种做法：一种是用 1 mm 厚的低碳钢板叠压制成，它有若干对磁极，每个磁极均套有集中式的励磁线圈，并用槽楔固定，然后进行浸漆烘干绝缘处理；另一种是用硅钢片叠压而成，其励磁线圈先在玻璃布板预制的框架上绕制，经浸漆绝缘处理后套在励磁定子铁芯上，并用销钉固定。

发电机励磁机的定子绕组也有多种做法。有的发电机励磁机的定子绕组有两套励磁绕组，即电压绕组和电流绕组，具有电流复励作用，以改善发电机性能和增大过载能力。为了便于起励，有的励磁机励磁的定子铁芯里埋设有 3 块永久磁钢。为防止漏磁，磁钢与定子铁芯之间用厚绝缘纸板进行磁隔离。励磁机的定子均用紧固螺钉或环键固定在两端间的铸造筋条上或焊接在支承件上。

③端盖。端盖用于与机座配合并支承转子，因此在端盖的中心处应开有轴承室圆孔，以

供安装轴承之用。端盖的端面有止口与机座配合，与柴油发电机在轴伸端的端盖两端面均有端面止口，以保证转子装配后同轴度的要求。一般来说，小功率发电机的端盖用铸铁铸造，而大功率发电机的端盖则采用钢板焊接而成。

（2）转动部分。

①转子铁芯。无刷旋转磁极式发电机的转子铁芯可分为两种形式，即凸极式和隐极式。其中凸极式转子铁芯又可分为分离凸极式和整体凸极式两种。

分离凸极式转子铁芯的磁极冲片叠压紧后用铆钉和压板铆合在一起制成磁极铁芯。磁极铁芯套在磁极线圈上后，用磁极螺钉固定在磁轭上或者用特定的钢制螺钉固定。

整体凸极式转子铁芯采用整体凸极式冲片，这种磁极结构集磁极和磁轭于一体，用0.5 mm厚硅钢片整片冲出极身，然后直接与端板、铆钉、阻尼条及阻尼环焊接成一个整体形成转子铁芯。这种结构的特点有以下3个。

ⅰ. 励磁绕组直接绕在磁极上，散热效果好，机械强度高。

ⅱ. 没有第二气隙，可减小励磁的安匝数。

ⅲ. 制造时安放阻尼绕组方便。

隐极式转子是将整圆的转子冲片直接装在转轴上，其两端有端板和支架来支撑转子线圈，并用环键固定。为了削弱发电机输出电压波形中出现的谐波分量，隐极式转子铁芯通常做成斜槽，并且在铁芯齿部冲有阻尼孔，供埋设阻尼绕组之用，以提高并联运行性能和承受不平衡负载运行及消除振荡的能力。

②磁极绕组。同步发电机转子的磁极绕组用绝缘的铜线绕成，与极身之间有绝缘。各磁极上励磁绕组间的连接通过励磁电流后，相邻磁极的极性必然呈N与S交替排列。根据转子铁芯的结构形式，可分为隐极式磁极绕组和凸极式磁极绕组两种。

隐极式磁极绕组一般采用单层同心式绕组，用漆包圆铜线绕制。制造时先在转子铁芯槽中放好绝缘材料，然后将磁极绕组嵌入槽内，并在后端部用玻璃纤维管与支架扎牢，再用无纬玻璃纤维带沿圆周捆扎，最后整体浸漆烘干成为一个坚固的整体。

凸极式磁极绕组一般采用矩形截面的高强度聚酯漆包扁铜线绕制或者用聚酯漆包圆铜线绕制，但空间填充系数较差。由于凸极式磁极绕组是集中式绕组，因此可在预先制好的铁板框架四周包好云母片、玻璃漆布等绝缘材料，上下放上玻璃布板衬垫，然后绕制线圈，再浸烘绝缘漆，最后将成形磁极绕组套在磁极铁芯上，再用螺钉固定在磁轭上。对于整体凸极式是在预先铆焊好的整体转子上，将极靴四周包好绝缘，而后整体用机械方法绕制线圈，最后经F级绝缘浸烘处理，形成坚固的磁极整体，用热套方法套入转轴。这种线圈结构具有散热条件好以及绝缘性能、机械强度和可靠性高等特点。

③转轴。同步发电机的转轴一般用特定规格的钢制作加工而成。在发电机的轴伸端，通过轴上的联轴器与发动机对接。由此可知，它是将机械能转变为电能的关键零件，因而，它必须具有很高的机械强度和刚度。有些发电机往往在轴上还热套有磁轭，用以装配磁极铁芯和绕组；有些发电机转轴焊有驱动盘和风扇安装板，以便安装柔性连接盘和冷却风扇。

④轴承。同步发电机一般采用两支承式，即在转轴两端装有轴承。根据受力情况，其传动端采用滚柱轴承，非传动端采用滚珠轴承。轴承与转轴之间的配合为过盈配合，轴承用热套法套入轴承。轴承外圈与端盖（或轴承套）采用过渡配合，并固定在两端盖的轴承室或轴承套内。轴承通常采用3号锂基脂进行润滑，并在轴承两边用轴承盖密封，平时维护检修

时应注意清洁，以减小其振动和噪声。

⑤交流励磁机的电枢。无刷同步发电机是利用交流励磁机产生的交流电，经旋转整流器整流变为直流电，供交流发电机励磁用。交流励磁机电枢铁芯用硅钢片叠压而成，然后嵌以三相交流绕组，并经绝缘处理形成电枢。有些发电机的交流励磁机装在后端盖外部，靠电枢支架固定在转轴上，这种结构使发电机轴向长度加长；有些发电机的交流励磁机电枢则装在后端盖内部，直接套在转轴上，可使整机轴向长度缩短。

⑥旋转整流器。旋转整流器是与交流励磁机同轴旋转的装置。其主要作用是将交流励磁机电枢输出的三相交流励磁电流，通过整流器上的二极管转换成直流电流，供给转子绕组作为提供励磁电流的电源。正是由于旋转整流器的应用，才使交流同步发电机摆脱了电刷的束缚，不再有频繁维修更换零件的麻烦，也使交流同步发电机的应用更加广泛。有些交流同步发电机的旋转整流器安装在交流励磁机的外侧，用螺钉固定在转轴上，以便安装与维修。有些发电机的旋转整流器则安装在后端盖的内侧，直接固定于励磁机电枢铁芯伸出的螺栓上，使结构更为紧凑。旋转整流器电路有三相半波和三相桥式整流电路两种。若采用三相桥式整流电路，为便于安装，减小整流元件之间的连接线，提高发电机运行的可靠性，其整流二极管用正、反烧两种管型，两者正、负极正好相反，便于接线。

☑ 课后习题

1. 同步电动机的_____与_____所产生的旋转磁场的速度是一样的，所以称为同步电动机。
2. 同步电动机定子排列有三相对称绕组，它们在空间互差_____度。转子 NS 极提供一个_____磁场。当定子通入对称电压时，在空间产生_____，其与转子磁场相互作用，产生电磁转矩，从而将电能转换为机械能输出。
3. 常用的同步电动机启动方法为_____、_____、_____。
4. 定子主要由_____、_____和_____三部分组成，是发电机电磁能量转换的关键部件之一。
5. 定子铁芯一般用 0.35~0.5 mm 厚的硅钢片叠成，冲成一定的形状，每张硅钢片都涂有绝缘漆以减小铁芯的_____损耗。转子主要由转轴、_____、磁极和集电环等组成。
6. 同步发电机的基本工作原理是什么？
7. 同步发电机的极对数与转速、频率之间有何关系？
8. 同步发电机定子绕组一般采用什么连接方式，为什么？
9. 同步发电机的励磁方式有哪些？
10. 同步发电机电枢反应的性质取决于哪些因素？
11. 同步发电机在过励和欠励状态下，分别从电网吸收或发出什么性质的电流？
12. 同步发电机并联于电网时，需要满足哪些条件？
13. 同步发电机并联于电网后，如何调节其有功功率和无功功率输出？
14. 同步发电机在哪些情况下容易发生失步现象？
15. 同步发电机在正常运行中应注意哪些事项？

学习情景 42　特种电机

学习任务

- 了解测速发电机的作用、结构及原理。
- 了解伺服电动机的作用、结构及原理。
- 了解步进电动机的作用、结构及原理。

1. 测速发电机

直流测速发电机是一种测速元件，它把转速信号转换成直流电压信号输出。直流测速发电机广泛应用于自动控制、测量技术和计算机技术等装置中。对直流测速发电机的主要要求如下。

（1）输出电压要严格地与转速成正比，并且不受温度等外界条件变化的影响。

（2）在一定的转速下，输出电压要尽可能大。

（3）不灵敏区要小。

直流测速发电机可分为励磁式和永磁式两种。励磁式由励磁绕组接成它励，永磁式采用矫顽力高的磁钢制成磁极。由于永磁式不需另加励磁电源，也不因励磁绕组温度变化而影响输出电压，故应用较广泛。

在自动控制系统和计算装置中通常作为测速元件、校正元件、解算元件和角加速度信号元件。

2. 伺服电动机

伺服电动机可使控制速度、位置精度非常准确，可以将电压信号转化为转矩和转速以驱动控制对象。伺服电动机的转子转速受输入信号控制，并能快速反应，在自动控制系统中，用作执行元件，且具有机电时间常数小、线性度高、始动电压等特性，可把所收到的电信号转换成电动机轴上的角位移或角速度输出。伺服电动机可分为直流伺服电动机和交流伺服电动机两大类，其主要特点是，当信号电压为零时无自转现象，转速随着转矩的增加而匀速下降。

伺服电动机的工作原理如下。

（1）伺服系统是使物体的位置、方位、状态等输出被控量能够跟随输入目标（或给定值）做出任意变化的自动控制系统。伺服主要靠脉冲来定位，基本上可以这样理解，伺服电动机接收到 1 个脉冲，就会旋转 1 个脉冲对应的角度，从而实现位移，因为伺服电动机本身具备发出脉冲的功能，所以伺服电动机每旋转一个角度，都会发出对应数量的脉冲，这样和伺服电动机接收的脉冲形成了呼应，或者叫闭环，如此一来，系统就会知道发了多少脉冲给伺服电动机，同时又收了多少脉冲回来，就能够很精确地控制电动机的转动，从而实现精确定位，精度可以达到 0.001 mm。直流伺服电动机分为有刷电动机和无刷电动机。有刷电动机成本低，结构简单，启动转矩大，调速范围宽，控制容易；但需要维护，且维护不方便

（换碳刷），会产生电磁干扰，对环境有要求。因此，它可以用于对成本敏感的普通工业和民用场合。

无刷电动机的特点：体积小、质量轻、出力大、响应快、速度高、惯量小、转动平滑、力矩稳定；控制复杂，容易实现智能化，其电子换相方式灵活，可以方波换相或正弦波换相。电动机免维护，效率很高，运行温度低，电磁辐射很小，长寿命，可用于各种环境。

（2）交流伺服电动机也是无刷电动机，分为同步电动机和异步电动机，目前运动控制中一般都用同步电动机，它的功率范围大，可以做到很大的功率。大惯量，最高转动速度低，且随着功率增大而快速降低，因而适合做低速平稳运行的应用。

（3）伺服电动机内部的转子是永磁铁，驱动器控制的三相电形成电磁场，转子在此磁场的作用下转动，同时电动机自带的编码器反馈信号给驱动器，驱动器根据反馈值与目标值进行比较，调整转子转动的角度。伺服电动机的精度取决于编码器的精度（线数）。

交流伺服电动机和无刷直流伺服电动机在功能上的区别：交流伺服电动机要好一些，因为是正弦波控制，转矩脉动小。直流伺服电动机是梯形波，但直流伺服电动机比较简单、经济。

3. 步进电动机

步进电动机是将电脉冲激励信号转换成相应的角位移或线位移的离散值控制电动机，这种电动机每当输入一个电脉冲就动一步，所以又称为脉冲电动机。它是把电脉冲信号变换成角位移以控制转子转动的微特电动机，在自动控制装置中作为执行元件。步进电动机多用于数字式计算机的外部设备，以及打印机、绘图机和磁盘等装置中。

步进电动机的驱动电源由变频脉冲信号源、脉冲分配器及脉冲放大器组成，由此驱动电源向电动机绕组提供脉冲电流。步进电动机的运行性能取决于电动机与驱动电源间的良好配合。

步进电动机的优点是没有累积误差，结构简单，使用维修方便，制造成本低，带动负载惯量的能力大，适用于中小型机床和速度精度要求不高的地方；缺点是效率较低，发热量大，有时会"失步"。

步进电动机分为机电式、磁电式及直线式3种基本类型。下面对前两种进行介绍。

1）机电式步进电动机

机电式步进电动机由铁芯、线圈、齿轮机构等组成。螺线管线圈通电时将产生磁力，推动其铁芯运动，通过齿轮机构使输出轴转动一角度，通过抗旋转齿轮使输出转轴保持在新的工作位置；线圈再通电，转轴又转动一角度，依次进行步进运动。

2）磁电式步进电动机

磁电式步进电动机结构简单、可靠性高、价格低廉、应用广泛，主要有永磁式、磁阻式和混合式3种。

（1）永磁式步进电动机。其转子有永磁体的磁极，在气隙中产生极性交替磁场，定子由四相绕组组成。当A相绕组通电时，转子将转向该相绕组所确定的磁场方向。当A相断电、B相绕组被通电励磁时，就产生一个新的磁场方向，这时转子就转动一角度而位于新的磁场方向上，被励磁相的顺序决定了转子转动的方向。若定子励磁的变化太快，转子将不能和定子磁场方向的变化保持一致，转子即失步。启动频率和运行频率较低，是永磁式步进电动机的一个缺点。但永磁式步进电动机消耗功率较小，效率较高。20世纪80年代初，出现